Jürg Kramer

Zahlen
für Einsteiger

Aus dem Programm
Mathematik für Einsteiger

Algebra für Einsteiger
von Jörg Bewersdorff

Algorithmik für Einsteiger
von Armin P. Barth

Diskrete Mathematik für Einsteiger
von Albrecht Beutelspacher und Marc-Alexander Zschiegner

Finanzmathematik für Einsteiger
von Moritz Adelmeyer und Elke Warmuth

Graphen für Einsteiger
von Manfred Nitzsche

Knotentheorie für Einsteiger
von Charles Livingston

Stochastik für Einsteiger
von Norbert Henze

Strategische Spiele für Einsteiger
von Alexander Mehlmann

Zahlen für Einsteiger
von Jürg Kramer

Zahlentheorie für Einsteiger
von Andreas Bartholomé, Josef Rung und Hans Kern

vieweg

Jürg Kramer

Zahlen
für Einsteiger

Elemente der Algebra und
Aufbau der Zahlbereiche

vieweg

Bibliografische Information Der Deutschen Nationalbibliothek
Die Deutsche Nationalbibliothek verzeichnet diese Publikation in der
Deutschen Nationalbibliografie; detaillierte bibliografische Daten sind im Internet
über <http://dnb.d-nb.de> abrufbar.

Prof. Dr. Jürg Kramer
Humboldt-Universität zu Berlin
Institut für Mathematik
Rudower Chaussee 25
12489 Berlin

kramer@math.hu-berlin.de

1. Auflage 2008

Alle Rechte vorbehalten
© Friedr. Vieweg & Sohn Verlag | GWV Fachverlage GmbH, Wiesbaden 2008

Lektorat: Ulrike Schmickler-Hirzebruch | Susanne Jahnel

Der Vieweg Verlag ist ein Unternehmen von Springer Science+Business Media.
www.vieweg.de

Umschlaggestaltung: Ulrike Weigel, www.CorporateDesignGroup.de
Textgestaltung: Christoph Eyrich, Berlin
Druck und buchbinderische Verarbeitung: MercedesDruck, Berlin
Gedruckt auf säurefreiem und chlorfrei gebleichtem Papier
Printed in Germany

ISBN 978-3-528-03223-4

Vorwort

Dieses Buch ist aus einer mehrfach an der Humboldt-Universität zu Berlin gehaltenen Vorlesung mit dem Titel *Elemente der Algebra und Zahlentheorie* entstanden, die primär für Lehramtsstudierende mit dem Fach Mathematik (für alle Schultypen) angeboten wurde. Zentrales Anliegen bei der Konzeption dieser Lehrveranstaltung war es, künftigen Lehrerinnen und Lehrern einen möglichst in sich abgeschlossenen, kompakten Aufbau der für die verschiedenen Schulstufen relevanten Zahlbereiche von einem fachwissenschaftlichen Standpunkt aus mit Blick auf fachdidaktische Aspekte anzubieten. Dabei sollte der moderne algebraische Apparat Berücksichtigung finden, allerdings nur soweit er wirklich für den Aufbau der Zahlbereiche benötigt wird. Es wäre für die Lehramtsstudierenden im Sinne der Verzahnung von Fachwissenschaft und Fachdidaktik sicherlich wünschenswert, wenn diesem Buch ein Werk mit entsprechender fachdidaktischer Ausrichtung an die Seite gestellt würde. In diesem Sinne ist das vorliegende Buch als ein erster Schritt in dieser Richtung zu sehen.

Die Realisierung dieses Buchs wäre ohne die große Mithilfe vieler nicht möglich gewesen: An dieser Stelle möchte ich zuerst Frau Christa Dobers und Herrn Matthias Fischmann für das Tippen von ersten Manuskriptteilen danken. Weiter möchte ich einer Reihe von Studierenden danken, die durch ihre Mitschriften meiner Vorlesung ebenfalls zu dem vorliegenden Text beigetragen haben. Überdies möchte ich meinem Kollegen Wolfgang Schulz und allen meinen Mitarbeiterinnen und Mitarbeitern für ihre Verbesserungsvorschläge zu ersten Versionen des Manuskripts herzlich danken. Ein spezieller Dank geht dabei an Herrn Olaf Teschke für seine Mit-

arbeit bei der Erstellung der Aufgaben sowie an Frau Anna v.
Pippich für ihre unermüdliche Unterstützung in inhaltlicher
und technischer Hinsicht. Schließlich möchte ich Herrn Christoph Eyrich für seine wie immer sehr kompetente Arbeit am
Layout des Buchs und Frau Ulrike Schmickler-Hirzebruch für
ihre stets motivierende und unterstützende Betreuung von
Seiten des Vieweg Verlags sehr herzlich danken.

Aufgrund seiner Entstehungsgeschichte richtet sich dieses
Buch, wie bereits erwähnt, primär an künftige Lehrerinnen
und Lehrer, und es würde mich sehr freuen, wenn Lehramtsstudierende im Rahmen ihres fachwissenschaftlichen, aber
auch fachdidaktischen Studiums von dem vorliegenden Text
profitierten. Darüber hinaus könnte sich das Buch aber auch
für Mathematikstudierende der ersten Semester schlechthin
eignen. Diese Einschätzung bewog uns, diesem Lehrbuch den
Titel *Zahlen für Einsteiger* zu geben. In diesem Sinne wäre es
eine besondere Freude, wenn dieses Buch für viele Studienanfänger des Fachs Mathematik nützlich sein würde.

Berlin, im September 2007   Jürg Kramer

Inhalt

Einleitung

1. Zur Entwicklung der Zahlen und der Algebra

Zählen gehört zu einem der Uranliegen der Menschheit. Daher nimmt die Entwicklung von Zahl- und Ziffernbegriffen in jeder Zivilisation ihren speziellen Platz ein. Die systematische Vermittlung des Zahlbegriffs erfolgt in unserer Kultur in einem wesentlichen Maße durch die Schule. Aus diesem Grund scheint es geboten, den werdenden Lehramtspersonen eine solide Ausbildung für diesen Gegenstand zu geben. Es ist Ziel und Hauptanliegen dieses Buchs, Studierenden, und hierbei vor allem Lehramtsstudierenden, eine systematische Einführung in den Aufbau der Zahlbereiche von einem mathematisch-fachwissenschaftlichen Standpunkt aus mit Blick auf fachdidaktische Bezüge anzubieten.

Die uns mehr oder minder bekannte enorme Leistungsfähigkeit unseres dezimalen Zahlensystems ist Produkt Jahrhunderte, ja sogar Jahrtausende alter Anstrengungen, die eine gewaltige kulturelle Leistung darstellen. Das Uranliegen, Dinge zu zählen, d. h. diesen Zahlen zuzuschreiben – mathematisch formuliert – Elemente einer Menge, welcher Natur auch immer, in Bijektion zu einer einheitlich festgelegten Zahlenmenge zu bringen, stellt einen ersten, nicht unerheblichen Abstraktionsprozess dar. In den großen Kulturen wurde dazu jeweils eine (mehr oder weniger) effektive Symbolik zur Bezeichnung dieser Zahlen entwickelt. Es sei in diesem Zusammenhang an die babylonischen Keilschriftzeichen, die ägyptischen Hieroglyphen, die römischen Ziffern oder die indischen Schriftzeichen zur Kennzeichnung von Zahlen erinnert. Erst nachdem sich das indische dezimale Stellenwertsystem über den arabischen Raum kommend im 13./14. Jahrhundert im westlichen Europa etablierte, entstanden die uns heute bekannten „arabischen Ziffern".

Mit der Entwicklung von Zahlensystemen geht relativ unmittelbar auch die Entwicklung von Rechenverfahren einher. In diesem Bezug waren beispielsweise die babylonischen und indischen Zahlensysteme den ägyptischen und römischen deutlich überlegen. Allerdings blieben die Rechenverfahren sowohl in den alten Kulturen als auch im westlichen Europa bis ins späte 15. Jahrhundert nur einem sehr begrenzten Personenkreis vorbehalten, den sogenannten Rechenmeistern. Erst durch die Rechenbücher von Adam Ries wurden die uns heute geläufigen Rechenverfahren ab dem 16. Jahrhundert dem „allgemeinen Volk" zugänglich gemacht. Die Verbreitung der Rechenverfahren ist auf der Gelehrtenseite mit einer Systematisierung der Arithmetik verknüpft, welche sukzessive in die Entwicklung der Algebra mündet. Zunächst hat die Algebra nur Werkzeugcharakter, verselbstständigt sich in der Folge aber mehr und mehr und entwickelt sich schließlich zu einer eigenständigen Disziplin, wie wir sie heute kennen. Bei einem fundierten Aufbau der Zahlbereiche von einem fachwissenschaftlichen Standpunkt aus wird also die Algebra eine wichtige Rolle spielen.

2.   Ein erster Blick auf die Zahlbereiche

Wir alle erinnern uns an unsere Schulzeit, in der uns zunächst die Zahlen 1, 2, 3, . . ., dann Quadratwurzeln solcher Zahlen, z.B. $\sqrt{2}$, und etwas später die Kreiszahl π und möglicherweise sogar die Eulersche Zahl e begegneten. Bei der ersten Begegnung mit diesen Zahlen war uns nicht bewusst, dass letztlich ein gewaltiger Apparat bereit gestellt werden muss, um einen Zahlbereich zu kreieren, der alle diese Zahlen enthält und in dem man „vernünftig" rechnen kann: ich meine, den Bereich der reellen Zahlen. Die Schöpfung dieses Zahlbereichs stellt eine hervorragende Leistung des menschlichen Geistes dar, und es ist wesentliches Hauptanliegen dieses Bu ches, Studierenden den Aufbau der reellen Zahlen näher zu bringen, um sie mit der Feinstruktur dieser Zahlen vertraut zu machen.

Das letztlich Verblüffende ist die Tatsache, dass die Menge der reellen Zahlen $\mathbb{R}$ im Wesentlichen aus der Zahl 1 (Eins) hervorgeht. Wir wollen diese Erkenntnis im Folgenden kurz skizzieren; ihre fundierte Umsetzung ist dann Hauptgegenstand dieses Buchs. Identifiziert man die Zahl 1 zunächst mit einem Gegenstand und nimmt einen weiteren Gegenstand derselben Art dazu, so hat man also zwei Gegenstände und gewinnt somit die Zahl 2. Man kann diesen Prozess dahingehend formalisieren, dass man $2 = 1 + 1$ schreibt. Indem man dieses Vorgehen fortsetzt, erhält man der Reihe nach die Zahlen

$$3 = 2 + 1 = 1 + 1 + 1,$$
$$4 = 3 + 1 = 1 + 1 + 1 + 1,$$
$$\ldots,$$

d. h. die Menge der natürlichen Zahlen $\mathbb{N}$. Man kann sagen, dass die Zahl 1 jede natürliche Zahl additiv erzeugt, d. h. die Zahl 1 ist – additiv gesehen – das Atom, aus dem jede natürliche Zahl hervorgeht.

Wir stellen uns die natürlichen Zahlen $1, 2, 3, \ldots$ in regelmäßigen Abständen wie die Perlen einer Kette von links mit 1 beginnend nach rechts aneinandergereiht vor. Wir können dies auch geometrisch darstellen. Dazu wählen wir eine Einheitsstrecke; diese tragen wir, ausgehend von einem Punkt P einer Geraden G, entlang dieser Geraden nach rechts ab. Wir bezeichnen den dadurch konstruierten Punkt auf der Geraden mit 1. Indem wir so fortfahren, erhalten wir als nächstes den Punkt, den wir mit 2 bezeichnen, usw.:

Allein schon aus Symmetriegründen besteht nun der Wunsch, diesen Prozess auch nach links auszuführen. Natürlich muss man den neu gewonnenen Punkten neue Bezeichnungen geben. Wir bezeichnen das Spiegelbild der 1 am Punkt P mit -1, usw., und erhalten:

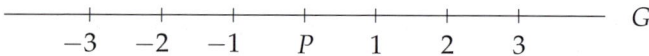

Den Spiegelpunkt P benennen wir schließlich mit 0. Was hier auf sehr anschauliche Weise gewonnen wurde, ist der Prozess der Erweiterung des Zahlbereichs der natürlichen Zahlen $\mathbb{N}$ zum Zahlbereich der ganzen Zahlen $\mathbb{Z}$. Dies kann man algebraisch dadurch interpretieren, dass man die Lösbarkeit der Gleichung

$$x + n = m \quad (m, n \in \mathbb{N})$$

uneingeschränkt möglich macht.

Bisher haben wir ausschließlich den additiven Standpunkt eingenommen. Wir können nun aber natürliche bzw. ganze Zahlen in einer zweiten Art, nämlich multiplikativ, miteinander verknüpfen. So wie das Addieren als entsprechendes hintereinander Abtragen von Einheitsstrecken interpretiert werden kann, kann das Multiplizieren als Flächenmessung bzgl. des Einheitsquadrates (das Quadrat, dessen Seiten der Einheitsstrecke gleich sind) deuten. Indem man für $n \in \mathbb{N}$

$$n \cdot 0 := 0$$

und dann induktiv

$$n \cdot (m + 1) := (n \cdot m) + n$$

festlegt, erhält man das formale Pendant dazu. So wie wir die 1 als Atom zum additiven Aufbau der natürlichen und ganzen Zahlen erkannt haben, kann man sich jetzt die entsprechende Frage im multiplikativen Fall stellen. Die Antwort fällt deutlich komplexer aus: Man wird auf die (unendliche Menge der) Primzahlen geführt. Dass nun jede ganze Zahl (abgesehen von der Reihenfolge und Einheiten) eindeutig durch ein Produkt von Primzahlen dargestellt werden kann, ist nicht von vornherein klar. Es ist dies der Inhalt des Fundamentalsatzes der Arithmetik.

Von einem algebraischen Standpunkt aus gesehen, kann man sich in Analogie zum additiven Fall nun auch im multiplikativen Fall nach der uneingeschränkten Lösbarkeit der Gleichung

$$n \cdot x = m \quad (m, n \in \mathbb{Z})$$

fragen. Natürlich besteht keine Lösung, wenn $n = 0$ und $m \neq 0$ ist. Wie steht es aber im Fall $n \neq 0$? Im allgemeinen wird es keine Lösung $x \in \mathbb{Z}$ geben, außer es ist n ein Teiler von m. Um diese Einschränkung zu überwinden, wird man auf den Bereich der rationalen Zahlen geführt. Solche Zahlen sind uns als „Brüche" $r = \frac{m}{n}$ ($m, n \in \mathbb{Z}; n \neq 0$) bekannt. Allerdings ist zu beachten, dass die Darstellung von r in der Form $\frac{m}{n}$ nicht eindeutig ist: Wir können Zähler und Nenner nämlich beliebig erweitern bzw. kürzen, d. h. wir haben die Beziehung

$$r = \frac{m}{n} = \frac{m'}{n'} \iff m \cdot n' = m' \cdot n.$$

Für das Verständnis von $\mathbb{Q}$ ist also wesentlich, dass wir uns unter einer rationalen Zahl eine Klasse von Paaren ganzer Zahlen vorzustellen haben.

Es gibt nun mehrere Möglichkeiten, eine weitere Zahlbereichserweiterung zu motivieren. So stellt man beispielsweise nach griechischem Vorbild mit Hilfe des Fundamentalsatzes der Arithmetik einfach fest, dass die Länge der Diagonalen im Einheitsquadrat, d. h. die „Zahl" $\sqrt{2}$, nicht rational ist, was nach einer Zahlbereichserweiterung von $\mathbb{Q}$ verlangt. Eine alternative Motivation ist die folgende: Indem wir die zuvor für die ganzen Zahlen gewonnene geometrische Darstellung als Punkte einer Geraden mit Hilfe der Ähnlichkeitssätze auf die Menge der rationalen Zahlen erweitern, erhalten wir diese als weitere Punkte auf der Zahlengeraden, die „dicht gepackt" erscheinen. Es erhebt sich die Frage, ob denn die auf diese Weise neu gewonnenen Punkte die gesamte Zahlengerade ausfüllen, d. h. die Frage nach der Lückenlosigkeit der

Zahlengeraden. Die Antwort fällt bekannterweise negativ aus und motiviert, die Lücken zu „stopfen". Ein weiteres Mal ist man auf eine Zahlbereichserweiterung von $\mathbb{Q}$ und somit auf die Konstruktion der reellen Zahlen $\mathbb{R}$ geführt. Dieser nicht ganz triviale Prozess der sogenannten Vervollständigung der rationalen Zahlen hat weitreichende Konsequenzen, indem er die Basis für die Analysis legt und somit z.b. erst die Behandlung von Differentialgleichungen, welche sehr viele Vorgänge in unserer Welt beschreiben, möglich macht.

3. Zur Gliederung der Inhalte im Einzelnen

Zur Einführung der natürlichen Zahlen kann man sich an verschiedenen Aspekten orientieren. Meistens wird auf den *Kardinalzahlaspekt* (Zählaspekt) oder den *Ordinalzahlaspekt* (Ordnungszahlaspekt) der natürlichen Zahlen zurückgegriffen. Dabei deutet der Kardinalzahlaspekt die natürlichen Zahlen als Äquivalenzklassen gleichmächtiger Mengen; der Ordinalzahlaspekt hingegen baut auf die Voraussetzung, dass die Menge der natürlichen Zahlen einen Anfang besitzt, dass jede natürliche Zahl genau eine nachfolgende Zahl hat und dass voneinander verschiedene natürliche Zahlen voneinander verschiedene Nachfolger haben. Im Rahmen unserer axiomatischen Herangehensweise knüpfen wir an den Ordinalzahlaspekt an und begründen die natürlichen Zahlen zu Beginn des ersten Kapitels mit Hilfe der Peanoschen Axiome. Mit Hilfe des Axioms der vollständigen Induktion definieren wir Addition und Multiplikation natürlicher Zahlen und leiten die üblichen Rechengesetze her. Im zweiten Teil des ersten Kapitels entwickeln wir die Teilbarkeitslehre natürlicher Zahlen; das Hauptergebnis dieses Teils ist der Beweis des Fundamentalsatzes der Arithmetik. Das erste Kapitel schließt mit einem Abschnitt zur Divison mit Rest, welche für die Dezimaldarstellung von Zahlen eine wichtige Rolle spielt.

Die im ersten Kapitel entwickelten Strukturen der Addition und Multiplikation natürlicher Zahlen werden im zweiten Kapitel abstrahiert und führen zur Definition von Halbgruppen und Monoiden. Diese Begriffe stehen am Anfang einer Systematisierung des Aufbaus der Zahlbereiche durch die Algebra, die wir im zweiten und dritten Kapitel im Rahmen des Notwendigen entwickeln. Im zweiten Kapitel konzentrieren sich unsere Ausführungen vor allem auf einen elementaren Aufbau der Gruppentheorie: es werden Gruppen, Untergruppen, Normalteiler, Gruppenhomomorphismen, Nebenklassen und Faktorgruppen eingeführt. Am Ende dieser theoretischen Überlegungen steht die Erkenntnis, dass kommutative, reguläre Halbgruppen im Wesentlichen eindeutig zu Gruppen erweitert werden können. Dies liefert insbesondere die mathematisch exakte Erweiterung der additiven Halbgruppe $(\mathbb{N}, +)$ der natürlichen Zahlen zur additiven Gruppe $(\mathbb{Z}, +)$ der ganzen Zahlen.

Die Erweiterung der Multiplikation natürlicher Zahlen auf den neu konstruierten Bereich der ganzen Zahlen führt zum algebraischen Konzept des Rings. Das Studium der Grundaspekte der Ringtheorie ist Gegenstand des dritten Kapitels: dazu werden Ringe, Unterringe, Ideale, Ringhomomorphismen und Faktorringe studiert. Mit den Integritätsbereichen und Körpern werden spezielle Klassen von kommutativen Ringen entdeckt, die wiederum im Hinblick auf den Aufbau der Zahlbereiche eine besondere Rolle spielen; in Körpern ist beispielsweise die Division mit Ausnahme der Null jeweils uneingeschränkt ausführbar. Wir werden erkennen, dass sich Integritätsbereiche immer zu Körpern erweitern lassen. Da der Ring $(\mathbb{Z}, +, \cdot)$ sich als Integritätsbereich herausstellt, gelangen wir unter Anwendung dieses Ergebnisses zum Körper $(\mathbb{Q}, +, \cdot)$ der rationalen Zahlen. Das dritte Kapitel schließt mit einer Diskussion über spezielle Ringe, was durch eine algebraische Systematisierung der Teilbarkeitslehre motiviert ist.

Zu Beginn des vierten Kapitels übertragen wir die Dezimaldarstellung ganzer Zahlen auf die im dritten Kapitel konstruierten rationalen Zahlen. Wir erhalten damit die Dezimal-

bruchentwicklung rationaler Zahlen. Es stellt sich dabei her-
aus, dass diese Entwicklungen entweder abbrechend oder periodisch sind. Es ergibt sich unmittelbar die Frage nach einem
umfassenderen Zahlbereich, der „Zahlen" mit beliebiger Dezimalbruchentwicklung enthält. Wie sich zeigen wird, ist dies
der Bereich der reellen Zahlen, aber bis zu dessen Konstruktion ist es noch ein langer Weg: Mit Hilfe des Faktorrings der
rationalen Cauchyfolgen modulo dem Ideal der rationalen
Nullfolgen konstruieren wir zunächst einen $\mathbb{Q}$ umfassenden
Körper. Wir stellen fest, dass dieser Körper vollständig ist,
d. h. dass jede Cauchyfolge mit Elementen aus diesem Körper
einen Grenzwert in diesem Körper besitzt. Mit dieser Kenntnis gelingt uns die Erkenntnis, dass sich dieser abstrakt konstruierte Körper mit der Menge der unendlichen Dezimalzahlen identifizieren lässt. Damit sind wir zum Körper $\mathbb{R}$ der reellen Zahlen geführt. Im letzten Teil des Kapitels thematisieren
wir alternative Charakterisierungen der Vollständigkeit von
$\mathbb{R}$, wie z.B. die Existenz des Supremums einer nach oben beschränkten Teilmenge von $\mathbb{R}$. Ein weiterer wesentlicher Punkt
zum Abschluss dieses Kapitels ist die Identifikation von $\mathbb{R}$ mit
der Zahlengeraden, welche erst möglich wird, nachdem die
klassischen Axiome der Euklidischen Geometrie um ein Axiom erweitert werden, welches sozusagen die Lückenlosigkeit
der Zahlengeraden postuliert.

Das fünfte Kapitel geht zunächst der Frage nach einer
weiteren Erweiterung des Bereichs der reellen Zahlen nach:
Nachdem die Bereiche der ganzen und der rationalen Zahlen
dadurch begründet wurden, dass durch diese Zahlbereichserweiterungen die uneingeschränkte Lösbarkeit der linearen
Gleichung

$$a \cdot x + b = c \quad (a, b, c \in \mathbb{Q}; a \neq 0)$$

ermöglicht wird, erhebt sich automatisch die Frage nach der
Lösbarkeit von Gleichungen höheren, z.B. zweiten, Grades.
Mit der quadratischen Ergänzung erkennt man, dass das Lö-
sen quadratischer Gleichungen auf die Existenz von Quadrat-

wurzeln hinausläuft. Für positive reelle Zahlen erweist sich dies im Bereich der reellen Zahlen als immer möglich. Allerdings findet man für negative reelle Zahlen niemals eine reelle Quadratwurzel. Durch die Festlegung, dass die Zahl -1 die imaginäre Einheit i als eine Quadratwurzel besitzt, werden wir auf den Körper $\mathbb{C}$ der komplexen Zahlen geführt. Nach der Konstruktion von $\mathbb{C}$ gelangen wir zur Erkenntnis, dass das Quadratwurzelziehen im Bereich der komplexen Zahlen uneingeschränkt möglich ist. Dass sogar jede polynomiale Gleichung mit komplexen Koeffizienten auch komplexe Nullstellen hat, werden wir leider nicht beweisen: Es ist dies die Aussage des Fundamentalsatzes der Algebra. Im zweiten Teil des Kapitels untersuchen wir die Feinstruktur der reellen (und komplexen) Zahlen. Dabei werden wir auf die sogenannten algebraischen und transzendenten Zahlen geführt. Obgleich transzendente Größen a priori weniger einfach handhabbar zu sein scheinen, zeigt ihre Charakterisierung, dass sie sich besonders gut durch rationale Zahlen approximieren lassen. Das Kapitel schließt mit einem Transzendenzbeweis der Eulerschen Zahl $e = 2,718\ldots$

Das sechste und letzte Kapitel verfolgt einen weiteren Aspekt. Die Problematik der Zahlbereichserweiterungen ist mit den vorhergehenden Kapiteln gelöst. Allerdings lässt sich durch das Rechnen mit Kongruenzen ein neuer (endlicher) Zahlbereich, nämlich der Faktorring $\mathbb{Z}/m\mathbb{Z}$, einführen. Dieser Bereich ist über das „Rechnen mit Resten" elementar zu motivieren. Man kann sich jetzt die Frage nach der Lösbarkeit linearer und quadratischer Gleichungen für den Bereich $\mathbb{Z}/m\mathbb{Z}$ stellen. Wir werden dabei lernen, dass das Lösen linearer Kongruenzen auf die Berechnung eines größten gemeinsamen Teilers hinausläuft. Die Lösbarkeit quadratischer Kongruenzen wird durch das Legendre-Symbol kontrolliert, dessen Berechnung im quadratischen Reziprozitätsgesetz gipfelt. Dessen Beweis markiert den Schlusspunkt dieses Buchs. Dieses letzte Kapitel soll demonstrieren, dass die grundlegende Problematik der Zahlbereichserweiterung von $\mathbb{N}$ nach $\mathbb{R}$, oder gar $\mathbb{C}$, kein isoliertes Phänomen ist, sondern sich in anderen Teilen der Mathematik entsprechende Fragestellungen ergeben, die man durch analoges Vorgehen zu lösen versucht.

4. Einige Schlussbemerkungen

Wir bemerken zum Abschluss dieser Einleitung, dass der in diesem Buch entwickelte Aufbau der Zahlbereiche möglicherweise als fachwissenschaftliche Grundlage für entsprechende fachdidaktische Veranstaltungen hilfreich ist. Das vorliegende Buch erhebt allerdings in keiner Weise den Anspruch, fachdidaktische Literatur zu ersetzen. Für Lehramtsstudierende sei überdies hervorgehoben, dass die hier gegebene Konstruktion der reellen Zahlen ausgehend von den natürlichen über die ganzen und rationalen Zahlen dem heutigen Standard des Fachmathematikers, aber nicht unmittelbar der Herangehensweise in der Schule entspricht. Dort werden die natürlichen Zahlen in der Regel über den Kardinalzahlaspekt eingeführt, es schließt sich die Konstruktion der Bruchzahlen, d. h. der nicht-negativen rationalen Zahlen, an, und erst danach werden die natürlichen Zahlen um die Negativzahlen zu den ganzen Zahlen, bzw. die Bruchzahlen zu den rationalen Zahlen ergänzt. Mit dem in diesem Buch entwickelten Apparat lässt sich aber dieser Weg ebenfalls unmittelbar mathematisch rigoros nachvollziehen: Indem man zum Beispiel die die reguläre Halbgruppe $(\mathbb{N} \setminus \{0\}, \cdot)$ umfassende multiplikative Gruppe konstruiert, gewinnt man die positiven Bruchzahlen mit ihrer Multiplikation; die Addition von Brüchen ist im Anschluss daran zu definieren. Die Einführung der reellen Zahlen erfolgt dann in der Schule entweder über die unendlichen Dezimalzahlen, welche über die Dezimalbruchentwicklungen leicht zu motivieren sind, allerdings den Nachteil besitzen, dass man nicht mit ihnen rechnen kann. Alternativ kann man die reellen Zahlen als Punkte der Zahlengeraden definieren, was den Vorteil hat, dass die vier Grundrechenarten mit Hilfe von Zirkel und Lineal ausführbar sind. Allerdings ist es kaum in der gymnasialen Oberstufe zu schaffen, die Äquivalenz dieser beiden Herangehensweisen zu etablieren. Gleichwohl halten wir es für unverzichtbar, dass künftige Lehrerinnen und Lehrer die Spanne zwischen anschaulicher Grundlegung und formaler Darstellung mathematischer Inhalte erfassen, weshalb wir im vierten Kapitel auf diesen Punkt besonderen Wert gelegt haben.

Viele interessante Themen werden in diesem Buch leider nicht angesprochen. Wir haben uns auf den Aufbau der Zahlbereiche und den dazu nötigen algebraischen Apparat konzentriert. Das letzte, sechste Kapitel, das diesen Rahmen sprengt, soll – wie bereits zuvor gesagt – dem Leser aufzeigen, dass mit dem Aufbau der Zahlbereiche die Arbeit nicht abgeschlossen ist, sondern dass sich in der Mathematik Strukturen finden, die analoge Fragestellungen zulassen. Sicherlich wäre es darüber hinaus wünschenswert gewesen, das Kapitel über algebraische und transzendente Zahlen dahingehend auszubauen, dass Fragen der Konstruierbarkeit mit Zirkel und Lineal oder die Transzendenz der Kreiszahl π hätten thematisiert werden können; auch das Thema Kryptographie hätte sich als Erweiterung des letzten Kapitels angeboten. Um letztlich den gesetzten Rahmen nicht zu überschreiten, mussten diese und andere interessante Themen unberücksichtigt bleiben. Wir hoffen, dass der Leser mit den vorliegenden Themen genügend Anregung finden wird.

5.   Voraussetzungen für den Leser

Voraussetzung für das Studium dieses Buchs ist die naive Mengenlehre. Wir gehen also davon aus, dass der interessierte Leser/die interessierte Leserin den Mengenbegriff kennt, die Begriffe des Elementseins und des Enthaltenseins sowie die Operationen der Vereinigung, des Durchschnitts und der Differenz von Mengen bekannt sind. Weiter werden der Abbildungsbegriff zwischen Mengen und die Begriffe Injektivität, Surjektivität und Bijektivität von Abbildungen als bekannt angenommen. Einzig im fünften Kapitel wird im Rahmen einer Bemerkung auf endlich dimensionale Vektorräume Bezug genommen und später werden Elemente der Differential- und Integralrechnung einer reellen Veränderlichen verwendet.

I Die natürlichen Zahlen und ihre Teilbarkeitslehre

1. Die natürlichen Zahlen

Wir beginnen unsere Betrachtungen zur elementaren Zahlentheorie mit einer Diskussion über die Menge der natürlichen Zahlen. Nach L. Kronecker ist die Menge der natürlichen Zahlen $\{0, 1, 2, \ldots\}$ zusammen mit der den meisten Lesern wohlvertrauten Addition und Multiplikation von Gott gegeben. Es soll hier nicht weiter über diesen Zugang zu den natürlichen Zahlen philosophiert werden. Vielmehr wollen wir zum Aufbau der Zahlbereiche in diesem Buch einen axiomatischen Standpunkt einnehmen und definieren die natürlichen Zahlen mit Hilfe der von G. Peano zugrunde gelegten Axiome.

Definition 1.1 (Peano-Axiome). Die Menge $\mathbb{N}$ *der natürlichen Zahlen* wird durch die folgenden Axiome charakterisiert:
(i)   Die Menge $\mathbb{N}$ ist nicht leer; es gibt ein ausgezeichnetes Element $0 \in \mathbb{N}$.
(ii) Zu jedem Element $n \in \mathbb{N}$ gibt es ein wohlbestimmtes Element $n^* \in \mathbb{N}$ mit $n^* \neq n$; das Element n^* wird *der (unmittelbare) Nachfolger von n* genannt, n wird *der (unmittelbare) Vorgänger von n^** genannt.
(iii) Es gibt kein Element $n \in \mathbb{N}$, für dessen Nachfolger n^* die Beziehung $n^* = 0$ gilt, d.h. das Element 0 besitzt keinen Vorgänger und ist somit *das erste Element*.
(iv) Besteht für zwei natürliche Zahlen n_1, n_2 die Gleichheit $n_1^* = n_2^*$, so folgt daraus $n_1 = n_2$, d.h. die Nachfolgerbildung induziert eine injektive Abbildung von $\mathbb{N}$ nach $\mathbb{N}$.

(v) *Prinzip der vollständigen Induktion:* Ist T eine Teilmenge von $\mathbb{N}$ mit der Eigenschaft, dass $0 \in T$ gilt (Induktionsanfang) und dass mit $t \in T$ (Induktionsvoraussetzung) auch $t^* \in T$ (Induktionsschritt) ist, so muss $T = \mathbb{N}$ gelten.

Bemerkung 1.2. Sukzessive legt man nun mit Hilfe der Definition 1.1 die uns wohlvertrauten Bezeichnungen fest:

$$1 := 0^*, 2 := 1^* = 0^{**}, 3 := 2^* = 1^{**} = 0^{***}, \ldots,$$

wobei die mehrfachen Sterne entsprechende mehrfache Nachfolgerbildung bezeichnen. Die Menge $\mathbb{N}$ der natürlichen Zahlen erscheint somit in der uns wohlbekannten Weise als

$$\mathbb{N} = \{0, 1, 2, 3, \ldots\}.$$

Das Axiom (v) aus Definition 1.1 bildet die Grundlage für Beweise mit Hilfe vollständiger Induktion, kurz für Induktionsbeweise: Soll nachgewiesen werden, dass alle natürlichen Zahlen eine gewisse Eigenschaft besitzen, so weist man zunächst nach, dass die natürliche Zahl 0 diese Eigenschaft besitzt (Induktionsanfang), nimmt anschließend an, dass diese Eigenschaft für alle natürlichen Zahlen $0, 1, \ldots, n$ ($n \in \mathbb{N}$, beliebig, aber fest) erfüllt ist (Induktionsvoraussetzung), und zeigt schließlich, dass damit auch der Nachfolger n^* diese Eigenschaft erfüllt. Mit dem Axiom (v) gilt die Eigenschaft somit für alle $n \in \mathbb{N}$.

Es sei an dieser Stelle bemerkt, dass das Prinzip der vollständigen Induktion in der folgenden, modifizierten Form formuliert werden kann: Ist T eine Teilmenge von $\mathbb{N}$ mit der Eigenschaft, dass $n_0 \in T$ gilt (Induktionsanfang) und dass mit $t \in T$ (Induktionsvoraussetzung) auch $t^* \in T$ (Induktionsschritt) ist, so muss $T = \{n_0, n_0^*, \ldots\}$ gelten. Entsprechende Induktionbeweise erfassen dann nicht alle natürlichen Zahlen, sondern nur diejenigen, welche Nachfolger von n_0 sind.

Mit der folgenden Definition legen wir jetzt Addition und Multiplikation natürlicher Zahlen fest.

Definition 1.3. *Addition* bzw. *Multiplikation* natürlicher Zahlen m, n werden induktiv wie folgt definiert:

$$\text{Addition: } n + 0 := n, \ n + m^* := (n + m)^* \qquad (1)$$

bzw.

$$\text{Multiplikation: } n \cdot 0 := 0, \ n \cdot m^* := (n \cdot m) + n. \qquad (2)$$

Bemerkung 1.4. Mit Hilfe von Definition 1.3 werden in der Tat Addition und Multiplikation natürlicher Zahlen festgelegt. Will man beispielsweise zur natürlichen Zahl n die natürliche Zahl m addieren, so ist die *Summe* $n + m$ nach (1) wie folgt festgelegt: wir schreiben m in der Form $m = 0^{*\cdots*}$ (mit m Sternen, d. h. m ist der m-te Nachfolger von 0); es gilt zunächst $n + 0 = n$, somit haben wir dann

$$n + 1 = n + 0^* = (n + 0)^* = n^*,$$
$$n + 2 = n + 0^{**} = (n + 0^*)^* = (n + 1)^* = n^{**},$$
$$\vdots$$
$$n + m = n + 0^{*\cdots*} = n^{*\cdots*} \ (m\text{-mal}),$$

d. h. die Summe $n + m$ ist also gegeben als der m-te Nachfolger von n.

Entsprechend ist das *Produkt* $n \cdot m$ von $n, m \in \mathbb{N}$ durch (2) festgelegt. Wir bemerken, dass wir im Laufe der Zeit den Malpunkt $\cdot$ nicht mehr notieren und damit für das Produkt von n mit m nur noch nm schreiben werden.

Mit Hilfe der Peano-Axiome weisen wir nun nach, dass für die Addition und Multiplikation die bekannten Rechengesetze gelten.

Lemma 1.5. *Es seien n, m, p beliebige natürliche Zahlen. Dann gelten die Rechengesetze:*
- *Assoziativgesetze:*

$$n + (m + p) = (n + m) + p,$$
$$n \cdot (m \cdot p) = (n \cdot m) \cdot p.$$

■ *Kommutativgesetze:*

$$n + m = m + n,$$
$$n \cdot m = m \cdot n.$$

■ *Distributivgesetze:*

$$(n + m) \cdot p = (n \cdot p) + (m \cdot p),$$
$$p \cdot (n + m) = (p \cdot n) + (p \cdot m).$$

Beweis. Wir führen exemplarisch den Beweis zur Gültigkeit des Kommutativgesetzes der Addition vor: Dazu bedienen wir uns eines doppelten Induktionsbeweises, nämlich einer vollständigen Induktion nach m und, darin eingelagert, einer vollständigen Induktion nach n.

(i) Wir beginnen mit dem Induktionsanfang für $m = 0$: Wir haben

$$n + 0 = 0 + n$$

für alle $n \in \mathbb{N}$ zu zeigen. Da nach (1) $n + 0 = n$ gilt, haben wir $0 + n = n$ zu zeigen; dies tun wir mit vollständiger Induktion nach n. Für $n = 0$ ist die behauptete Aussage richtig. Unter der Induktionsvoraussetzung, dass $0 + n = n$ für ein $n \in \mathbb{N}$ gilt, haben wir $0 + n^* = n^*$ zu zeigen. Unter Beachtung von (1) und der Induktionsvoraussetzung stellen wir aber leicht fest, dass

$$0 + n^* = (0 + n)^* = n^*$$

gilt. Dies komplettiert die vollständige Induktion nach n und zugleich den Induktionsanfang für $m = 0$.

(ii) Wir machen nun die Induktionsvoraussetzung, dass für ein $m \in \mathbb{N}$ die Gleichheit

$$n + m = m + n$$

für alle $n \in \mathbb{N}$ besteht. Unter dieser Voraussetzung behaupten wir nun, dass damit auch

$$n + m^* = m^* + n$$

für alle $n \in \mathbb{N}$ gilt. Bevor wir dies aber tun, zeigen wir zunächst, dass $m^* + n = (m + n)^*$ für alle $n \in \mathbb{N}$ gilt, wiederum mit vollständiger Induktion nach n. Für $n = 0$ folgt diese Aussage erneut unmittelbar aus (1). Unter der Induktionsvoraussetzung $m^* + n = (m + n)^*$ gilt es nun zu zeigen, dass dann auch $m^* + n^* = (m + n^*)^*$ gilt. Dies ergibt sich sofort unter zweimaliger Beachtung von (1) und der Induktionsvoraussetzung, nämlich

$$m^* + n^* = (m^* + n)^* = \left((m + n)^*\right)^* = (m + n^*)^*.$$

Damit können wir die vollständige Induktion nach m abschließen. Unter Beachtung von (1), der Induktionsvoraussetzung und der soeben bewiesenen Gleichheit haben wir nämlich

$$n + m^* = (n + m)^* = (m + n)^* = m^* + n.$$

Damit ist die Kommutativität der Addition natürlicher Zahlen bewiesen. $\qquad\square$

Aufgabe 1.6. Beweisen Sie in analoger Weise als Übung die anderen Rechengesetze der Addition und Multiplikation aus Lemma 1.5.

Bemerkung 1.7. Im Zusammenhang mit den Distributivgesetzen bemerken wir, dass die Multiplikation stärker bindet als die Addition. In Erinnerung an die Bemerkung, dass wir das Notieren des Malpunktes unterdrücken dürfen, erscheinen die Distributivgesetze dann in der Form

$$(n + m)p = np + mp,$$
$$p(n + m) = pn + pm.$$

Aufgabe 1.8. Beweisen Sie folgende Aussage: Das Produkt zweier natürlicher Zahlen m und n ist genau dann gleich 0, wenn mindestens eine der beiden Zahlen gleich 0 ist.

Zur Vereinfachung der Notation wollen wir jetzt noch die Potenzschreibweise einführen.

Definition 1.9. Es seien a und m zwei natürliche Zahlen. Wir definieren die *m-te Potenz a^m von a* mit Hilfe vollständiger Induktion nach m durch:

$$a^0 := 1,$$
$$a^{m^*} := a^m \cdot a.$$

Lemma 1.10. *Es seien a, m, n beliebige natürliche Zahlen. Dann gelten die Rechengesetze:*

$$a^m \cdot a^n = a^{m+n},$$
$$(a^m)^n = a^{m \cdot n}.$$

$\square$

Aufgabe 1.11. Beweisen Sie die Potenzgesetze aus Lemma 1.10 mit Hilfe vollständiger Induktion.

Definition 1.12. Es seien $m, n \in \mathbb{N}$ vorgelegt. Wir sagen, dass *m kleiner oder gleich n* ist, und schreiben dazu

$$m \leq n,$$

wenn m irgendein Vorgänger von n oder $m = n$ ist. Ist die Gleichheit $m = n$ ausgeschlossen, so nennen wir *m (echt) kleiner als n* und schreiben dazu

$$m < n.$$

Entsprechend definieren wir, dass *m größer oder gleich n* ist, und schreiben dazu

$$m \geq n,$$

wenn m irgendein Nachfolger von n oder $m = n$ ist. Ist die Gleichheit $m = n$ ausgeschlossen, so nennen wir *m (echt) größer als n* und schreiben dazu

$$m > n.$$

Bemerkung 1.13. Mit der Relation „<" wird die Menge der natürlichen Zahlen $\mathbb{N}$ eine *geordnete Menge*, d. h. es bestehen die drei folgenden Aussagen:

(i) Für je zwei Elemente $m, n \in \mathbb{N}$ gilt entweder $m < n$ oder $n < m$ oder $m = n$.

(ii) Die drei Relationen $m < n$, $n < m$, $m = n$ schließen sich gegenseitig aus.

(iii) Aus $m < n$ und $n < p$ folgt $m < p$.

Entsprechendes gilt für die Relation „>".

Aufgabe 1.14. Beweisen Sie die Eigenschaften (i), (ii) und (iii) der Bemerkung 1.13.

Bemerkung 1.15. Mit Hilfe der Relation „<" können wir das Konzept eines Induktionsbeweises auch wie folgt darstellen: Soll nachgewiesen werden, dass alle natürlichen Zahlen $n \geq n_0$ eine gewisse Eigenschaft besitzen, so weist man zunächst nach, dass die natürliche Zahl n_0 diese Eigenschaft besitzt (Induktionsanfang), wählt eine natürliche Zahl $n > n_0$ und nimmt an, dass die fragliche Eigenschaft für alle natürlichen Zahlen n' mit $n_0 \leq n' < n$ erfüllt ist (Induktionsvoraussetzung), und zeigt schließlich, dass damit auch die natürliche Zahl n diese Eigenschaft erfüllt (Induktionsschritt).

Bemerkung 1.16. Für die Relation „<" gelten in Bezug auf Addition und Multiplikation folgende Regeln:

(i) Für alle $p \in \mathbb{N}$ gilt mit $m < n$ auch $m + p < n + p$.

(ii) Für alle $p \in \mathbb{N}$, $p \neq 0$, gilt mit $m < n$ auch $m \cdot p < n \cdot p$.

Entsprechendes gilt für die Relation „>".

Aufgabe 1.17. Beweisen Sie die Eigenschaften (i) und (ii) der Bemerkung 1.16 mit Hilfe vollständiger Induktion.

Lemma 1.18 (Prinzip des kleinsten Elements). *Ist $M \subseteq \mathbb{N}$ eine nicht-leere Teilmenge der natürlichen Zahlen, so besitzt M ein* *kleinstes Element m_0, d. h. für alle $m \in M$ gilt die Beziehung $m \geq m_0$.*

Beweis. Es sei $m \in M$ ein beliebiges Element, das wir fixieren; wir setzen $m_0 := m$. Wenn m_0 keinen Vorgänger in M besitzt, so ist m_0 das gesuchte Element und wir sind fertig. Wenn m_0 aber einen Vorgänger $m' \in M$ besitzt, d. h. es ist $m'^* = m_0$, so setzen wir neu $m_0 := m'$. Erneut fragen wir uns, ob m_0 einen Vorgänger in M besitzt. Wenn nicht, so sind wir fertig; andernfalls verfahren wir wie zuvor und finden einen Vorgänger von m_0. Dieses Verfahren endet aber nach höchstens m_0 Schritten, da wir dann das erste Element von $\mathbb{N}$ erreichen und zu diesem keine weiteren Vorgänger existieren; falls $0 \notin M$ gilt, endet das Verfahren bereits vorher. □

Bemerkung 1.19. Das Prinzip des kleinsten Elements sichert uns die Existenz eines kleinsten Elements einer nicht-leeren Menge, es kann aber durchaus sein, dass dieses Element nur schwer explizit zu bestimmen ist.

Zum Beispiel kann man beweisen, dass eine natürliche Zahl m_0 existiert, so dass alle natürlichen Zahlen $m \geq m_0$ sich als Summe von höchstens sieben dritten Potenzen darstellen lässt. Nach dem Prinzip des kleinsten Elements gibt es also auch eine kleinste natürliche Zahl mit dieser Eigenschaft; sie ist jedoch bis heute nicht bekannt.

Aufgabe 1.20. Überlegen Sie sich Beispiele aus dem täglichen Leben, in denen kleinste Elemente existieren, aber praktisch unmöglich konkret zu bestimmen sind.

Definition 1.21. Es seien $m, n \in \mathbb{N}$ und $m \geq n$. Dann bezeichnet $(m - n)$, oder kurz $m - n$, die natürliche Zahl, welche der Gleichung $n + (m - n) = m$ genügt. Wir nennen $m - n$ die *Differenz von m und n*.

Aufgabe 1.22. Zeigen Sie, dass die Differenz $m - n$ zweier natürlicher Zahlen $m, n \in \mathbb{N}$ mit $m \geq n$ wohldefiniert ist, d. h. dass es genau eine natürliche Zahl x gibt, die die Gleichung $n + x = m$ erfüllt.

Bemerkung 1.23. Eine Motivation zur Erweiterung des Bereichs der natürlichen Zahlen ist der Wunsch, bei gegebenen natürlichen Zahlen m, n, die Gleichung

$$n + x = m$$

zu lösen. Die obige Definition zeigt, dass eine Lösung im Bereich der natürlichen Zahlen existiert, nämlich $x = m - n$, sobald $m \geq n$ gilt. Mit anderen Worten: x ist dadurch determiniert, dass m der $x = (m - n)$-fache Nachfolger von n ist. Gilt andererseits $m < n$, so findet sich keine natürliche Zahl x, welche die Gleichung löst. Dies wird zur Konstruktion der ganzen Zahlen führen, die wir erst mit den algebraischen Hilfsmitteln des zweiten Kapitels an die Hand nehmen können.

2. Teilbarkeit und Primzahlen

Wir beginnen mit der Definition der Teilbarkeit natürlicher Zahlen.

Definition 2.1. Eine natürliche Zahl $b \neq 0$ *teilt* eine natürliche Zahl a, in Zeichen $b \mid a$, wenn eine natürliche Zahl c mit $a = b \cdot c$ existiert. Wir sagen auch, dass b ein *Teiler von a* ist. Weiter heißt $b \in \mathbb{N}$ *gemeinsamer Teiler* von $a_1, a_2 \in \mathbb{N}$, falls $c_1, c_2 \in \mathbb{N}$ mit $a_j = b \cdot c_j$ für $j = 1, 2$ existieren.

Beispiel 2.2. Es seien $a = 12$ und $b = 6$. Dann gilt mit $c = 2$ die Gleichung $a = b \cdot c$, also gilt $6 \mid 12$. Wählt man hingegen $a = 12$ und $b = 7$, so ist $7 \nmid 12$.

Wählt man $a_1 = 12$, $a_2 = 6$ und $b = 3$, so erkennt man 3 als einen gemeinsamen Teiler von 12 und 6.

Bemerkung 2.3. Es sei a eine von Null verschiedene natürliche Zahl und b ein Teiler von a (d. h. $a = b \cdot c$ mit einem $c \in \mathbb{N}$, $c \neq 0$) mit $b \neq a$. Dann gilt $b < a$. Andernfalls müsste nämlich $b > a$ gelten, was unter Beachtung der Bemerkung 1.16 zur Ungleichung

$$a = b \cdot c \geq b \cdot 1 = b > a$$

führte. Dies stellt aber einen Widerspruch dar.

Aus dieser Überlegung folgern wir unmittelbar, dass aus der Gleichung $m \cdot n = 1$ natürlicher Zahlen $m = n = 1$ folgt. Es gilt nämlich $m \mid 1$, also folgte unter der Annahme $m \neq 1$ nach dem Vorhergehenden $m < 1$, d. h. $m = 0$, was aber wegen $0 \neq 1$ nicht möglich ist.

Lemma 2.4. *Es gelten die folgenden Grundtatsachen zur Teilbarkeitsbeziehung natürlicher Zahlen:*

(i) $a \mid a$ ($a \in \mathbb{N}$; $a \neq 0$).

(ii) $a \mid 0$ ($a \in \mathbb{N}$; $a \neq 0$).

(iii) $1 \mid a$ ($a \in \mathbb{N}$).

(iv) $c \mid b,\ b \mid a \Rightarrow c \mid a$ ($a, b, c \in \mathbb{N}$; $b, c \neq 0$).

(v) $b \mid a \Rightarrow b \cdot c \mid a \cdot c$ ($a, b, c \in \mathbb{N}$; $b, c \neq 0$).

(vi) $b \cdot c \mid a \cdot c \Rightarrow b \mid a$ ($a, b, c \in \mathbb{N}$; $b, c \neq 0$).

(vii) $b_1 \mid a_1,\ b_2 \mid a_2 \Rightarrow b_1 \cdot b_2 \mid a_1 \cdot a_2$
        ($a_1, a_2, b_1, b_2 \in \mathbb{N}$; $b_1, b_2 \neq 0$).

(viii) $b \mid a_1,\ b \mid a_2 \Rightarrow b \mid (c_1 \cdot a_1 + c_2 \cdot a_2)$
        ($a_1, a_2, c_1, c_2, b \in \mathbb{N}$; $b \neq 0$).

(ix) $b \mid a \Rightarrow b \mid a \cdot c$ ($a, b, c \in \mathbb{N}$; $b \neq 0$).

(x) $b \mid a,\ a \mid b \Rightarrow a = b$ ($a, b \in \mathbb{N}$; $a, b \neq 0$).

Beweis. Da die Teilbarkeitseigenschaften in der elementaren Zahlentheorie von großer Bedeutung sind, führen wir die doch recht einfachen Beweise dennoch ausführlich vor.

(i) Aufgrund der Definition der Multiplikation natürlicher Zahlen (2) gilt für alle $a \in \mathbb{N}$ die Gleichheit $a = a \cdot 1$, d. h. wir haben $a \mid a$.

(ii) Ebenso gilt aufgrund von (2) für alle $a \in \mathbb{N}$ die Beziehung $0 = a \cdot 0$, d. h. wir haben $a \mid 0$.

(iii) Mit Hilfe der in (i) genannten Gleichung und der Kommutativität der Multiplikation gilt $a = 1 \cdot a$, woraus $1 \mid a$ folgt.

(iv) Da voraussetzungsgemäß $c \mid b$ und $b \mid a$ gilt, finden sich $m, n \in \mathbb{N}$ mit $b = c \cdot m$ und $a = b \cdot n$. Damit erhalten wir

$$a = b \cdot n = (c \cdot m) \cdot n = c \cdot (m \cdot n)$$

und folglich $c \mid a$.

(v) Aus $b \mid a$ folgt, dass es ein $m \in \mathbb{N}$ mit $a = b \cdot m$ gibt. Nach Multiplikation dieser Gleichung mit $c \in \mathbb{N}, c \neq 0$, ergibt sich die Gleichung $a \cdot c = (b \cdot m) \cdot c$. Unter Berücksichtigung der Kommutativität und Assoziativität der Multiplikation ergibt sich damit $a \cdot c = (b \cdot c) \cdot m$, d. h. $b \cdot c \mid a \cdot c$.

(vi) Aus $b \cdot c \mid a \cdot c$ folgt, dass es ein $m \in \mathbb{N}$ mit $a \cdot c = (b \cdot c) \cdot m$ gibt. Für die Differenz der linken und rechten Seite dieser Gleichung ergibt sich dann unter Berücksichtigung der Rechengesetze natürlicher Zahlen, insbesondere der Distributivität,

$$0 = a \cdot c - (b \cdot c) \cdot m = (a - b \cdot m) \cdot c.$$

Da nun aber $c \neq 0$ ist und das fragliche Produkt mit c Null ergibt, muss $a - b \cdot m = 0$, also $a = b \cdot m$ gelten, woraus $b \mid a$ folgt.

(vii) Nach Voraussetzung existieren $m_1, m_2 \in \mathbb{N}$, so dass $a_1 = b_1 \cdot m_1$ und $a_2 = b_2 \cdot m_2$ gilt. Damit erhalten wir unter Berücksichtigung der Rechengesetze

$$a_1 \cdot a_2 = (b_1 \cdot m_1) \cdot (b_2 \cdot m_2) = (b_1 \cdot b_2) \cdot (m_1 \cdot m_2)$$

und folglich $b_1 \cdot b_2 \mid a_1 \cdot a_2$.

(viii) Wenn die Zahl b zwei natürliche Zahlen a_1, a_2 teilt, so existieren $m_1, m_2 \in \mathbb{N}$, so dass $a_1 = b \cdot m_1$ und $a_2 = b \cdot m_2$

gilt. Es seien jetzt c_1, $c_2 \in \mathbb{N}$ beliebig. Für die natürliche Zahl $c_1 \cdot a_1 + c_2 \cdot a_2$ erhalten wir dann durch Einsetzen nach kurzer Rechnung

$$c_1 \cdot a_1 + c_2 \cdot a_2 = c_1 \cdot (b \cdot m_1) + c_2 \cdot (b \cdot m_2)$$
$$= b \cdot (c_1 \cdot m_1 + c_2 \cdot m_2),$$

woraus $b \mid (c_1 \cdot a_1 + c_2 \cdot a_2)$ folgt.

(ix) Wegen $b \mid a$ existiert ein $m \in \mathbb{N}$ mit $a = b \cdot m$. Multiplizieren wir diese Gleichung mit einem $c \in \mathbb{N}$, so ergibt sich $a \cdot c = b \cdot (m \cdot c)$, woraus sofort $b \mid a \cdot c$ folgt.

(x) Aufgrund der Teilbarkeitsvoraussetzungen sind sowohl a als auch b von Null verschieden. Wegen $b \mid a$ bzw. $a \mid b$ existieren $n \in \mathbb{N}$ bzw. $m \in \mathbb{N}$ mit $a = b \cdot m$ bzw. $b = a \cdot n$. Durch Einsetzen der zweiten in die erste Gleichung ergibt sich

$$a = (a \cdot n) \cdot m \Longleftrightarrow a \cdot (1 - m \cdot n) = 0.$$

Da $a \neq 0$ gilt, folgt $1 - m \cdot n = 0$, d. h. $m \cdot n = 1$. Die Bemerkung 2.3 zeigt nun sofort $n = m = 1$, woraus $a = b$ folgt.

$\square$

Aufgabe 2.5. Es seien $a_1, \ldots, a_k$ natürliche Zahlen. Ferner sei bekannt, dass $a_1 \cdot \ldots \cdot a_k + 1$ durch 3 teilbar ist.

(a)   Zeigen Sie, dass keine der Zahlen $a_1, \ldots, a_k$ durch 3 teilbar ist.

(b)   Beweisen Sie, dass wenigstens eine der Zahlen $a_1 + 1, \ldots, a_k + 1$ durch 3 teilbar ist.

Bemerkung 2.6. Gemäß Lemma 2.4 hat jedes $a \in \mathbb{N}$ die Teiler 1 und a. Wir nennen diese Teiler die *trivialen Teiler von a*. Die nicht-trivialen Teiler von $a \in \mathbb{N}$ werden *echte Teiler von a* genannt.

Man kann sagen, dass, vom additiven Standpunkt aus gesehen, die 1 der Grundbaustein der natürlichen Zahlen ist, da jede natürliche Zahl durch Addition von Einsen gebildet werden kann. Wir wenden uns nun dem multiplikativen Standpunkt zu und fragen uns nach den entsprechenden Grundbausteinen der natürlichen Zahlen. Dies führt zum Begriff der Primzahl, den wir nachfolgend einführen.

Definition 2.7. Eine natürliche Zahl $p > 1$ heißt *Primzahl*, wenn p keine nicht-trivialen Teiler hat, d. h. p besitzt nur die Teiler 1 und p. Die Menge der Primzahlen bezeichnen wir im Folgenden mit

$$\mathbb{P} := \{p \in \mathbb{N} \mid p \text{ ist Primzahl}\}.$$

Beispiel 2.8. Wir fragen uns, ob 11 eine Primzahl ist. Dazu suchen wir alle Teiler b von 11. Nach dem Vorhergehenden gilt

$$b \in \{1, \ldots, 11\}.$$

Durch direktes Nachrechnen stellen wir fest, dass die Zahlen $2, \ldots, 10$ nicht Teiler von 11 sein können. Deshalb besitzt 11 in der Tat nur die trivialen Teiler 1 und 11, so dass also $11 \in \mathbb{P}$ gilt.

Die Folge der Primzahlen beginnt mit

$$2, 3, 5, 7, 11, 13, 17, 19, 23, 29, 31, 37, 41, 47, 53, \ldots$$

Lemma 2.9. *Jede natürliche Zahl $a > 1$ besitzt mindestens einen Primteiler $p \in \mathbb{P}$, d. h. es existiert eine Primzahl p mit $p \mid a$.*

Beweis. Wir betrachten die folgende, von a abhängige Menge

$$\mathcal{T}(a) := \{b \in \mathbb{N} \mid b > 1 \text{ mit } b \mid a\}.$$

Da $a \in \mathcal{T}(a)$ gilt, ist die Menge $\mathcal{T}(a)$ nicht leer. Nach dem Prinzip des kleinsten Elements (Lemma 1.18) besitzt $\mathcal{T}(a)$ als nicht-leere Teilmenge von $\mathbb{N}$ ein kleinstes Element, das wir mit p bezeichnen; konstruktionsgemäß gilt $p > 1$.

Wir zeigen nun, dass p eine Primzahl ist. Wäre im Gegensatz zu dieser Behauptung p keine Primzahl, so besäße p

einen nicht-trivialen Teiler q, d. h. es gilt $q \mid p$ mit $1 < q < p$. Da $q \mid p$ und $p \mid a$ ist, folgt mit Lemma 2.4 (iv) die Beziehung $q \mid a$. Da überdies $q > 1$ gilt, ist $q \in \mathcal{T}(a)$. Dies widerspricht aber der minimalen Wahl von p. Somit ist p, wie behauptet, ein Primteiler von a. $\Box$

Satz 2.10 (Euklid). *Es gibt unendlich viele Primzahlen.*

Beweis. Im Gegensatz zur Behauptung nehmen wir an, dass es nur endlich viele Primzahlen $p_1, \ldots, p_n$ gibt. Dann betrachten wir die natürliche Zahl

$$a := p_1 \cdot \ldots \cdot p_n + 1.$$

Es ist $a > 1$ und nach Lemma 2.9 besitzt a somit einen Primteiler p. Aufgrund der Annahme, dass nur endlich viele Primzahlen existieren, muss $p \in \{p_1, \ldots, p_n\}$ gelten. Insbesondere gilt somit $p \mid (p_1 \cdot \ldots \cdot p_n)$. Da andererseits auch die Teilbarkeitsbeziehung $p \mid a$ besteht, muss nach den Teilbarkeitsregeln auch $p \mid 1$ gelten. Dies impliziert $p = 1$, was aber nicht möglich ist. Damit ist die Endlichkeit der Primzahlmenge widerlegt und gezeigt, dass es unendlich viele Primzahlen gibt. $\Box$

Bemerkung 2.11. Der Beweis des Satzes von Euklid liefert zugleich die Möglichkeit, eine unendliche Folge von Primzahlen zu konstruieren: Wir starten mit der Primzahl $p_1 = 2$. Indem wir $a_2 = p_1 + 1 = 3$ setzen, erhalten wir die weitere Primzahl $p_2 = 3$. Indem wir jetzt $a_3 = p_1 \cdot p_2 + 1 = 7$ bilden, kommen wir zu der weiteren Primzahl $p_3 = 7$. Wir setzen jetzt $a_4 = p_1 \cdot p_2 \cdot p_3 + 1 = 43$ und bekommen so die weitere Primzahl $p_4 = 43$. Indem wir analog weiterfahren, haben wir nun die natürliche Zahl $a_5 = p_1 \cdot p_2 \cdot p_3 \cdot p_4 + 1 = 1\,807$ zu bilden. Zum ersten Mal bekommen wir keine Primzahl, denn es besteht die Zerlegung $1\,807 = 13 \cdot 139$, d. h. wir erhalten die weiteren Primzahlen 13 und 139.

Aufgabe 2.12. Überlegen Sie, ob man durch dieses Verfahren alle Primzahlen erhält.

Aufgabe 2.13. Nutzen Sie die Beweisidee von Euklid und Aufgabe 2.5, um zu zeigen, dass es sogar in der Teilmenge der natürlichen Zahlen

$$2 + 3 \cdot \mathbb{N} := \{2,\ 2 + 3,\ 2 + 6, \ldots,\ 2 + 3 \cdot n, \ldots\}$$

unendlich viele Primzahlen gibt.

Beispiel 2.14. Wir erwähnen in diesem Beispiel zwei spezielle Arten von Primzahlen.

(i) Eine Primzahl der Form $p = 2^n - 1$ ($n \in \mathbb{N}$) heißt *Mersennesche Primzahl*. Es besteht die Implikation:

$$2^n - 1 = \text{Primzahl} \quad \Rightarrow \quad n = \text{Primzahl}$$

(ii) Eine Primzahl der Form $p = 2^n + 1$ ($n \in \mathbb{N}$) heißt *Fermatsche Primzahl*. Es besteht die Implikation:

$$2^n + 1 = \text{Primzahl} \quad \Rightarrow \quad n = 2^m \text{ mit einem } m \in \mathbb{N}$$

Aufgabe 2.15. Verifizieren Sie diese beiden Aussagen.

Die Umkehrungen der in (i) und (ii) gegebenen Implikationen sind im allgemeinen aber falsch, denn für (ii) stellen wir beispielsweise fest:

$$
\begin{array}{llllll}
m = 0: & 2^{2^0} + 1 & = & 2^1 + 1 & = & 3, & \text{Primzahl,} \\
m = 1: & 2^{2^1} + 1 & = & 2^2 + 1 & = & 5, & \text{Primzahl,} \\
m = 2: & 2^{2^2} + 1 & = & 2^4 + 1 & = & 17, & \text{Primzahl,} \\
m = 3: & 2^{2^3} + 1 & = & 2^8 + 1 & = & 257, & \text{Primzahl,} \\
m = 4: & 2^{2^4} + 1 & = & 2^{16} + 1 & = & 65\,537, & \text{Primzahl,}
\end{array}
$$

aber die Zahl $2^{2^5} + 1 = 4\,294\,967\,297$ ist keine Primzahl mehr, da sie den nicht-trivialen Teiler 641 besitzt.

Wir bemerken an dieser Stelle, dass C. F. Gauß gezeigt hat, dass das regelmäßige p-Eck ($p \in \mathbb{P}$) genau dann mit Zirkel und Lineal konstruierbar ist, wenn p eine Fermatsche Primzahl, d. h. eine Primzahl von der Form $p = 2^{2^m} + 1$ ($m \in \mathbb{N}$) ist.

Beispiel 2.16. Eine natürliche Zahl n heißt *vollkommen*, falls die Summe all ihrer Teiler $2n$ ergibt, d. h. falls

$$\sum_{d \mid n} d = 2n$$

gilt.

Im 1. Jahrhundert veröffentlichte der griechische Mathematiker Nikomachos die ersten vier vollkommenen Zahlen: 6, 28, 496 und 8 128. Das Mysterium der vollkommenen Zahlen zog viele Mathematiker in seinen Bann, u. a. Euklid, Mersenne und Euler. Alle vollkommenen Zahlen, die man bisher fand, sind gerade. Bis heute weiß man nicht, ob es ungerade vollkommene Zahlen gibt. Für gerade vollkommene Zahlen können wir folgende Charakterisierung geben, die auf L. Euler zurückgeht.

Lemma 2.17. *Eine natürliche Zahl n ist genau dann eine gerade vollkommene Zahl, wenn $n = 2^m \cdot (2^{m+1} - 1)$ mit geeignetem $m \in \mathbb{N}$ ist, wobei $2^{m+1} - 1$ eine Primzahl ist.*

Beweis. Wir schicken dem Beweis die folgende Bemerkung voraus: Für $n \in \mathbb{N}$ setze man $S(n) := \sum_{d \mid n} d$. Dann überlegt man leicht, dass für natürliche Zahlen a, b, die keinen gemeinsamen Teiler haben, die Gleichheit

$$S(a \cdot b) = S(a) \cdot S(b)$$

besteht.

Aufgabe 2.18.   Beweisen Sie diese Aussage.

Mit dieser Vorüberlegung können wir nun den Beweis in Angriff nehmen.

Es sei $n \in \mathbb{N}$ eine gerade vollkommene Zahl. Da n gerade ist, finden sich eine natürliche Zahl $m > 0$ und eine ungerade natürliche Zahl b, so dass

$$n = 2^m \cdot b$$

gilt. Da n vollkommen ist, gilt aufgrund der einleitend gemachten Bemerkung $S(n) = S(2^m \cdot b) = S(2^m) \cdot S(b) = 2n$. Da

$$S(2^m) = 2^0 + 2^1 + 2^2 + \ldots + 2^m = \frac{2^{m+1} - 1}{2 - 1} = 2^{m+1} - 1$$

ist, erhalten wir die Gleichung

$$(2^{m+1} - 1) \cdot S(b) = 2^{m+1} \cdot b. \tag{3}$$

Somit muss die Zahl $2^{m+1} - 1$ ein Teiler von $2^{m+1} \cdot b$ sein. Mit Hilfe folgender Übungsaufgabe gilt sogar, dass $2^{m+1} - 1$ die Zahl b teilen muss.

Aufgabe 2.19.   Zeigen Sie mit Hilfe vollständiger Induktion nach m: Wenn eine ungerade Zahl d die Zahl $2^{m+1} \cdot b$ teilt, dann ist d ein Teiler von b.

Also existiert ein $a \in \mathbb{N}$, $a \neq 0$, mit $b = (2^{m+1} - 1) \cdot a$. Es bleibt zu zeigen, dass $a = 1$ und $2^{m+1} - 1$ eine Primzahl ist.

Dazu nehmen wir $a > 1$ an und leiten einen Widerspruch her. Wegen $b = (2^{m+1} - 1) \cdot a$ hat die Zahl b mindestens die Teiler $\{1, (2^{m+1} - 1), a, b\}$; also gilt die Abschätzung

$$S(b) \geq 1 + (2^{m+1} - 1) + a + b = 2^{m+1} + a + b = 2^{m+1} \cdot (a + 1).$$

Durch Multiplikation mit $2^{m+1} - 1$ ergibt sich daraus die weitere Abschätzung

$$\begin{aligned}
(2^{m+1} - 1) \cdot S(b) &\geq (2^{m+1} - 1) \cdot 2^{m+1} \cdot (a + 1) \\
&> 2^{m+1} \cdot (2^{m+1} - 1) \cdot a = 2^{m+1} \cdot b,
\end{aligned}$$

welche der Gleichung (3) widerspricht. Damit muss $a = 1$ und $b = 2^{m+1} - 1$ gelten. Der Gleichung (3) entnehmen wir weiter

$$S(b) = 2^{m+1} = b + 1,$$

d. h. b hat nur die Teiler 1 und b, also ist $b = 2^{m+1} - 1$ eine Primzahl. Wie behauptet erhalten wir

$$n = 2^m \cdot (2^{m+1} - 1),$$

wobei $2^{m+1} - 1$ eine Primzahl ist.

Wir beweisen nun die Umkehrung der oben bewiesenen Behauptung. Dazu sei $n = 2^m \cdot (2^{m+1} - 1)$, wobei $2^{m+1} - 1$ eine Primzahl ist. Mit unserer Vorüberlegung ergibt sich

$$S(n) = S(2^m) \cdot S(2^{m+1} - 1) = (2^{m+1} - 1) \cdot (2^{m+1} - 1 + 1)$$
$$= 2 \cdot 2^m \cdot (2^{m+1} - 1) = 2n.$$

Somit ist n eine gerade vollkommene Zahl. $\qquad\qquad\square$

Aufgabe 2.20. *(Befreundete Zahlen)*. Eng verwandt mit vollkommenen Zahlen sind die *befreundeten Zahlen*. Dies ist ein Paar verschiedener natürlicher Zahlen, von denen jeweils eine Zahl gleich der Summe der echten Teiler der anderen Zahl ist.

(a) Überprüfen Sie, dass die Zahlen 220 und 284 befreundet sind. Dieses Paar war bereits Pythagoras um 500 v. Chr. bekannt.

(b) Beweisen Sie folgenden Satz des arabischen Mathematikers Thabit ibn Qurrah (836–901): Für eine feste natürliche Zahl n setzen wir $x = 3 \cdot 2^n - 1$, $y = 3 \cdot 2^{n-1} - 1$ und $z = 9 \cdot 2^{2n-1} - 1$. Wenn x, y und z Primzahlen sind, dann sind die beiden Zahlen $a = 2^n \cdot x \cdot y$ und $b = 2^n \cdot z$ befreundet.

3. Der Fundamentalsatz der elementaren Zahlentheorie

Wir kommen nun zur Formulierung und zum Beweis des Fundamentalsatzes der elementaren Zahlentheorie, welcher besagt, dass die Primzahlen die (multiplikativen) Bausteine der natürlichen Zahlen sind.

Satz 3.1 (Fundamentalsatz der elementaren Zahlentheorie).
Jede von Null verschiedene natürliche Zahl a besitzt eine Darstellung der Form

$$a = p_1^{a_1} \cdot \ldots \cdot p_r^{a_r}$$

als Produkt von r (r ∈ ℕ) Primzahlpotenzen zu den paarweise verschiedenen Primzahlen $p_1, \ldots, p_r$ mit den positiven, natürlichen Exponenten $a_1, \ldots, a_r$. Diese Darstellung ist bis auf die Reihenfolge der Faktoren eindeutig.

Beweis. Wir beweisen zuerst die Existenz- und danach die Eindeutigkeitsaussage mit Hilfe der vollständigen Induktion nach der Anzahl r der verschiedenen Primzahlen.

Existenzbeweis: Für $a = 1$ ist die Aussage mit $r = 0$ (leeres Produkt) richtig; dies legt den Induktionsanfang fest. Es sei nun $a \in ℕ$ mit $a > 1$, und wir nehmen als Induktionsvoraussetzung an, dass die Existenz der Primfaktorzerlegung für alle natürlichen Zahlen a' mit $1 \leq a' < a$ bewiesen ist. Unter dieser Voraussetzung beweisen wir nun, dass auch a eine Primfaktorzerlegung besitzt. Da $a \in ℕ$ und $a > 1$ gilt, besitzt a nach Lemma 2.9 einen Primteiler p, d. h. es ist

$$a = p \cdot b$$

mit einer natürlichen Zahl b. Da $p > 1$ ist, gilt $1 \leq b < a$. Nach unserer Induktionsvoraussetzung existiert für b eine Primfaktorzerlegung

$$b = q_1^{b_1} \cdot \ldots \cdot q_s^{b_s},$$

wobei $q_1, \ldots, q_s$ ($s \in ℕ$) paarweise verschiedene Primzahlen und $b_1, \ldots, b_s$ positive natürliche Zahlen sind. Zusammengenommen ergibt sich schließlich

$$a = p \cdot b = p^1 \cdot q_1^{b_1} \cdot \ldots \cdot q_s^{b_s}.$$

Ist hierbei $p = q_j$ für ein $j \in \{1, \ldots, s\}$, so können wir dies zusammenfassen zu

$$a = q_1^{b_1} \cdot \ldots \cdot q_j^{b_j+1} \cdot \ldots \cdot q_s^{b_s}.$$

Damit ist die Existenz der Primfaktorzerlegung für alle positiven natürlichen Zahlen gezeigt.

Eindeutigkeitsbeweis: Wir benutzen wiederum die Methode der vollständigen Induktion. Wie beim Existenzbeweis machen wir den Induktionsanfang mit $a = 1$ und erkennen die Eindeutigkeit der Primfaktorzerlegung in diesem Fall dadurch, dass das leere Produkt als solches eindeutig definiert ist. Wir wählen nun eine natürliche Zahl $a > 1$ und machen die Induktionsvoraussetzung, dass die Eindeutigkeit der Primfaktorzerlegung (bis auf die Reihenfolge der Faktoren) für alle natürlichen Zahlen a' mit $1 \leq a' < a$ gilt. Unter dieser Voraussetzung beweisen wir nun, dass auch die Primfaktorzerlegung von a eindeutig ist.

Im Gegensatz dazu nehmen wir an, dass a zwei verschiedene Primfaktorzerlegungen

$$a = p_1^{a_1} \cdot p_2^{a_2} \cdot \ldots \cdot p_r^{a_r} = p_1 \cdot b \quad \text{mit} \quad b = p_1^{a_1-1} \cdot p_2^{a_2} \cdot \ldots \cdot p_r^{a_r},$$

$$a = q_1^{b_1} \cdot q_2^{b_2} \cdot \ldots \cdot q_s^{b_s} = q_1 \cdot c \quad \text{mit} \quad c = q_1^{b_1-1} \cdot q_2^{b_2} \cdot \ldots \cdot q_s^{b_s}$$

besitzt; hierbei sind r bzw. s von Null verschiedene natürliche Zahlen, $p_1, \ldots, p_r$ bzw. $q_1, \ldots, q_s$ paarweise verschiedene Primzahlen, von denen wir insbesondere annehmen dürfen, dass p_1 verschieden von $q_1, \ldots, q_s$ ist, und $a_1, \ldots, a_r$ bzw. $b_1, \ldots, b_s$ sind ebenfalls von Null verschiedene natürliche Zahlen. Ohne Beschränkung der Allgemeinheit können wir überdies annehmen, dass $p_1 < q_1$ gilt. Dann ist $a \geq p_1 \cdot c$ und wir erhalten durch Differenzbildung die natürliche Zahl

$$a' = a - p_1 \cdot c = \begin{cases} p_1 \cdot (b - c), \\ (q_1 - p_1) \cdot c, \end{cases}$$

für welche konstruktionsgemäß $a' < a$ gilt. Die Faktoren $b - c$, $q_1 - p_1$ und c von a' sind ebenfalls natürliche Zahlen, die echt kleiner als a sind. Aufgrund der Induktionsvoraussetzung besitzen die natürlichen Zahlen a', $b - c$, $q_1 - p_1$, c eindeutige Primfaktorzerlegungen. Die Gleichung $a' = p_1 \cdot (b - c)$ zeigt, dass die Primzahl p_1 in der Primfaktorzerlegung von a' vorkommen muss. Die Gleichung $a' = (q_1 - p_1) \cdot c$ zeigt weiter, dass p_1 entweder in der Primfaktorzerlegung von $q_1 - p_1$ oder von c auftreten muss. Aufgrund unserer Annahme kommt p_1 aber nicht in der Primfaktorzerlegung von c vor, so dass p_1 in der Primfaktorzerlegung der Differenz $q_1 - p_1$ auftreten muss, d. h. es müsste $p_1 \mid (q_1 - p_1)$ gelten. Zusammen mit $p_1 \mid p_1$ und der Beziehung $q_1 = (q_1 - p_1) + p_1$ ergäbe sich damit mit Hilfe der Teilbarkeitsregeln $p_1 \mid q_1$. Wegen $1 < p_1 < q_1$ wäre p_1 somit ein nicht-trivialer Teiler der Primzahl q_1, was natürlich nicht möglich ist. Damit haben wir einen Widerspruch gefunden. Unsere Annahme, dass a zwei verschiedene Primfaktorzerlegungen besitzt, ist also falsch; die Primfaktorzerlegung von a ist somit ebenfalls eindeutig, und der Eindeutigkeitsbeweis ergibt sich schließlich mittels vollständiger Induktion. □

Aufgabe 3.2. Finden Sie die Primfaktorzerlegung der Zahlen 720, 9 797, 360^{360} und $2^{32} - 1$.

Mit Hilfe des Fundamentalsatzes der elementaren Zahlentheorie können wir nun leicht das folgende, auf Euklid zurückgehende Lemma beweisen.

Lemma 3.3 (Euklidisches Lemma). *Es seien a, b natürliche Zahlen und p eine Primzahl. Gilt dann $p \mid a \cdot b$, so folgt $p \mid a$ oder $p \mid b$.*

Beweis. Aufgrund der vorausgesetzten Teilbarkeitsbedingung $p \mid a \cdot b$ existiert eine natürliche Zahl $c \neq 0$ derart, dass $a \cdot b = p \cdot c$ gilt. Aufgrund der Existenz und Eindeutigkeit der Primfaktorzerlegung muss die Primzahl p in der Primfaktorzerlegung des Produkts $a \cdot b$ vorkommen. Somit muss p in der Primfaktorzerlegung von a oder b auftreten. Dies bedeutet aber gerade $p \mid a$ oder $p \mid b$. □

Bemerkung 3.4.   Nach dem Fundamentalsatz kann jede natürliche Zahl $a \neq 0$ in der Form

$$a = \prod_{p \in \mathbb{P}} p^{a_p}$$

geschrieben werden, wobei das Produkt über alle Primzahlen zu erstrecken ist; dabei sind aber nur *endlich* viele der Exponenten a_p von Null verschieden. Den bisher ausgeschlossenen Fall $a = 0$ beziehen wir formal in diese Schreibweise ein, indem wir für alle $p \in \mathbb{P}$ die Festlegung $a_p = \infty$ treffen.

Als Anwendung des Fundamentalsatzes der elementaren Zahlentheorie können wir das folgende, praktische Teilbarkeitskriterium herleiten.

Lemma 3.5.   *Es seien a, b natürliche Zahlen mit den Primfaktorzerlegungen*

$$a = \prod_{p \in \mathbb{P}} p^{a_p}, \quad b = \prod_{p \in \mathbb{P}} p^{b_p}.$$

Dann besteht das Kriterium

$$b \mid a \iff b_p \leq a_p \quad \text{für alle } p \in \mathbb{P}.$$

Bemerkung 3.6.   Man beachte, dass das Teilbarkeitskriterium auch die Fälle $a = 0$ oder $b = 0$ mit berücksichtigt.

Beweis.   Ist b ein Teiler von a, so existiert eine natürliche Zahl $c \neq 0$ mit $a = b \cdot c$. Mit der Primfaktorzerlegung

$$c = \prod_{p \in \mathbb{P}} p^{c_p}$$

von c erhalten wir

$$\prod_{p \in \mathbb{P}} p^{a_p} = \prod_{p \in \mathbb{P}} p^{b_p} \cdot \prod_{p \in \mathbb{P}} p^{c_p} = \prod_{p \in \mathbb{P}} p^{b_p + c_p}.$$

Dies beweist die Gleichheit $a_p = b_p + c_p$, woraus sofort $b_p \leq a_p$ für alle $p \in \mathbb{P}$ folgt. Der Beweis der Umkehrung ist ebenso einfach. $\qquad\qquad\square$

Aufgabe 3.7.   Zeigen Sie, dass 255 ein Teiler von $2^{32} - 1$ ist.

4.   Größter gemeinsamer Teiler und kleinstes gemeinsames Vielfaches

Wir beginnen mit der Definition des größten gemeinsamen Teilers.

Definition 4.1.   Es seien a, b natürliche Zahlen, die nicht beide zugleich Null sind. Eine natürliche Zahl d mit den beiden Eigenschaften
(i) $d \mid a$ und $d \mid b$, d. h. d ist gemeinsamer Teiler von a, b;
(ii)   für alle $x \in \mathbb{N}$ mit $x \mid a$ und $x \mid b$, folgt $x \mid d$, d. h. jeder gemeinsame Teiler von a, b teilt d,
heißt *größter gemeinsamer Teiler von a und b.*

Bemerkung 4.2.   Wir bemerken, dass der größte gemeinsame Teiler von a und b eindeutig festgelegt ist. Dazu seien d_1, d_2 größte gemeinsame Teiler von a und b. Durch zweimaliges Anwenden der Definition 4.1 erkennen wir

$$d_1 \mid d_2, \text{ d. h. } \exists c_1 \in \mathbb{N} : d_2 = d_1 \cdot c_1;$$
$$d_2 \mid d_1, \text{ d. h. } \exists c_2 \in \mathbb{N} : d_1 = d_2 \cdot c_2.$$

Indem wir die erste Gleichung in die zweite einsetzen, ergibt sich

$$d_1 = d_1 \cdot c_1 \cdot c_2 \Longleftrightarrow 1 = c_1 \cdot c_2.$$

Bemerkung 2.3 zeigt nun sofort $c_1 = c_2 = 1$, woraus $d_1 = d_2$ folgt, wie behauptet.

Damit können wir von *dem* größten gemeinsamen Teiler zweier natürlicher Zahlen a und b sprechen. Wir bezeichnen diesen durch (a, b) und erinnern daran, dass in der Schule teilweise auch die Bezeichnung $\mathrm{ggT}(a, b)$ verwendet wird.

Satz 4.3. *Es seien a, b natürliche Zahlen, die nicht beide zugleich Null sind, mit den Primfaktorzerlegungen*

$$a = \prod_{p \in \mathbb{P}} p^{a_p}, \quad b = \prod_{p \in \mathbb{P}} p^{b_p}.$$

Dann berechnet sich der größte gemeinsame Teiler (a, b) von a und b zu

$$(a, b) = \prod_{p \in \mathbb{P}} p^{d_p},$$

wobei $d_p := \min(a_p, b_p)$ ist.

Beweis. Wir setzen

$$d := \prod_{p \in \mathbb{P}} p^{d_p}.$$

Da die Exponenten $d_p = \min(a_p, b_p)$ für fast alle $p \in \mathbb{P}$ Null sind, ist die natürliche Zahl d wohldefiniert. Wir haben nun die Eigenschaften (i) und (ii) der Definition 4.1 zu verifizieren.

Aufgrund der Ungleichungen

$$d_p \leq a_p \text{ und } d_p \leq b_p \text{ für alle } p \in \mathbb{P}$$

folgt aus Lemma 3.5 (Teilbarkeitskriterium) sofort

$$d \mid a \text{ und } d \mid b.$$

Damit ist d in der Tat ein gemeinsamer Teiler von a und b, und somit ist Eigenschaft (i) erfüllt.

Um Eigenschaft (ii) für d zu verifizieren, wählen wir einen beliebigen gemeinsamen Teiler x von a und b mit der Primfaktorzerlegung

$$x = \prod_{p \in \mathbb{P}} p^{x_p}.$$

Wiederum mit Hilfe des Teilbarkeitskriteriums folgern wir für alle Primzahlen p, dass

$$x_p \leq a_p, \quad x_p \leq b_p,$$

also

$$x_p \leq \min(a_p, b_p) = d_p$$

gilt. Unter erneuter Anwendung des Teilbarkeitskriteriums ergibt sich $x \mid d$. Somit erfüllt d auch die Eigenschaft (ii), und wir haben $d = (a, b)$.   □

Beispiel 4.4. Es seien die natürlichen Zahlen $a = 12 = 2^2 \cdot 3^1$ und $b = 15 = 3^1 \cdot 5^1$ gegeben. Dann ergibt sich für den größten gemeinsamen Teiler (a, b) von a und b

$$(a, b) = 2^0 \cdot 3^1 \cdot 5^0 = 3.$$

Bemerkung 4.5. In dem Spezialfall $a = 0$ oder $b = 0$ setzen wir $(a, b) := 0$.

Aufgabe 4.6. Bestimmen Sie $(3\,600, 3\,240)$, $(360^{360}, 540^{180})$ und $(2^{32} - 1, 3^8 - 2^8)$.

Definition 4.7. Es seien a, b natürliche Zahlen, die beide von Null verschieden sind. Eine natürliche Zahl m mit den beiden Eigenschaften

(i) $a \mid m$ und $b \mid m$, d. h. m ist gemeinsames Vielfaches von a, b;

(ii) für alle $y \in \mathbb{N}$ mit $a \mid y$ und $b \mid y$ folgt $m \mid y$, d. h. jedes gemeinsame Vielfache von a, b ist Vielfaches von m,

heißt *kleinstes gemeinsames Vielfaches von a und b*.

Bemerkung 4.8. Analog zur Bemerkung im Anschluss an die Definition des größten gemeinsamen Teilers überlegt man sich jetzt, dass das kleinste gemeinsame Vielfache eine wohldefinierte natürliche Zahl ist. Wir bezeichnen dieses durch $[a, b]$ und erinnern daran, dass in der Schule teilweise auch die Bezeichnung $\text{kgV}(a, b)$ verwendet wird.

Satz 4.9. *Es seien a, b natürliche Zahlen, die beide von Null verschieden sind, mit den Primfaktorzerlegungen*

$$a = \prod_{p \in \mathbb{P}} p^{a_p}, \quad b = \prod_{p \in \mathbb{P}} p^{b_p}.$$

Dann berechnet sich das kleinste gemeinsame Vielfache $[a, b]$ von a und b zu

$$[a, b] = \prod_{p \in \mathbb{P}} p^{m_p},$$

wobei $m_p := \max(a_p, b_p)$ ist.

Beweis. Wir setzen

$$m := \prod_{p \in \mathbb{P}} p^{m_p}.$$

Wie im Beweis von Satz 4.3 überlegt man sich, dass die natürliche Zahl m wohldefiniert ist. Wir haben jetzt die Eigenschaften (i) und (ii) der Definition 4.7 zu verifizieren.

Aufgrund der Ungleichungen

$$m_p \geq a_p \text{ und } m_p \geq b_p \text{ für alle } p \in \mathbb{P}$$

folgt aus Lemma 3.5 (Teilbarkeitskriterium) sofort

$$a \mid m \text{ und } b \mid m.$$

Damit ist m in der Tat ein gemeinsames Vielfaches von a und b, und somit ist Eigenschaft (i) erfüllt.

Um Eigenschaft (ii) für m zu verifizieren, wählen wir ein beliebiges gemeinsames Vielfaches y von a und b mit der Primfaktorzerlegung

$$y = \prod_{p \in \mathbb{P}} p^{y_p}.$$

Wiederum mit Hilfe des Teilbarkeitskriteriums folgern wir für alle Primzahlen p, dass

$$y_p \geq a_p, \quad y_p \geq b_p,$$

also

$$y_p \geq \max(a_p, b_p) = m_p$$

gilt. Unter erneuter Anwendung des Teilbarkeitskriteriums ergibt sich $m \mid y$. Somit erfüllt m auch die Eigenschaft (ii), und wir haben $m = [a, b]$.   □

Bemerkung 4.10. In den Spezialfällen $a = 0$ oder $b = 0$ setzen wir wieder $[a, b] := 0$.

Beispiel 4.11. Wir ziehen erneut das Beispiel $a = 12 = 2^2 \cdot 3^1$ und $b = 15 = 3^1 \cdot 5^1$ heran. Dann ergibt sich für das kleinste gemeinsame Vielfache $[a, b]$ von a und b

$$[a, b] = 2^2 \cdot 3^1 \cdot 5^1 = 60.$$

Bemerkung 4.12. Die Begriffe des größten gemeinsamen Teilers und des kleinsten gemeinsamen Vielfachen lassen sich rekursiv auf mehr als nur zwei Argumente erweitern. Für n vorgelegte natürliche Zahlen $a_1, \ldots, a_n$ wird der größte gemeinsame Teiler $(a_1, \ldots, a_n)$ rekursiv durch

$$(a_1, \ldots, a_n) := \big((a_1, \ldots, a_{n-1}), a_n\big)$$

definiert. Analog setzt man für das kleinste gemeinsame Vielfache $[a_1, \ldots, a_n]$ der natürlichen Zahlen $a_1, \ldots, a_n$ rekursiv

$$[a_1, \ldots, a_n] := \big[[a_1, \ldots, a_{n-1}], a_n\big].$$

In beiden Fällen überlegt man sich, dass die Reihenfolge, in der man die rekursive Bestimmung vornimmt, keine Rolle spielt.

Aufgabe 4.13. Bestimmen Sie $(2\,880, 3\,000, 3\,240)$ und $[36, 42, 49]$.

Definition 4.14. Wir definieren:
(i)   Zwei natürliche Zahlen a, b heißen *teilerfremd*, wenn sie nur 1 als gemeinsamen Teiler haben.

(ii)   Die natürlichen Zahlen $a_1, \ldots, a_n$ heißen *teilerfremd*,
       wenn sie nur 1 als gemeinsamen Teiler haben.
(iii) Die natürlichen Zahlen $a_1, \ldots, a_n$ heißen *paarweise teiler-
       fremd*, wenn jedes Paar unter ihnen teilerfremd ist.

Aufgabe 4.15.   Finden Sie drei natürliche Zahlen a_1, a_2, a_3, die teilerfremd, aber nicht paarweise teilerfremd sind.

Lemma 4.16.   *Es bestehen die folgenden Aussagen zur Teilerfremdheit:*
(i)   *Für die natürlichen Zahlen a, b gilt $(a, b) \cdot [a, b] = a \cdot b$.*
(ii)   *Sind die natürlichen Zahlen $a_1, \ldots, a_n$ teilerfremd, so gilt
       $(a_1, \ldots, a_n) = 1$.*
(iii) *Sind $a_1, \ldots, a_n$ paarweise teilerfremd, so gilt
       $[a_1, \ldots, a_n] = a_1 \cdot \ldots \cdot a_n$.*

Beweis. (i) Sind a oder b gleich Null, so folgt die Behauptung
unmittelbar. Andernfalls gehen wir aus von den Primfaktorzerlegungen

$$a = \prod_{p \in \mathbb{P}} p^{a_p}, \quad b = \prod_{p \in \mathbb{P}} p^{b_p},$$

und setzen

$$d_p := \min(a_p, b_p), \quad m_p := \max(a_p, b_p).$$

Nach den Sätzen 4.3 und 4.9 erhalten wir dann

$$(a, b) \cdot [a, b] = \prod_{p \in \mathbb{P}} p^{d_p} \cdot \prod_{p \in \mathbb{P}} p^{m_p} = \prod_{p \in \mathbb{P}} p^{d_p + m_p}$$

$$= \prod_{p \in \mathbb{P}} p^{a_p + b_p} = a \cdot b.$$

(ii) Wir verwenden zum Beweis vollständige Induktion.
Der Induktionsanfang für $n = 2$ ergibt sich aus der Tatsache, dass für zwei teilerfremde natürliche Zahlen a_1, a_2 stets
$(a_1, a_2) = 1$ gilt. Wir nehmen nun an, dass die Behauptung

für $n \geq 2$ teilerfremde natürliche Zahlen $a_1, \ldots, a_n$ richtig ist und zeigen damit, dass dies dann auch für $n + 1$ teilerfremde natürliche Zahlen gilt. Dazu unterscheiden wir zwei Fälle, nämlich dass $d := (a_1, \ldots, a_n)$ gleich Eins oder größer Eins ist. Im ersten Fall folgt sofort

$$(a_1, \ldots, a_n, a_{n+1}) = (d, a_{n+1}) = (1, a_{n+1}) = 1.$$

Im zweiten Fall ergibt sich aus der Teilerfremdheit von $a_1, \ldots,$ a_{n+1}, dass d und a_{n+1} keinen gemeinsamen Teiler haben können, also folgt

$$(a_1, \ldots, a_n, a_{n+1}) = (d, a_{n+1}) = 1.$$

Damit ist (ii) induktiv bewiesen.

(iii) Wir verwenden erneut die Methode der vollständigen Induktion. Der Induktionsanfang ist derselbe wie im vorhergehenden Teil (ii). Im Rahmen der Induktionsvoraussetzung nehmen wir jetzt an, dass die Behauptung für $n \geq 2$ paarweise teilerfremde natürliche Zahlen $a_1, \ldots, a_n$ richtig ist und zeigen damit, dass dies dann auch für $n + 1$ paarweise teilerfremde natürliche Zahlen gilt. Damit stellen wir fest

$$[a_1, \ldots, a_n, a_{n+1}] = \big[[a_1, \ldots, a_n], a_{n+1}\big] = [a_1 \cdot \ldots \cdot a_n, a_{n+1}].$$

Da $a_1, \ldots, a_n, a_{n+1}$ voraussetzungsgemäß paarweise teilerfremd sind, sind insbesondere auch $a_1 \cdot \ldots \cdot a_n$ und a_{n+1} teilerfremd. Damit ergibt sich der Induktionsschritt aus (i) und (ii), nämlich

$$\begin{aligned}
[a_1, \ldots, a_n, a_{n+1}] &= 1 \cdot [a_1 \cdot \ldots \cdot a_n, a_{n+1}] \\
&= (a_1 \cdot \ldots \cdot a_n, a_{n+1}) \cdot [a_1 \cdot \ldots \cdot a_n, a_{n+1}] \\
&= a_1 \cdot \ldots \cdot a_n \cdot a_{n+1}.
\end{aligned}$$

Dies beendet den Beweis von Teil (iii). $\square$

Aufgabe 4.17. Untersuchen Sie, unter welchen Bedingungen an die natürlichen Zahlen $a_1, \ldots, a_n$ folgende Verallgemeinerung von Lemma 4.16 gilt:

$$(a_1, \ldots, a_n) \cdot [a_1, \ldots, a_n] = a_1 \cdot \ldots \cdot a_n.$$

5. Division mit Rest

Es seien a, b natürliche Zahlen; wir nehmen für den Moment an, dass $b < a$ gilt. Wir betrachten nun die Vielfachen $1 \cdot b$, $2 \cdot b, 3 \cdot b, \ldots$ von b. Anschaulich ist klar, dass wir nach endlich vielen Schritten zu einem Vielfachen von b gelangen, das echt größer als b ist, d. h. das vorhergehende Vielfache ist kleiner oder gleich b. In Formeln ausgedrückt bedeutet dies, dass sich natürliche Zahlen q, r finden, so dass

$$a = q \cdot b + r$$

mit $0 \leq r < b$ gilt. Man spricht von der *Divison von a durch b mit dem Rest r*. Gilt speziell $r = 0$, so ist b ein Teiler von a.

Abbildung 1. Division mit Rest

Diesen anschaulich klaren Sachverhalt wollen wir nachfolgend beweisen.

Satz 5.1 (Division mit Rest). *Es seien a, b natürliche Zahlen mit $b \neq 0$. Dann finden sich eindeutig bestimmte natürliche Zahlen q, r mit $0 \leq r < b$, so dass die Gleichung*

$$a = q \cdot b + r \tag{4}$$

besteht.

Beweis. Wir haben sowohl die Existenz als auch die Eindeutigkeit der natürlichen Zahlen q, r zu zeigen.

Existenz: Für alle natürlichen Zahlen q mit der Eigenschaft $q \cdot b \leq a$ bilden wir jeweils die natürliche Zahl $r(q) := a - q \cdot b$.

Damit betrachten wir die Menge natürlicher Zahlen

$$\mathcal{M}(a, b) := \{r(q) \mid q \in \mathbb{N}, \, q \cdot b \leq a\}.$$

Indem wir $q = 0$ wählen, stellen wir $r(0) = a$ fest; damit ist die Menge $\mathcal{M}(a, b)$ nicht leer. Nach Lemma 1.18 (Prinzip des kleinsten Elements) gibt es dann eine natürliche Zahl q_0, so dass $r_0 := r(q_0)$ das kleinste Element von $\mathcal{M}(a, b)$ ist. Das Element r_0 erfüllt die Gleichung

$$r_0 = a - q_0 \cdot b \Longleftrightarrow a = q_0 \cdot b + r_0. \tag{5}$$

Wir zeigen, dass $0 \leq r_0 < b$ gilt, d.h. dass (5) die gesuchte Darstellung ist. Im Gegensatz dazu nehmen wir $r_0 \geq b$ an. Somit gibt es ein $r_1 \in \mathbb{N}$ mit $r_0 = b + r_1$; wir beachten dabei, dass $r_1 < r_0$ ist, da voraussetzungsgemäß $b \neq 0$ und somit $b > 0$ gilt. Aus den äquivalenten Gleichungen

$$b + r_1 = r_0 = a - q_0 \cdot b \Longleftrightarrow r_1 = a - (q_0 + 1) \cdot b$$

folgt, dass $r_1 \in \mathcal{M}(a, b)$ gilt. Wie bereits festgestellt, ist $r_1 < r_0$, was aber der minimalen Wahl von r_0 widerspricht. Somit ist die Existenz der Darstellung (4) bewiesen.

Eindeutigkeit. Es seien q_1, r_1 bzw. q_2, r_2 natürliche Zahlen mit $0 \leq r_1 < b$ bzw. $0 \leq r_2 < b$, welche den Gleichungen

$$a = q_1 \cdot b + r_1, \tag{6}$$

$$a = q_2 \cdot b + r_2 \tag{7}$$

genügen. Ohne Beschränkung der Allgemeinheit dürfen wir annehmen, dass $r_2 \geq r_1$ gilt. Aufgrund der Ungleichungen, denen r_1 und r_2 genügen, stellen wir

$$0 \leq r_2 - r_1 < b$$

fest. Durch Subtraktion der Gleichungen (6), (7) ergibt sich andererseits die Gleichung natürlicher Zahlen

$$r_2 - r_1 = (q_1 - q_2) \cdot b.$$

Wäre nun $q_1 \neq q_2$, so wäre $q_1 - q_2 \geq 1$, also

$$r_2 - r_1 = (q_1 - q_2) \cdot b \geq b.$$

Dies widerspricht aber der Ungleichung $r_2 - r_1 < b$. Somit muss $q_1 = q_2$ gelten, woraus dann sofort auch $r_1 = r_2$ folgt. Damit ist die Eindeutigkeit der Darstellung (4) bewiesen.   □

Aufgabe 5.2.   Führen Sie für folgende Paare natürlicher Zahlen die Division mit Rest durch: 773 und 337, $2^5 \cdot 3^4 \cdot 5^2$ und $2^3 \cdot 3^2 \cdot 5^3$, sowie $2^{32} - 1$ und $4^8 + 1$.

Bemerkung 5.3.   Die Division mit Rest ist der Schlüssel zur *Dezimaldarstellung* natürlicher Zahlen.

   Ist $n \in \mathbb{N}$, $n \neq 0$, so existiert ein maximales $\ell \in \mathbb{N}$ derart, dass

$$n = q_\ell \cdot 10^\ell + r_\ell$$

mit eindeutig bestimmten natürlichen Zahlen $1 \leq q_\ell \leq 9$ und $0 \leq r_\ell < 10^\ell$ gilt. Verfährt man mit dem „Rest" r_ℓ ebenso, so erhält man letztendlich die eindeutige Darstellung

$$n = q_\ell \cdot 10^\ell + q_{\ell-1} \cdot 10^{\ell-1} + \ldots + q_1 \cdot 10^1 + q_0 \cdot 10^0$$

mit natürlichen Zahlen $0 \leq q_j \leq 9$ $(j = 0, \ldots, \ell)$ und $q_\ell \neq 0$. Dies führt zur Dezimaldarstellung der natürlichen Zahl n in der Ziffernform

$$n = q_\ell q_{\ell-1} \ldots q_1 q_0.$$

Aufgabe 5.4.   Kann dieses Verfahren auch für andere natürliche Zahlen $g > 0$ als 10 durchgeführt werden? Was erhalten wir in diesen Fällen?

II Systematisierung durch die Algebra: Elemente der Gruppentheorie

1. Halbgruppen und Monoide

Im ersten Kapitel haben wir die natürlichen Zahlen zusammen mit ihrer Addition und Multiplikation kennengelernt. Das Konzept der Addition (bzw. Multiplikation) kann man nun so interpretieren, dass wir aus zwei natürlichen Zahlen m_1, m_2 eine natürliche Zahl, nämlich die Summe $m_1 + m_2$ (bzw. das Produkt $m_1 \cdot m_2$), bilden können. Diesen Sachverhalt können wir weiter formalisieren, indem wir sagen, dass es auf der Menge der natürlichen Zahlen eine *Verknüpfung* + (bzw. ·) gibt, welche zwei natürliche Zahlen m_1, m_2 zu einer natürlichen Zahl $m_1 + m_2$ (bzw. $m_1 \cdot m_2$) verbindet. Indem wir die Menge $\mathbb{N} \times \mathbb{N}$ aller Paare natürlicher Zahlen, kurz das *kartesische Produkt* von $\mathbb{N}$ mit sich selbst, betrachten, können wir damit die additive (bzw. multiplikative) Verknüpfung als Abbildung

$$\mathbb{N} \times \mathbb{N} \longrightarrow \mathbb{N}$$

deuten, welche durch die Zuordnung $(m_1, m_2) \mapsto m_1 + m_2$ (bzw. $(m_1, m_2) \mapsto m_1 \cdot m_2$) gegeben ist.

Im Folgenden wollen wir nun allgemein nicht-leere Mengen M untersuchen, auf denen eine Verknüpfung $\circ_M$ definiert ist. In diesem Fall liegt dann eine Abbildung

$$M \times M \longrightarrow M$$

vor, welche durch die Zuordnung $(m_1, m_2) \mapsto m_1 \circ_M m_2$ gegeben ist.

In Verallgemeinerung der Assoziativität der Addition (bzw. Multiplikation) natürlicher Zahlen, nennen wir eine

Verknüpfung $\circ_M$ auf einer Menge M *assoziativ*, wenn für alle Elemente m_1, m_2, m_3 von M die Relation

$$(m_1 \circ_M m_2) \circ_M m_3 = m_1 \circ_M (m_2 \circ_M m_3)$$

gilt. Liegt eine assoziative Verknüpfung $\circ_M$ auf M vor, so können wir die Verknüpfung von drei Elementen m_1, m_2, m_3 in der vorgegebenen Reihenfolge also beliebig vornehmen. Aus diesem Grund schreiben wir dafür dann einfach $m_1 \circ_M m_2 \circ_M m_3$.

Definition 1.1. Eine nicht-leere Menge H mit einer assoziativen Verknüpfung $\circ_H$ heißt eine *Halbgruppe*.

Für eine Halbgruppe schreiben wir $(H, \circ_H)$. Falls aus dem Kontext der Bezug auf H klar ist, schreiben wir kurz $(H, \circ)$; falls klar ist, dass wir es mit einer Halbgruppe zu tun haben, unterdrücken wir die Angabe der Verknüpfung und schreiben noch kürzer einfach H.

Beispiel 1.2. (i) Die natürlichen Zahlen $\mathbb{N}$ mit ihrer Addition bzw. Multiplikation bilden die Halbgruppen $(\mathbb{N}, +)$ bzw. $(\mathbb{N}, \cdot)$.

(ii) Es sei A eine beliebige, nicht-leere Menge. Auf der Menge aller Selbstabbildungen

$$\mathrm{Abb}(A) := \{f \mid f : A \longrightarrow A\}$$

wird durch das Hintereinanderausführen von Abbildungen eine Verknüpfung $\circ$ festgelegt, welche assoziativ ist. Damit wird $(\mathrm{Abb}(A), \circ)$ zu einer Halbgruppe.

(iii) Es sei n eine von Null verschiedene natürliche Zahl. Wir betrachten die Teilmenge

$$\mathcal{R}_n := \{0, \ldots, n-1\}$$

der ersten n natürlichen Zahlen. Auf der Menge $\mathcal{R}_n$ können wir wie folgt zwei Verknüpfungen einführen; dazu bezeichnen wir den nach Satz 5.1 eindeutig bestimmten Rest einer natürlichen Zahl c nach Division durch n mit $R_n(c)$; es gilt $R_n(c) \in \mathcal{R}_n$. Für zwei Zahlen a, $b \in \mathcal{R}_n$ setzen wir jetzt:

$$\oplus : \mathcal{R}_n \times \mathcal{R}_n \longrightarrow \mathcal{R}_n, \text{ geg. durch } a \oplus b := R_n(a + b); \quad (1)$$

$$\odot : \mathcal{R}_n \times \mathcal{R}_n \longrightarrow \mathcal{R}_n, \text{ geg. durch } a \odot b := R_n(a \cdot b). \quad (2)$$

Wir überlassen es dem Leser als Übungsaufgabe zu verifizieren, dass die Verknüpfungen $\oplus$ bzw. $\odot$ (aufgrund der Assoziativität der Addition bzw. Multiplikation natürlicher Zahlen) assoziativ sind. Damit erhalten wir die Halbgruppen $(\mathcal{R}_n, \oplus)$ bzw. $(\mathcal{R}_n, \odot)$.

Aufgabe 1.3. Verifizieren Sie, dass die Verknüpfungen $\oplus$ bzw. $\odot$ aus Beispiel 1.2 (iii) assoziativ sind.

Aufgabe 1.4.
(a) Beweisen Sie, dass die geraden natürlichen Zahlen sowohl mit der Addition als auch mit der Multiplikation natürlicher Zahlen eine Halbgruppe bilden, die ungeraden natürlichen Zahlen hingegen nur mit der Multiplikation.
(b) Finden Sie weitere echte Teilmengen der natürlichen Zahlen $\mathbb{N}$, die mit der Addition bzw. Multiplikation natürlicher Zahlen eine Halbgruppe bilden.

Aufgabe 1.5. Bilden die natürlichen Zahlen $\mathbb{N}$ mit der Operation der Potenzierung

$$n \circ m := n^m \quad (m, n \in \mathbb{N})$$

eine Halbgruppe?

Definition 1.6. Eine Halbgruppe $(H, \circ)$ heißt *kommutativ* oder *abelsch*, falls für alle ihre Elemente h_1, h_2 die Gleichheit

$$h_1 \circ h_2 = h_2 \circ h_1$$

besteht.

Beispiel 1.7. Die beiden zuvor diskutierten Beispiele (i) und (iii) von Halbgruppen sind Beispiele kommutativer Halbgruppen; das Beispiel (ii) beschreibt eine im allgemeinen nicht-kommutative Halbgruppe.

Aufgabe 1.8.   Finden Sie zwei Mengen A_1 und A_2, so dass $(\mathrm{Abb}(A_1),$ $\circ)$ eine kommutative Halbgruppe, aber $(\mathrm{Abb}(A_2), \circ)$ eine nicht-kommutative Halbgruppe ist.

In leichter Verallgemeinerung des Begriffs der Halbgruppe führen wir jetzt den Begriff des Monoids ein.

Definition 1.9.   Ein *Monoid* ist eine Halbgruppe $(H, \circ)$, in der es ein *neutrales Element* e bezüglich $\circ$ gibt, d. h. ein Element, welches

$$e \circ h = h = h \circ e$$

für alle $h \in H$ erfüllt.

Lemma 1.10.   *Das neutrale Element e eines Monoids $(H, \circ)$ ist eindeutig bestimmt.*

Beweis.   Es seien e, e' neutrale Elemente des Monoids $(H, \circ)$. Indem wir zunächst die Neutralität von e verwenden, erhalten wir die Gleichheit

$$e \circ e' = e' = e' \circ e. \tag{3}$$

Indem wir in einem zweiten Schritt die Neutralität von e' heranziehen, ergibt sich analog

$$e' \circ e = e = e \circ e'. \tag{4}$$

Aus den Gleichungen (3), (4) lesen wir nun sofort die Gleichheit

$$e' = e' \circ e = e$$

ab. Daraus ergibt sich die behauptete Eindeutigkeit des neutralen Elements. $\square$

Bemerkung 1.11. Man kann die Definition 1.9 eines Monoids dahingehend verfeinern, dass man nur die Existenz eines *linksneutralen Elements* e_ℓ (bzw. eines *rechtsneutralen Elements* e_r) fordert, welches

$$e_\ell \circ h = h \quad (\text{bzw. } h \circ e_r = h)$$

für alle $h \in H$ erfüllt. Es lässt sich aber zeigen, dass das linksneutrale Element gleich dem rechtsneutralen ist; ein solches Element nennt man schlicht neutrales Element. Mit Hilfe des vorhergehenden Lemma können wir dann festhalten, dass es genau ein linksneutrales und genau ein rechtsneutrales Element in H gibt und dass diese beiden Elemente überdies übereinstimmen.

Aufgabe 1.12. Es seien $(H, \circ)$ eine Halbgruppe und e_ℓ ein linksneutrales bzw. e_r ein rechtsneutrales Element in H. Zeigen Sie, dass dann $e_\ell = e_r$ gilt.

Beispiel 1.13. Die Beispiele von Halbgruppen aus 1.2 sind alle auch Beispiele für Monoide:

(i) Das neutrale Element von $\mathbb{N}$ bezüglich der Addition ist die 0; das neutrale Element von $\mathbb{N}$ bezüglich der Multiplikation ist die 1.

(ii) Das neutrale Element von $(\text{Abb}(A), \circ)$ ist die identische Abbildung $\text{id}_A : A \longrightarrow A$, die jedem $a \in A$ wieder a zuordnet.

(iii) Das neutrale Element von $\mathcal{R}_n$ bezüglich $\oplus$ ist die 0; das neutrale Element von $\mathcal{R}_n$ bezüglich $\odot$ ist die 1.

Aufgabe 1.14.
(a) Zeigen Sie: Die geraden natürlichen Zahlen bilden mit der Addition ein Monoid, mit der Multiplikation aber nur eine Halbgruppe.
(b) Überlegen Sie sich weitere Beispiele von Halbgruppen, die keine Monoide sind.

2. Gruppen und Untergruppen

Wir beginnen mit der wichtigen Definition einer Gruppe.

Definition 2.1. Ein Monoid $(G, \circ)$ mit neutralem Element e heißt *Gruppe*, falls zu jedem $g \in G$ ein Element $g' \in G$ mit

$$g' \circ g = e = g \circ g'$$

existiert. Das Element g' heißt *inverses Element zu g* oder *Inverses zu g*.

Bemerkung 2.2. In Analogie zur Eindeutigkeit des neutralen Elements eines Monoids lässt sich zeigen, dass auch das Inverse g' eines Elements g einer Gruppe G eindeutig bestimmt ist. Man kann somit von *dem* Inversen g' zu $g \in G$ sprechen. Üblicherweise bezeichnet man das Inverse g' zu $g \in G$ mit g^{-1}.

Desweiteren kann man die Definition 2.1 einer Gruppe dahingehend verfeinern, dass man nur die Existenz eines *linksinversen Elements g'_ℓ* (bzw. eines *rechtsinversen Elements g'_r*) zu $g \in G$ fordert, welches

$$g'_\ell \circ g = e \quad (\text{bzw. } g \circ g'_r = e)$$

erfüllt. Es lässt sich aber wiederum zeigen, dass das linksinverse Element gleich dem rechtsinversen ist; ein solches Element nennt man schlicht inverses Element. Wir können dann festhalten, dass es zu jedem $g \in G$ genau ein linksinverses und genau ein rechtsinverses Element in G gibt und dass diese beiden Elemente überdies übereinstimmen.

Aufgabe 2.3.
(a) Beweisen Sie, dass das Inverse g^{-1} eines Elements g einer Gruppe $(G, \circ)$ eindeutig bestimmt ist.
(b) Es seien $(G, \circ)$ eine Gruppe, $g \in G$, g'_ℓ ein linksinverses bzw. g'_r ein rechtsinverses Element zu g. Zeigen Sie, dass dann $g'_\ell = g'_r$ gilt.

In Kenntnis der Eindeutigkeit von neutralem und inversem Element kann man die Definition einer Gruppe $(G, \circ)$ auch wie folgt fassen.

Definition 2.4. Eine Gruppe $(G, \circ)$ besteht aus einer nichtleeren Menge G zusammen mit einer assoziativen Verknüpfung $\circ$, so dass die beiden folgenden Eigenschaften erfüllt sind:

(i)   Es existiert ein eindeutig bestimmtes Element $e \in G$ mit

$$e \circ g = g = g \circ e$$

für alle $g \in G$. Das Element e ist das *neutrale Element* von G.

(ii)   Für alle $g \in G$ existiert ein eindeutig bestimmtes Element $g^{-1} \in G$ mit

$$g^{-1} \circ g = e = g \circ g^{-1}.$$

Das Element g^{-1} ist das *inverse Element zu g*.

Bemerkung 2.5. Für eine Gruppe $(G, \circ)$ mit neutralem Element e und $n \in \mathbb{N}$ führen wir die folgende, vorteilhafte Potenzschreibweise für die n-malige Verknüpfung eines Elementes $g \in G$ mit sich selbst ein:

$$g^n := \underbrace{g \circ \ldots \circ g}_{n\text{-mal}} \text{ und } g^0 := e. \tag{5}$$

Aufgabe 2.6. Zeigen Sie, dass mit der Bezeichnungsweise aus der vorhergehenden Bemerkung 2.5 die folgenden Rechenregeln gelten:
(a) $(g^{-1})^{-1} = g$ für alle $g \in G$.
(b) $(g \circ h)^{-1} = h^{-1} \circ g^{-1}$ für alle $g, h \in G$.
(c) $g^n \circ g^m = g^{n+m}$ für alle $g \in G$ und $n, m \in \mathbb{N}$.
(d) $(g^n)^m = g^{n \cdot m}$ für alle $g \in G$ und $n, m \in \mathbb{N}$.

Definition 2.7. Eine Gruppe $(G, \circ)$ heißt *kommutativ* oder *abelsch*, falls für alle ihre Elemente g_1, g_2 die Gleichheit

$$g_1 \circ g_2 = g_2 \circ g_1$$

besteht.

Beispiel 2.8. (i) $(G, \circ) = (\mathbb{N}, +)$ ist keine Gruppe, da wir zu keiner von Null verschiedenen natürlichen Zahl n eine natürliche Zahl n' finden, die der Gleichung $n' + n = 0 = n + n'$ genügt, d. h. die von Null verschiedenen natürlichen Zahlen besitzen keine (additiven) Inversen.

(ii) $(G, \circ) = (\mathcal{R}_n, \oplus)$ ist eine kommutative Gruppe. Ist $a \in \mathcal{R}_n$, $a \neq 0$, so ist das Inverse zu a nämlich durch die Differenz $n - a$ gegeben; man beachte dabei, dass $n - a \in \mathcal{R}_n$ gilt.

Die Halbgruppe $(G, \circ) = (\mathcal{R}_n, \odot)$ ist im allgemeinen hingegen keine Gruppe. Wählen wir beispielsweise $n = 4$, so besitzt das Element $2 \in \mathcal{R}_4$ kein Inverses, denn wir haben

$$2 \odot 0 = 0, \ 2 \odot 1 = 2, \ 2 \odot 2 = 0, \ 2 \odot 3 = 2,$$

also findet sich kein $a \in \mathcal{R}_4$ mit $2 \odot a = 1$. Wählt man jedoch speziell $p \in \mathbb{P}$, so erkennt man $(\mathcal{R}_p \setminus \{0\}, \odot)$ als eine Gruppe.

(iii) Wir diskutieren als nächstes ein geometrisch begründetes Beispiel einer Gruppe, die sogenannte *Diedergruppe*. Dazu sei $n \in \mathbb{N}$ eine von Null verschiedene natürliche Zahl. Es bezeichne D_{2n} die Menge aller Kongruenzabbildungen der euklidischen Ebene, die ein regelmäßiges n-Eck auf sich selbst abbilden. Die Elemente von D_{2n} sind gegeben durch die Drehungen d_j um die Winkel $\frac{360° \cdot j}{n}$ (um den Mittelpunkt M des n-Ecks) sowie den Spiegelungen s_j an den Seitenhalbierenden S_j, wenn n gerade ist, bzw. an den Verbindungsgeraden S_j durch die Seitenmittelpunkte und gegenüberliegenden Ecken des n-Ecks, wenn n ungerade ist; hierbei läuft der Index j von 0 bis $n - 1$. Da die Elemente von D_{2n} Abbildungen sind, bietet sich als Verknüpfung $\circ$ die Hintereinanderausführung von

Abbildungen an. Damit erweist sich D_{2n} als Monoid mit dem neutralen Element d_0. Da sich jede Spiegelung $s_j \in D_{2n}$ bei geeigneter Nummerierung in der Form $s_j = d_j \circ s_0$ darstellen lässt, setzt sich D_{2n} somit aus den folgenden $2n$ Elementen zusammen:

$$D_{2n} = \{d_0, d_1, \ldots, d_{n-1}, d_0 \circ s_0, d_1 \circ s_0, \ldots, d_{n-1} \circ s_0\}.$$

Da jedes dieser Elemente offensichtlich ein Inverses besitzt (wir haben es hier ja durchweg mit bijektiven Abbildungen zu tun), erweisen sich schließlich alle Eigenschaften einer Gruppe als erfüllt. Wir stellen jedoch fest, dass die Diedergruppe $(D_{2n}, \circ)$ für $n \geq 3$ nicht kommutativ ist.

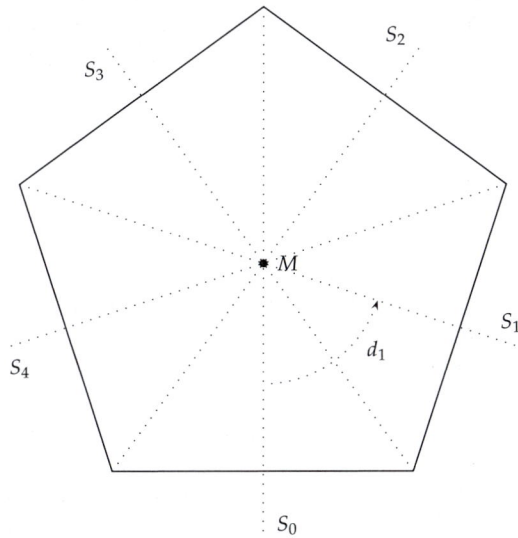

Abbildung 1. Kongruenzabbildungen des regelmäßigen Fünfecks

(iv) Als letztes Beispiel diskutieren wir ein kombinatorisch begründetes Beipiel einer Gruppe, die sogenannte *n-te symmetrische Gruppe*

$$S_n = \big\{\pi \mid \pi : \{1, \ldots, n\} \longrightarrow \{1, \ldots, n\} \text{ und } \pi \text{ ist bijektiv}\big\}.$$

Die Elemente von S_n schreibt man zweckmäßigerweise in der Form:

$$\pi = \begin{pmatrix} 1 & 2 & \dots & n \\ \pi_1 & \pi_2 & \dots & \pi_n \end{pmatrix},$$

wobei $\pi_j := \pi(j)$ für $1 \leq j \leq n$ gesetzt wurde. Als assoziative Verknüpfung auf S_n wählen wir wiederum die Hintereinanderausführung von Abbildungen, d. h.

$$\pi \circ \sigma := \begin{pmatrix} 1 & 2 & \dots & n \\ \tau_1 & \tau_2 & \dots & \tau_n \end{pmatrix}$$

mit $\tau_j := \pi\big(\sigma(j)\big)$ für $1 \leq j \leq n$. Das neutrale Element bildet die identische Permutation gegeben durch die identische Abbildung der Menge $\{1, \dots, n\}$. Weiterhin ist die Existenz des Inversen einer Permutation gesichert, da zu einer bijektiven Abbildung $\pi : \{1, \dots, n\} \longrightarrow \{1, \dots, n\}$ immer eine Umkehrabbildung π^{-1} existiert. Damit bildet $(S_n, \circ)$ eine Gruppe, die wiederum für $n \geq 3$ nicht kommutativ ist.

Aufgabe 2.9. *(Gruppentafeln).* Die Verknüpfung der Elemente einer Gruppe mit endlich vielen Elementen kann man mit Hilfe sogenannter *Gruppentafeln* darstellen. Dabei werden die Elemente der Gruppe in die jeweils erste Zeile bzw. erste Spalte einer Tabelle eingetragen; die restlichen Felder ergänzt man dann durch die jeweiligen Verknüpfungen. Zum Beispiel hat die Gruppentafel für $(\mathcal{R}_2, \oplus)$ folgende Gestalt:

$\oplus$	0	1
0	0	1
1	1	0

Abbildung 2. Gruppentafel der Gruppe $(\mathcal{R}_2, \oplus)$

Stellen Sie die Gruppentafeln für $(\mathcal{R}_4, \oplus)$, $(\mathcal{R}_5 \setminus \{0\}, \odot)$, $(\mathcal{R}_6, \oplus)$, $(D_4, \circ)$ und $(D_6, \circ)$, sowie für $(S_2, \circ)$ und $(S_3, \circ)$ auf. Welche Gemeinsamkeiten und Unterschiede erkennen Sie?

Aufgabe 2.10.

(a) Überprüfen Sie für die Primzahlen $p = 3$ und $p = 5$ die Behauptung aus Beispiel 2.8 (ii), dass $(\mathcal{R}_p \setminus \{0\}, \odot)$ eine Gruppe ist.

(b) Verifizieren Sie die Aussagen aus Beispiel 2.8 (iii) über die Diedergruppe $(D_{2n}, \circ)$ im Detail.

(c) Überlegen Sie sich, warum die symmetrische Gruppe $(S_n, \circ)$ aus Beispiel 2.8 (iv) für alle natürlichen Zahlen $n \geq 3$ nicht kommutativ ist.

Definition 2.11. Es sei $(G, \circ)$ eine Gruppe. Die Mächtigkeit bzw. Kardinalität der der Gruppe zugrunde liegenden Menge G wird die *Ordnung von G* genannt und mit $|G|$ bezeichnet. Ist die Ordnung von G nicht endlich, so setzen wir $|G| := \infty$.

Beispiel 2.12. Für die Gruppen aus Beispiel 2.8 (ii) bzw. (iii) gilt:

$$|\mathcal{R}_n| = n, \text{ bzw. } |D_{2n}| = 2n.$$

Aufgabe 2.13. Zeigen Sie, dass für die symmetrische Gruppe $(S_n, \circ)$ die Beziehung

$$|S_n| = n!$$

gilt. Hierbei ist $n!$ für natürliche Zahlen $n \in \mathbb{N}$ folgendermaßen induktiv definiert: $0! := 1$, $(n^*)! := n^* \cdot n!$.

Definition 2.14. Eine Gruppe $(G, \circ)$ heißt *zyklisch*, falls ein $g \in G$ mit der Eigenschaft

$$G = \{\ldots, (g^{-1})^2, g^{-1}, g^0 = e, g^1 = g, g^2, \ldots\}$$

existiert. Wir schreiben dafür $G = \langle g \rangle$ und sagen, dass g die Gruppe G erzeugt.

Beispiel 2.15. Die Gruppe $(\mathcal{R}_n, \oplus)$ wird durch das Element 1 erzeugt, d. h. $(\mathcal{R}_n, \oplus) = \langle 1 \rangle$, denn jedes $a \in \mathcal{R}_n$ lässt sich in der Form

$$a = \underbrace{1 \oplus \ldots \oplus 1}_{a\text{-mal}}$$

darstellen.

Bemerkung 2.16. Es sei $G = \langle g \rangle$ eine zyklische Gruppe der Ordnung $n < \infty$. Damit haben wir

$$G = \langle g \rangle = \{e, g, g^2, \ldots, g^{n-1}\}.$$

Dies zeigt insbesondere, dass $g^n = e$, $g^{n+1} = g$, etc. gilt.

Definition 2.17. Es seien $(G, \circ)$ eine Gruppe mit neutralem Element e und $g \in G$. Die kleinste, von Null verschiedene natürliche Zahl n mit $g^n = e$ heißt *die Ordnung von g* und wird mit $\mathrm{ord}_G(g)$ bezeichnet. Gibt es kein solches $n \in \mathbb{N}$, so definiert man die Ordnung von g als unendlich, d. h. $\mathrm{ord}_G(g) := \infty$.

Wir schreiben einfach $\mathrm{ord}(g)$, falls klar ist, auf welche Gruppe sich die Ordnung von g bezieht.

Beispiel 2.18. Wir geben exemplarisch die Ordnungen der 4-elementigen Gruppe $(\mathcal{R}_4, \oplus)$ an:

$$\mathrm{ord}(0) = 1, \ \mathrm{ord}(1) = 4, \ \mathrm{ord}(2) = 2, \ \mathrm{ord}(3) = 4.$$

Aufgabe 2.19. Bestimmen Sie die Ordnungen aller Elemente der Gruppe S_3.

Bemerkung 2.20. Es sei $G = \langle g \rangle$ eine zyklische Gruppe der Ordnung $n < \infty$. Dann gilt $\mathrm{ord}_G(g) = n$.

Definition 2.21. Es sei $(G, \circ)$ eine Gruppe. Eine Teilmenge $U \subseteq G$ heißt *Untergruppe von G*, wenn die Einschränkung $\circ|_U$

der Verknüpfung $\circ$ auf U eine Gruppenstruktur auf U definiert, d.h. wenn $(U, \circ|_U)$ selbst eine Gruppe ist. Wir schreiben dafür $U \leq G$.

Beispiel 2.22. Es seien m, n natürliche Zahlen mit $m \leq n$. Dann ist die m-te symmetrische Gruppe S_m eine Untergruppe der n-ten symmetrischen Gruppe S_n, kurz $S_m \leq S_n$.

Aufgabe 2.23. Zeigen Sie, dass die Drehungen $\{d_0, \ldots, d_{n-1}\}$ eine Untergruppe der Diedergruppe D_{2n} bilden, die außerdem eine zyklische Gruppe ist.

Bemerkung 2.24. Es seien $(G, \circ)$ eine Gruppe und U eine Untergruppe von G. Das neutrale Element e von G ist dann zugleich das neutrale Element von U. Ist $h \in U$, so ist dessen Inverses in U durch das Inverse von h in G, d.h. durch h^{-1}, gegeben, da

$$h \circ |_U h^{-1} = h \circ h^{-1} = e$$

gilt.

Lemma 2.25 (Untergruppenkriterium). *Es seien $(G, \circ)$ eine Gruppe und $U \subseteq G$ eine nicht-leere Teilmenge. Dann besteht die Äquivalenz:*

$$U \leq G \Longleftrightarrow h_1 \circ h_2^{-1} \in U \quad \forall h_1, h_2 \in U.$$

Beweis. (i) Es sei zunächst U eine Untergruppe von G. Wir haben dann für alle $h_1, h_2 \in U$ die Inklusion $h_1 \circ h_2^{-1} \in U$ zu zeigen. Dies ist aber einfach, da mit $h_2 \in U$ auch $h_2^{-1} \in U$ gilt und nach Verknüpfung mit $h_1 \in U$ sofort $h_1 \circ h_2^{-1} \in U$ folgt.

(ii) Es gelte nun umgekehrt $h_1 \circ h_2^{-1} \in U$ für alle $h_1, h_2 \in U$. Da U nicht-leer ist, findet sich mindestens ein Element $h \in U$. Für dieses gilt dann $e = h \circ h^{-1} \in U$, d.h. U enthält insbesondere das neutrale Element. Ist h' ein beliebiges Element von U, so erkennen wir weiter

$$h'^{-1} = e \circ h'^{-1} \in U,$$

d. h. mit $h' \in U$ ist auch sein Inverses $h'^{-1} \in U$. Es seien schließlich h_1 und h_2 zwei beliebige Elemente in U. Wir haben uns noch davon zu überzeugen, dass dann auch die Verknüpfung $h_1 \circ h_2$ in U ist. Dazu beachten wir zunächst, dass nach der vorhergehenden Feststellung mit $h_2 \in U$ auch $h_2^{-1} \in U$ ist. Mit den Rechenregeln für Potenzen aus Bemerkung 2.5 erkennen wir jetzt

$$h_1 \circ h_2 = h_1 \circ (h_2^{-1})^{-1} \in U.$$

Damit erkennen wir, dass $\circ$ eine assoziative Verknüpfung auf U definiert und dass $(U, \circ)$ die Axiome einer Gruppe erfüllt. Damit ist U als Untergruppe von G nachgewiesen. $\square$

Aufgabe 2.26.   Finden Sie alle Untergruppen der Gruppe S_3. Welche davon sind zyklische Gruppen?

3.   Gruppenhomomorphismen

In diesem Abschnitt sollen Gruppen mit Hilfe von Abbildungen, die die entsprechende Verknüpfungsstruktur respektieren, miteinander verglichen werden. Dazu müssen wir zunächst festlegen, was wir unter dem „Respektieren der Verknüpfungs- bzw. Gruppenstruktur" verstehen.

Definition 3.1. Es seien $(G, \circ_G)$ und $(H, \circ_H)$ Gruppen. Eine Abbildung $f : (G, \circ_G) \longrightarrow (H, \circ_H)$ heißt *Gruppenhomomorphismus*, falls für alle $g_1, g_2 \in G$ die Gleichheit

$$f(g_1 \circ_G g_2) = f(g_1) \circ_H f(g_2)$$

gilt. Die Gruppenhomomorphie bedeutet also, dass das Bild der Verknüpfung von g_1 mit g_2 in G unter f das gleiche ist wie die Verknüpfung der Bilder von g_1 und g_2 in H. Man sagt auch, dass die Abbildung f *strukturtreu* ist.

Ein bijektiver (d. h. injektiver und surjektiver) Gruppenhomomorphismus heißt *Gruppenisomorphismus*. Ist $f : (G, \circ_G)$

$\longrightarrow (H, \circ_H)$ ein Gruppenisomorphismus, so sagen wir, dass die Gruppen G und H *zueinander isomorph* sind, und schreiben dafür $G \cong H$.

Beispiel 3.2. Wir betrachten die Diedergruppe $G = D_6$ und die symmetrische Gruppe $H = S_3$. Die Diedergruppe D_6 besteht aus allen Kongruenzabbildungen eines gleichseitigen Dreiecks $\triangle$. Wir bezeichnen die Ecken von $\triangle$ im Gegenuhrzeigersinn mit den natürlichen Zahlen 1, 2, 3. Wählen wir eine Kongruenzabbildung $g \in D_6$ und lassen diese auf $\triangle$ wirken, so bewirkt diese eine Permutation π der Menge $\{1, 2, 3\}$. Die Zuordnung $g \mapsto \pi$ induziert damit eine Abbildung

$$f : D_6 \longrightarrow S_3.$$

Indem wir alle möglichen Verknüpfungen von Kongruenzabbildungen und deren Bilder unter f bestimmen und mit den entsprechenden Verknüpfungen von Permutationen vergleichen, stellen wir fest, dass f ein Gruppenhomomorphismus ist.

Aufgabe 3.3. Ist diese Abbildung auch ein Gruppenisomorphismus?

Definition 3.4. Es seien $(G, \circ_G)$ eine Gruppe mit neutralem Element e_G und $(H, \circ_H)$ eine Gruppe mit neutralem Element e_H. Weiter sei $f : (G, \circ_G) \longrightarrow (H, \circ_H)$ ein Gruppenhomomorphismus. Dann heißen

$$\ker(f) := \{g \in G \mid f(g) = e_H\} \text{ der } \textit{Kern von } f$$

und

$$\operatorname{im}(f) := \{h \in H \mid \exists g \in G : h = f(g)\} \text{ das } \textit{Bild von } f.$$

Aufgabe 3.5. Es sei D_{2n} die aus Beispiel 2.8 (iii) bekannte Diedergruppe. Dort wurde bemerkt, dass jedes Element eindeutig in der

Form $d_j \circ s_0^k$ mit $j \in \{0, \ldots, n-1\}$ und $k \subset \{0, 1\}$ darstellbar ist. Zeigen Sie, dass die Abbildung sgn : $(D_{2n}, \circ) \longrightarrow (\mathcal{R}_2, \oplus)$, gegeben durch die Zuordnung $d_j \circ s_0^k \mapsto k$, ein Gruppenhomomorphismus ist, und bestimmen Sie Kern und Bild von sgn.

Lemma 3.6. *Es sei* $f : (G, \circ_G) \longrightarrow (H, \circ_H)$ *ein Gruppenhomomorphismus. Dann gelten die beiden Kriterien:*

(i) f ist injektiv $\Longleftrightarrow$ $\ker(f) = \{e_G\}$.

(ii) f ist surjektiv $\Longleftrightarrow$ $\operatorname{im}(f) = H$.

Beweis. (i) Die Abbildung f ist definitionsgemäß genau dann injektiv, wenn aus

$$f(g_1) = f(g_2) \tag{6}$$

die Gleichheit der Elemente g_1 und g_2 folgt. Wir gehen also aus von der Gleichung (6) und formen diese unter Verwendung der Gruppenhomomorphie von f äquivalent um zu

$$f(g_1) \circ_H \left(f(g_2)\right)^{-1} = e_H \Longleftrightarrow f(g_1) \circ_H f(g_2^{-1}) = e_H.$$

Unter nochmaliger Beachtung der Gruppenhomomorphie von f ergibt sich somit $f(g_1 \circ_G g_2^{-1}) = e_H$, d.h. es ist $g_1 \circ_G g_2^{-1} \in \ker(f)$. Die Äquivalenz

$$g_1 \circ_G g_2^{-1} = e_G \Longleftrightarrow g_1 = g_2$$

zeigt schließlich, dass genau dann $\ker(f) = \{e_G\}$ gilt, wenn $g_1 = g_2$ ist, d.h. wenn f injektiv ist.

(ii) Der Beweis dieser Behauptung ist offensichtlich, da die Surjektivität von f gerade bedeutet, dass jedes Element von H Bild eines Elementes von G unter f ist. $\square$

Aufgabe 3.7.   Es seien $f : (G, \circ) \longrightarrow (G, \circ)$ ein Gruppenhomomorphismus und $|G| < \infty$. Bestätigen Sie die Äquivalenz

$$\ker(f) = \{e\} \Longleftrightarrow f \text{ ist ein Gruppenisomorphismus.}$$

Aufgabe 3.8. Es sei $f : (G, \circ_G) \longrightarrow (H, \circ_H)$ ein Gruppenhomomorphismus. Zeigen Sie, dass für ein Element $g \in G$ stets $\operatorname{ord}_G(g) \geq \operatorname{ord}_H(f(g))$ gilt.

Aufgabe 3.9. Gibt es einen Gruppenisomorphismus zwischen D_{24} und S_4?

Lemma 3.10. *Es sei* $f : (G, \circ_G) \longrightarrow (H, \circ_H)$ *ein Gruppenhomomorphismus. Dann ist* $\ker(f)$ *eine Untergruppe von* G *und* $\operatorname{im}(f)$ *eine Untergruppe von* H.

Beweis. Wir beginnen mit dem Nachweis, dass $\ker(f)$ eine Untergruppe von G ist. Zunächst stellen wir fest, dass wegen $f(e_G) = e_H$, d. h. $e_G \in \ker(f)$, der Kern von f nicht leer ist. Nun wenden wir das Untergruppenkriterium (Lemma 2.25) an. Wir wählen dazu $g_1, g_2 \in \ker(f)$ und haben $g_1 \circ_G g_2^{-1} \in \ker(f)$ zu zeigen. Dies ergibt sich aber leicht unter mehrmaliger Anwendung der Gruppenhomomorphie von f aus

$$f(g_1 \circ_G g_2^{-1}) = f(g_1) \circ_H f(g_2^{-1}) =$$
$$e_H \circ_H \left(f(g_2)\right)^{-1} = e_H \circ_H e_H^{-1} = e_H.$$

Zum Nachweis der Untergruppeneigenschaft von $\operatorname{im}(f)$ verfahren wir analog. Wiederum ist wegen $e_H = f(e_G)$, d. h. $e_H \in \operatorname{im}(f)$, das Bild von f nicht leer. Wir verwenden erneut das Untergruppenkriterium und haben dazu für $h_1, h_2 \in \operatorname{im}(f)$ die Beziehung $h_1 \circ_H h_2^{-1} \in \operatorname{im}(f)$ zu zeigen. Da $h_1, h_2 \in \operatorname{im}(f)$ gilt, finden sich $g_1, g_2 \in G$ mit der Eigenschaft $h_1 = f(g_1)$ bzw. $h_2 = f(g_2)$. Nun ergibt sich wiederum unter Anwendung der Gruppenhomomorphie von f

$$h_1 \circ_H h_2^{-1} = f(g_1) \circ_H \left(f(g_2)\right)^{-1} =$$
$$f(g_1) \circ_H f(g_2^{-1}) = f(g_1 \circ_G g_2^{-1}),$$

d. h. das Element $h_1 \circ_H h_2^{-1}$ ist Bild des Elements $g_1 \circ_G g_2^{-1}$. Damit ist das Lemma bewiesen. $\qquad\square$

Aufgabe 3.11.

(a) Finden Sie alle Gruppenhomomorphismen $f : (\mathcal{R}_4, \oplus) \longrightarrow (\mathcal{R}_4, \oplus)$.

(b) Seien p eine Primzahl und $n \in \mathbb{N}$ eine natürliche Zahl, die nicht durch p teilbar ist. Finden Sie alle Gruppenhomomorphismen $g : (\mathcal{R}_p, \oplus) \longrightarrow (\mathcal{R}_n, \oplus)$.

Bestimmen Sie jeweils Kern und Bild dieser Gruppenhomomorphismen.

4. Nebenklassen und Normalteiler

Bevor wir den Begriff der Nebenklasse einer Gruppe (bezüglich einer Untergruppe) einführen, erinnern wir an die Definition einer Äquivalenzrelation.

Definition 4.1. Es sei M eine Menge. Eine (binäre) Relation $\sim$ auf M heißt eine *Äquivalenzrelation*, wenn die drei folgenden Eigenschaften erfüllt sind:

(i)   Die Relation $\sim$ ist *reflexiv*, d. h. für alle $m \in M$ gilt $m \sim m$.

(ii)   Die Relation $\sim$ ist *symmetrisch*, d. h. für alle $m_1, m_2 \in M$ mit $m_1 \sim m_2$ gilt auch $m_2 \sim m_1$.

(iii) Die Relation $\sim$ ist *transitiv*, d. h. für alle $m_1, m_2, m_3 \in M$ mit $m_1 \sim m_2$ und $m_2 \sim m_3$ gilt auch $m_1 \sim m_3$.

Beispiel 4.2.   Die Gleichheit „$=$" von Elementen einer Menge definiert eine Äquivalenzrelation.

Aufgabe 4.3.

(a) Verifizieren Sie die Aussage des Beispiels 4.2.

(b) Ist die Ordnungsrelation „$\leq$" auf $\mathbb{N}$ eine Äquivalenzrelation?

(c) Auf der Menge der natürlichen Zahlen $\mathbb{N}$ betrachten wir die Relation „$m \sim n$ genau dann, wenn m eine Potenz von n oder n eine Potenz von m ist". Prüfen Sie nach, ob $\sim$ eine Äquivalenzrelation ist.

Bemerkung 4.4. Es sei M eine Menge, welche mit einer Äquivalenzrelation $\sim$ versehen ist. Zu $m \in M$ können wir dann die Menge

$$M_m := \{m' \in M \mid m' \sim m\}$$

bilden. Die Menge M_m heißt die *Äquivalenzklasse von m*. Es gilt das folgende

Lemma 4.5. *Es sei M eine Menge mit einer Äquivalenzrelation $\sim$. Dann gelten die beiden folgenden Aussagen:*

(i) *Zwei Äquivalenzklassen in M sind entweder disjunkt oder stimmen identisch überein.*

(ii) *Die Menge M ist die disjunkte Vereinigung ihrer Äquivalenzklassen. Wir schreiben dafür*

$$M = \bigcup_{m \in I} M_m \; ;$$

hierbei bedeutet $I \subseteq M$ eine geeignete Teilmenge, welche von jeder Äquivalenzklasse genau einen Vertreter, einen sogenannten Repräsentanten, enthält.

Beweis. (i) Es seien $m_1, m_2 \in M$ mit der Eigenschaft $M_{m_1} \cap M_{m_2} \neq \emptyset$. Wir haben $M_{m_1} = M_{m_2}$ zu zeigen. Da $M_{m_1} \cap M_{m_2} \neq \emptyset$ gilt, findet sich ein $m \in M_{m_1} \cap M_{m_2}$, d.h. wir haben $m \sim m_1$ und $m \sim m_2$, also aufgrund der Symmetrie und der Transitivität der Äquivalenzrelation $\sim$ die Beziehung $m_1 \sim m_2$, d.h. $m_1 \in M_{m_2}$. Unter erneuter Anwendung der Transitivität folgt damit für alle $m' \in M_{m_1}$ ebenso $m' \in M_{m_2}$. Damit erkennen wir $M_{m_1} \subseteq M_{m_2}$. Indem wir die Äquivalenzklassen M_{m_1} und M_{m_2} vertauschen, erhalten wir umgekehrt $M_{m_2} \subseteq M_{m_1}$, woraus die Gleichheit $M_{m_1} = M_{m_2}$ folgt.

(ii) Um den zweiten Teil der Behauptung zu beweisen, geben wir zunächst eine Begründung für den Fall, dass M eine endliche Menge ist. In diesem Fall können wir konstruktiv wie folgt vorgehen. Ist M leer, so haben wir nichts zu beweisen, andernfalls findet sich ein $m_1 \in M$ mit Äquivalenzklasse M_{m_1}. Die mengentheoretische Differenz $M \setminus M_{m_1}$ ist nun entweder leer, d. h. $M = M_{m_1}$, oder es findet sich ein $m_2 \in M \setminus M_{m_1}$ mit Äquivalenzklasse M_{m_2}. Nun bestehen die Alternativen

$$M = M_{m_1} \, \dot\cup \, M_{m_2} \quad \text{oder} \quad \exists \, m_3 \in M \setminus (M_{m_1} \dot\cup M_{m_2}).$$

Da die Menge M endlich ist, endet dieses Verfahren nach endlich vielen, sagen wir k Schritten, und wir erhalten M als die disjunkte Vereinigung

$$M = \bigcup_{j=1}^{k} M_{m_j}.$$

Nach dieser Illustration des Beweises im Falle endlicher Mengen wenden wir uns nun der allgemeinen Situation zu. Da die Äquivalenzklasse M_m zu $m \in M$ das Element m enthält, ist M offensichtlich Vereinigung aller Äquivalenklassen, d. h.

$$M = \bigcup_{m \in M} M_m.$$

Diese Vereinigung ist im allgemeinen aber nicht disjunkt. Indem wir von jeder der auftretenden Äquivalenzklassen genau einen Repräsentanten auswählen, erhalten wir eine Teilmenge $I \subseteq M$ derart, dass für ein $m \in I$ die dazugehörige Äquivalenzklasse M_m in obiger Vereinigung genau einmal auftritt; die Teilmenge I wird ein Vertretersystem oder Repräsentantensystem genannt. Damit erhalten wir die gesuchte Darstellung von M als disjunkte Vereinigung, d. h.

$$M = \dot{\bigcup_{m \in I}} M_m \, .$$

$\square$

Aufgabe 4.6. Beschreiben Sie die Äquivalenzklassen von „=" und die Äquivalenzklassen der Relation $\sim$ aus Aufgabe 4.3 (c).

Wir führen jetzt eine spezielle Äquivalenzrelation auf einer Gruppe ein, die durch eine Untergruppe induziert wird.

Bemerkung 4.7. Es seien $(G, \circ)$ eine Gruppe und $U \leq G$ eine Untergruppe. Wir definieren damit auf G die Relation

$$g_1 \sim g_2 \Longleftrightarrow g_1^{-1} \circ g_2 \in U \quad (g_1, g_2 \in G).$$

Wir behaupten, dass damit eine Äquivalenzrelation auf G definiert wird. Die Reflexivität $g \sim g$ ergibt sich sofort aus der Tatsache, dass $g^{-1} \circ g = e \in U$ gilt. Gilt $g_1 \sim g_2$, also $g_1^{-1} \circ g_2 \in U$, so folgt durch Inversenbildung

$$U \ni (g_1^{-1} \circ g_2)^{-1} = g_2^{-1} \circ g_1,$$

d. h. $g_2 \sim g_1$, was die Symmetrie bestätigt. Haben wir schließlich $g_1 \sim g_2$ und $g_2 \sim g_3$, also $g_1^{-1} \circ g_2 \in U$ und $g_2^{-1} \circ g_3 \in U$, so folgt durch Verknüpfung

$$U \ni (g_1^{-1} \circ g_2) \circ (g_2^{-1} \circ g_3) = g_1^{-1} \circ g_3,$$

d. h. $g_1 \sim g_3$, was die Transitivität bestätigt.

Definition 4.8. Es seien $(G, \circ)$ eine Gruppe, $U \leq G$ eine Untergruppe und $\sim$ die Äquivalenzrelation aus Bemerkung 4.7. Wir nennen die Äquivalenzklasse von $g \in G$, d. h. die Menge der Gruppenelemente

$$\{g' \in G \mid g' \sim g\},$$

die *Linksnebenklasse von g bezüglich der Untergruppe U*. Aufgrund der Äquivalenz

$$g' \sim g \Longleftrightarrow g^{-1} \circ g' \in U \Longleftrightarrow \exists h \in U : g' = g \circ h$$

ergibt sich

$$\{g' \in G \mid g' \sim g\} = \{g \circ h \mid h \in U\}.$$

Aus diesem Grund schreiben wir für die Linksnebenklasse von g bezüglich U einfach $g \circ U$.

Bemerkung 4.9.　Sind $(G, \circ)$ eine Gruppe, $U \leq G$ eine Untergruppe und $\sim$ die Äquivalenzrelation aus Bemerkung 4.7, so erhalten wir mit Hilfe des Lemmas 4.5 eine Zerlegung von G disjunkte Linksnebenklassen, d. h.

$$G = \dot{\bigcup_{g \in I}} g \circ U,$$

wobei $I \subseteq G$ ein Repräsentantensystem für alle Linksnebenklassen bezüglich U ist.

Definition 4.10.　Es seien $(G, \circ)$ eine Gruppe und $U \leq G$ eine Untergruppe. Wir bezeichnen mit G/U die Menge aller Linksnebenklassen von Elementen von G bezüglich U, d. h.

$$G/U = \{g \circ U \mid g \in I\}.$$

Aufgabe 4.11.　Es seien m, n natürliche Zahlen mit $1 \leq m \leq n$. Finden Sie ein Repräsentantensystem der Menge der Linksnebenklassen S_n / S_m.

Aufgabe 4.12.　Wählen Sie aus den in Aufgabe 2.26 bestimmten Untergruppen der S_3 eine Untergruppe der Ordnung zwei aus und berechnen Sie alle Linksnebenklassen von S_3 nach dieser Untergruppe.

Lemma 4.13.　*Es seien $(G, \circ)$ eine Gruppe und $U \leq G$ ein Untergruppe. Alle Linksnebenklassen von G bezüglich U haben dann die gleiche Mächtigkeit wie die Untergruppe U.*

Beweis.　Es sei $g \circ U$ die Linksnebenklasse von g bezüglich U. Wir betrachten die Abbildung

$$\varphi : g \circ U \longrightarrow U,$$

welche durch die Zuordnung $g \circ h \mapsto h$ ($h \in U$) gegeben ist. Die Zuordnung $h \mapsto g \circ h$ induziert offensichtlich die zu φ inverse Abbildung φ^{-1}. Damit erkennen wir φ als bijektive

Abbildung und somit sind $g \circ U$ und U gleichmächtig, d. h. es besteht die Gleichheit

$$|g \circ U| = |U|.$$

$\square$

Satz 4.14 (Satz von Lagrange). *Es seien $(G, \circ)$ eine endliche Gruppe (d. h. $|G| < \infty$) und $U \leq G$ eine Untergruppe. Dann teilt die Ordnung von U stets die Ordnung von G, d. h. $|U| \mid |G|$.*

Beweis. Da die Gruppe G endlich ist, ist sie in endlich viele Linksnebenklassen zerlegt, d. h. wir haben eine disjunkte Zerlegung der Form

$$G = (g_1 \circ U) \mathbin{\dot{\cup}} \cdots \mathbin{\dot{\cup}} (g_k \circ U).$$

Da die Linksnebenklassen $g_j \circ U$ $(j = 1, \ldots, k)$ paarweise disjunkt sind und deren Mächtigkeiten nach Lemma 4.13 alle gleich $|U|$ sind, erhalten wir

$$|G| = \sum_{j=1}^{k} |g_j \circ U| = k \cdot |U|.$$

Dies beweist die Behauptung.

$\square$

Aufgabe 4.15.
(a) Folgern Sie aus dem Satz von Lagrange, dass in einer endlichen Gruppe die Ordnung eines Elements stets ein Teiler der Gruppenordnung ist.
(b) Schließen aus Teilaufgabe (a), dass eine Gruppe von Primzahlordnung zyklisch ist.
(c) Bestimmen Sie alle möglichen Gruppen der Ordnungen 4 und 6 bis auf Gruppenisomorphie.

Definition 4.16. Es seien $(G, \circ)$ eine Gruppe und $U \leq G$ eine Untergruppe. Die Mächtigkeit von G/U wird der *Index von U in G* genannt und mit $[G : U]$ bezeichnet.

Bemerkung 4.17. Sind $(G, \circ)$ eine endliche Gruppe und $U \leq$ G eine Untergruppe, so folgt aus dem Beweis des Satzes von Lagrange, dass sich die Ordnung von G als Produkt der Ordung von U und dem Index von U in G schreiben lässt, d. h. wir haben

$$|G| = [G : U] \cdot |U|.$$

In Analogie zu den Linksnebenklassen können selbstverständlich auch Rechtsnebenklassen gebildet werden.

Bemerkung 4.18. Es seien $(G, \circ)$ eine Gruppe und $U \leq G$ eine Untergruppe. Wir definieren damit auf G die weitere Relation

$$g_1 \sim_r g_2 \iff g_1 \circ g_2^{-1} \in U \quad (g_1, g_2 \in G).$$

Wir überlassen es dem Leser, zu zeigen, dass dadurch eine Äquivalenzrelation auf G definiert wird. Die Äquivalenzklasse von $g \in G$ wird die *Rechtsnebenklasse von g bezüglich U* genannt; sie ergibt sich zu

$$\{g' \in G \,|\, g' \sim_r g\} = \{h \circ g \,|\, h \in U\} =: U \circ g.$$

Wir erhalten jetzt eine Zerlegung von G in disjunkte Rechtsnebenklassen, d. h.

$$G = \dot{\bigcup_{g \in I_r}} U \circ g,$$

wobei $I_r \subseteq G$ ein Repräsentantensystem für alle Rechtsnebenklassen bezüglich U ist.

Die Menge der Rechtsnebenklassen bezüglich U definieren wir als $U \backslash G$. Ebenso wie im Falle von Linksnebenklassen gilt, dass alle Rechtsnebenklassen von G bezüglich U die gleiche Mächtigkeit wie die Untergruppe U haben.

Schließlich verifiziert man einfach, dass durch die Zuordnung der Linksnebenklasse $g \circ U$ zur Rechtsnebenklasse $U \circ g^{-1}$ eine Bijektion zwischen den Mengen G/U und $U \backslash G$ induziert wird, d. h. wir haben

$$|G/U| = [G : U] = |U \backslash G|.$$

Ist die Gruppe G kommutativ, so stimmen Links- und Rechtsnebenklassen überein.

Aufgabe 4.19. Lösen Sie die Aufgaben 4.11 und 4.12 auch für Rechtsnebenklassen.

Definition 4.20. Es sei $(G, \circ)$ eine Gruppe. Eine Untergruppe N von G heißt *Normalteiler*, wenn alle Links- und Rechtsnebenklassen bezüglich N übereinstimmen, d. h. wenn für alle $g \in G$ die Gleichheit $g \circ N = N \circ g$ besteht.

Da Links- und Rechtsnebenklassen bezüglich eines Normalteilers N übereinstimmen, sprechen wir in diesem Fall nur noch von *Nebenklassen*. Ist $N \leq G$ ein Normalteiler, so schreiben wir dafür $N \trianglelefteq G$.

Aufgabe 4.21. Ist die in Aufgabe 4.12 gewählte Untergruppe ein Normalteiler?

Bemerkung 4.22. Äquivalent zu der vorhergehenden Definition ist: Eine Untergruppe N von G ist genau dann Normalteiler, wenn für alle $g \in G$ die Gleichheit

$$g \circ N \circ g^{-1} = N$$

gilt, wobei

$$g \circ N \circ g^{-1} = \{g' \in G \mid g' = g \circ h \circ g^{-1} \text{ mit } h \in N\}.$$

Eine weitere, äquivalente Fassung der Normalteilerdefinition lautet: Eine Untergruppe N von G ist genau dann Normalteiler, wenn für alle $g \in G$ und alle $h \in N$ die Enthaltensbeziehung $g \circ h \circ g^{-1} \in N$ gilt. Dass diese Definition zur vorhergehenden äquivalent ist, sieht man wie folgt ein: Zunächst gilt für alle $g \in G$ offensichtlich $g \circ N \circ g^{-1} \subseteq N$. Um nun die umgekehrte Inklusion nachzuweisen, stellen wir fest, dass wegen $g \circ h \circ g^{-1} \in N$ für alle $g \in G$, $h \in N$ insbesondere auch

$g^{-1} \circ h \circ g \in N$ für alle $g \in G$, $h \in N$ gilt; daraus entnehmen wir die Inklusion $g^{-1} \circ N \circ g \subseteq N$ für alle $g \in G$. Indem wir diese Inklusionsbeziehung von links mit g und von rechts mit g^{-1} verknüpfen, erkennen wir

$$N = g \circ (g^{-1} \circ N \circ g) \circ g^{-1} \subseteq g \circ N \circ g^{-1},$$

was gerade die gesuchte umgekehrte Inklusionsbeziehung ist. Damit gilt in der Tat für alle $g \in G$ die Gleichheit $g \circ N \circ g^{-1} = N$.

Beispiel 4.23. Wir betrachten das folgende Beispiel eines Normalteilers in der symmetrischen Gruppe S_3, welche gegeben ist durch die sechs Permutationen

$$S_3 = \{\pi_1, \pi_2, \pi_3, \pi_4, \pi_5, \pi_6\},$$

wobei

$$\pi_1 = \begin{pmatrix} 1 & 2 & 3 \\ 1 & 2 & 3 \end{pmatrix}, \ \pi_2 = \begin{pmatrix} 1 & 2 & 3 \\ 2 & 3 & 1 \end{pmatrix},$$

$$\pi_3 = \begin{pmatrix} 1 & 2 & 3 \\ 3 & 1 & 2 \end{pmatrix}, \ \pi_4 = \begin{pmatrix} 1 & 2 & 3 \\ 1 & 3 & 2 \end{pmatrix},$$

$$\pi_5 = \begin{pmatrix} 1 & 2 & 3 \\ 3 & 2 & 1 \end{pmatrix}, \ \pi_6 = \begin{pmatrix} 1 & 2 & 3 \\ 2 & 1 & 3 \end{pmatrix}.$$

Dabei bilden die drei Permutationen π_1, π_2, π_3 die zyklische Untergruppe $A_3 = \langle \pi_2 \rangle$ der Ordnung 3, welche die *3-te alternierende Gruppe* genannt wird. Wir weisen jetzt nach, dass A_3 ein Normalteiler von S_3 ist. Für $j = 1, 2, 3$ besteht offensichtlich die Gleichheit

$$\pi_j \circ A_3 = A_3 = A_3 \circ \pi_j.$$

Eine explizite Rechnung mit dem Element π_4 zeigt weiter

$$\pi_4 \circ A_3 = \{\pi_4 \circ \pi_1, \pi_4 \circ \pi_2, \pi_4 \circ \pi_3\} = \{\pi_4, \pi_5, \pi_6\},$$
$$A_3 \circ \pi_4 = \{\pi_1 \circ \pi_4, \pi_2 \circ \pi_4, \pi_3 \circ \pi_4\} = \{\pi_4, \pi_6, \pi_5\},$$

was die Gleichheit $\pi_4 \circ A_3 = A_3 \circ \pi_4$ bestätigt. Ebenso rechnet man für $j = 5, 6$

$$\pi_j \circ A_3 = A_3 \circ \pi_j$$

nach, was die Normalteilereigenschaft von A_3 bestätigt. Überdies zeigt unsere Rechnung, dass die Menge der (Links)Nebenklassen bezüglich A_3 gegeben ist durch

$$S_3 / A_3 = \{A_3, \pi_4 \circ A_3\}.$$

Insbesondere stellen wir fest

$$[S_3 : A_3] = |S_3| / |A_3| = 6/3 = 2.$$

Aufgabe 4.24. Es sei $H \leq G$ eine Untergruppe vom Index 2.
(a) Zeigen Sie, dass H ein Normalteiler in G ist.
(b) Geben Sie einen surjektiven Gruppenhomomorphismus von G nach der Gruppe $(\mathcal{R}_2, \oplus)$ an.

Lemma 4.25. *Es sei* $f : (G, \circ_G) \longrightarrow (H, \circ_H)$ *ein Gruppenhomomorphismus. Dann ist der Kern* $\ker(f)$ *von* f *ein Normalteiler in* G.

Beweis. Der Einfachheit halber schreiben wir im Folgenden sowohl für $\circ_G$ als auch für $\circ_H$ einfach $\circ$.

Nach Lemma 3.10 ist $\ker(f)$ eine Untergruppe von G. Wir haben somit noch die Eigenschaft eines Normalteilers für $\ker(f)$ nachzuweisen, d. h. zu zeigen, dass

$$g \circ h \circ g^{-1} \in \ker(f)$$

für alle $g \in G$ und alle $h \in \ker(f)$ gilt. Dazu seien nun $g \in G$ und $h \in \ker(f)$ beliebige Elemente; wir beachten dabei, dass $f(h) = e_H$ gilt. Unter mehrmaliger Verwendung der Gruppenhomomorphie von f erhalten wir damit

$$f(g \circ h \circ g^{-1}) = f(g) \circ f(h) \circ f(g^{-1}) =$$
$$f(g) \circ e_H \circ (f(g))^{-1} = f(g) \circ f(g)^{-1} = e_H.$$

Somit gilt in der Tat $g \circ h \circ g^{-1} \in \ker(f)$ und das Lemma ist bewiesen. $\qquad\qquad\qquad\qquad\qquad\qquad\qquad\qquad\qquad\square$

Aufgabe 4.26. Es sei $f : (S_3, \circ) \longrightarrow (\mathcal{R}_3, \oplus)$ ein Gruppenhomomorphismus. Zeigen Sie, dass dann $f(\pi) = 0$ für alle $\pi \in S_3$ gilt.

5. Faktorgruppen und Homomorphiesatz

Im Folgenden werden wir die Menge der (Links)Nebenklassen G/N einer Gruppe G nach einem Normalteiler N in natürlicher Weise mit einer Gruppenstruktur versehen können. In der Regel ist die Struktur der Gruppe G/N einfacher durchschaubar als die Struktur der Gruppe G selbst. Das Studium der Gruppe G/N liefert wiederum Informationen zur Struktur der Gruppe G.

Definition 5.1. Es seien $(G, \circ)$ eine Gruppe und $N \trianglelefteq G$ ein Normalteiler. Dann definieren wir auf der Menge der (Links) Nebenklassen bezüglich N die Verknüpfung $\bullet$ wie folgt:

$$(g_1 \circ N) \bullet (g_2 \circ N) := (g_1 \circ g_2) \circ N \qquad (g_1, g_2 \in G). \qquad (7)$$

Diese Definition hängt natürlich von der Wahl der Repräsentanten g_1 (bzw. g_2) der Nebenklassen $g_1 \circ N$ (bzw. $g_2 \circ N$) ab. Im nachfolgenden Lemma zeigen wir, dass die Definition in Tat und Wahrheit unabhängig von der Wahl der Repräsentanten ist.

Lemma 5.2. *Es seien $(G, \circ)$ eine Gruppe und $N \trianglelefteq G$ ein Normalteiler. Dann ist die in Definition 5.1 gegebene Verknüpfung $\bullet$ auf G/N wohldefiniert.*

Beweis. Es seien g_1, g_1' bzw. g_2, g_2' zwei Repräsentanten der Nebenklasse $g_1 \circ N$ bzw. $g_2 \circ N$. Zum Nachweis der Repräsentantenunabhängigkeit der Verknüpfung (7) haben wir dann die Gleichheit

$$(g_1 \circ g_2) \circ N = (g_1' \circ g_2') \circ N$$

zu bestätigen. Da $g_1' \in g_1 \circ N$ gilt, existiert ein $h_1 \in N$ mit
$g_1' = g_1 \circ h_1$; analog erhält man $g_2' = g_2 \circ h_2$ für ein $h_2 \in N$. Damit berechnen wir unter Verwendung der Assoziativität
von $\circ$

$$
\begin{aligned}
(g_1' \circ g_2') \circ N &= \big((g_1 \circ h_1) \circ (g_2 \circ h_2)\big) \circ N \\
&= (g_1 \circ h_1 \circ g_2) \circ (h_2 \circ N) \\
&= \big(g_1 \circ (h_1 \circ g_2)\big) \circ N,
\end{aligned}
$$

wobei im letzten Schritt die Gleichheit $h_2 \circ N = N$ verwendet
wurde, welche wegen $h_2 \in N$ gilt. Da N ein Normalteiler in
G ist, existiert nun ein $h_1' \in N$ mit der Eigenschaft $h_1 \circ g_2 = g_2 \circ h_1'$. Setzt man dies in die vorige Gleichung ein, so erhält
man wie behauptet

$$
(g_1' \circ g_2') \circ N = \big(g_1 \circ (g_2 \circ h_1')\big) \circ N = (g_1 \circ g_2) \circ N;
$$

hierbei wurde wieder von der Assoziativität von $\circ$ und der
Gleichheit $h_2' \circ N = N$ Gebrauch gemacht. Damit ist das Lemma bewiesen. □

Mit Hilfe von Lemma 5.2 haben wir somit auf der Menge
G/N mit • eine wohldefinierte Verknüpfung definiert. Wir
zeigen in der nachfolgenden Proposition, dass $(G/N, •)$ eine Gruppe ist.

Lemma 5.3. *Es seien $(G, \circ)$ eine Gruppe und $N \trianglelefteq G$ ein Normalteiler. Dann bildet die Menge G/N der (Links)Nebenklassen von G nach N zusammen mit der Verknüpfung • eine Gruppe.*

Beweis. Zuerst stellen wir fest, dass die Menge G/N nicht
leer ist, da sie jeweils die Nebenklasse $e_G \circ N = N$, d. h. das
Element N, enthält. Die Assoziativität der Verknüpfung • ergibt sich unmittelbar aus der Assoziativität der Verknüpfung

∘ von G; unter Verwendung der Definition von • und Lemma 5.2 folgt nämlich

$$\big((g_1 \circ N) \bullet (g_2 \circ N)\big) \bullet (g_3 \circ N) =$$
$$\big((g_1 \circ g_2) \circ N\big) \bullet (g_3 \circ N) = \big((g_1 \circ g_2) \circ g_3\big) \circ N =$$
$$\big(g_1 \circ (g_2 \circ g_3)\big) \circ N = (g_1 \circ N) \bullet \big((g_2 \circ g_3) \circ N\big) =$$
$$(g_1 \circ N) \bullet \big((g_2 \circ N) \bullet (g_3 \circ N)\big).$$

Das neutrale Element von G/N ist gegeben durch das Element N, denn es gilt für jede Nebenklasse $g \circ N \in G/N$

$$N \bullet (g \circ N) = (e_G \circ N) \bullet (g \circ N) = (e_G \circ g) \circ N = g \circ N,$$
$$(g \circ N) \bullet N = (g \circ N) \bullet (e_G \circ N) = (g \circ e_G) \circ N = g \circ N.$$

Schließlich ist das inverse Element zu $g \circ N$ gegeben durch die Nebenklasse $g^{-1} \circ N$, denn wir haben

$$(g^{-1} \circ N) \bullet (g \circ N) = (g^{-1} \circ g) \circ N = e_G \circ N = N,$$
$$(g \circ N) \bullet (g^{-1} \circ N) = (g \circ g^{-1}) \circ N = e_G \circ N = N.$$

Insgesamt haben wir $(G/N, \bullet)$ somit als Gruppe nachgewiesen. □

Definition 5.4. Es seien $(G, \circ)$ eine Gruppe und $N \trianglelefteq G$ ein Normalteiler. Dann heißt die Gruppe $(G/N, \bullet)$ *die Faktorgruppe von G nach dem Normalteiler N.*

Beispiel 5.5. (i) In einer kommutativen Gruppe G ist jede Untergruppe H ein Normalteiler. Daher können wir für jede Untergruppe H die Faktorgruppe $(G/H, \bullet)$ bilden, die dann ebenfalls eine kommutative Gruppe ist.

(ii) Im Beispiel 4.23 haben wir die alternierende Gruppe A_3 als Normalteiler der symmetrischen Gruppe S_3 nachgewiesen. Damit erhalten wir die Faktorgruppe S_3/A_3, welche (in der Bezeichnungsweise von Beispiel 4.23) aus den beiden Elementen $e := A_3$ und $g := \pi_4 \circ A_3$ besteht. Das Element

e ist das neutrale Element von S_3/A_3; das Element g erfüllt die Relation $g \bullet g = e$. Wir können damit die Faktorgruppe S_3/A_3 leicht mit der uns wohlvertrauten Gruppe $(\mathcal{R}_2, \oplus)$ bestehend aus den Elementen 0 und 1 identifizieren, indem wir das Element e auf 0 und g auf 1 abbilden. Wir rechnen leicht nach, dass damit ein Gruppenhomomorphismus von S_3/A_3 nach $\mathcal{R}_2$ gegeben wird, welcher bijektiv ist. Damit besteht die Gruppenisomorphie

$$(S_3/A_3, \bullet) \cong (\mathcal{R}_2, \oplus).$$

Bemerkung 5.6. Es sei $f : (G, \circ_G) \longrightarrow (H, \circ_H)$ ein Gruppenhomomorphismus. Lemma 4.25 besagt, dass $\ker(f)$ ein Normalteiler in G ist; damit können wir die Faktorgruppe $(G/\ker(f), \bullet)$ betrachten. Wir definieren nun die Abbildung

$$\pi : (G, \circ_G) \longrightarrow (G/\ker(f), \bullet)$$

durch die Zuordnung $g \mapsto g \circ_G \ker(f)$. Die Definition der Verknüpfung $\bullet$ zeigt jetzt

$$\pi(g_1 \circ_G g_2) = (g_1 \circ_G g_2) \circ_G \ker(f) =$$
$$(g_1 \circ_G \ker(f)) \bullet (g_2 \circ_G \ker(f)) = \pi(g_1) \bullet \pi(g_2),$$

d. h. die Abbildung π ist ein Gruppenhomomorphismus, welcher überdies surjektiv ist. Der Gruppenhomomorphismus π wird *kanonischer Gruppenhomomorphismus* genannt.

Satz 5.7 (Homomorphiesatz für Gruppen). *Es sei $f : (G, \circ_G) \longrightarrow (H, \circ_H)$ ein Gruppenhomomorphismus. Dann induziert f einen eindeutig bestimmmten, injektiven Gruppenhomomorphismus*

$$\bar{f} : (G/\ker(f), \bullet) \longrightarrow (H, \circ_H)$$

mit der Eigenschaft $\bar{f}(g \circ_G \ker(f)) = f(g)$ für alle $g \in G$. Man kann diese Aussage schematisch auch dadurch zum Ausdruck brin-

gen, dass das nachfolgende Diagramm

$$(G, \circ_G)$$

$$\pi \downarrow \qquad \searrow^{f}$$

$$(G/\ker(f), \bullet) \xrightarrow{\exists! \bar{f}} (H, \circ_H)$$

„kommutativ" ist, d. h. wir kommen zum gleichen Ergebnis, wenn wir direkt die Abbildung f ausführen, oder, wenn wir zuerst π und danach die Abbildung $\bar{f}$ bilden.

Beweis. Zur Vereinfachung der Schreibweise setzen wir $N :=$ $\ker(f)$; überdies schreiben wir sowohl für $\circ_G$ als auch für $\circ_H$ einfach $\circ$. Nach Lemma 4.25 ist N ein Normalteiler von G; wir erhalten damit die Faktorgruppe $(G/N, \bullet)$. Wir definieren nun eine Abbildung $\bar{f}$ von $(G/N, \bullet)$ nach $(H, \circ_H)$ in der folgenden Weise

$$\bar{f}(g \circ N) := f(g) \qquad (g \in G).$$

Da die Definition von $\bar{f}$ mit Hilfe des Repräsentanten g der Nebenklasse $g \circ N$ vorgenommen wurde, müssen wir uns zunächst überlegen, ob die Abbildung $\bar{f}$ überhaupt sinnvoll ist. Dazu sei $g' \in G$ ein weiterer Repräsentant der Nebenklasse $g \circ N$, d. h. es existiert ein $h \in N$ mit der Eigenschaft $g' = g \circ h$. Somit erkennen wir

$$f(g') = f(g \circ h) = f(g) \circ f(h) = f(g) \circ e_H = f(g),$$

d. h. die Definition von $\bar{f}$ ist unabhängig von der Wahl eines Repräsentanten der Nebenklasse $g \circ N$.

In einem zweiten Schritt zeigen wir, dass $\bar{f}$ ein Gruppenhomomorphismus ist. Dazu wählen wir zwei beliebige Nebenklassen $g_1 \circ N$, $g_2 \circ N \in G/N$ und berechnen unter Verwendung der Definition von $\bar{f}$ und der Gruppenhomomorphie von f

$$\bar{f}((g_1 \circ N) \bullet (g_2 \circ N)) = \bar{f}((g_1 \circ g_2) \circ N) =$$
$$f(g_1 \circ g_2) = f(g_1) \circ f(g_2) = \bar{f}(g_1 \circ N) \circ \bar{f}(g_2 \circ N).$$

Dies bestätigt die Gruppenhomomorphie von $\bar{f}$.

In einem dritten Schritt überlegen wir uns die Injektivität von $\bar{f}$. Dazu seien $g_1 \circ N$, $g_2 \circ N \in G/N$ mit der Eigenschaft $\bar{f}(g_1 \circ N) = \bar{f}(g_2 \circ N)$ vorgelegt. Wir haben $g_1 \circ N = g_2 \circ N$ zu zeigen. Definitionsgemäß ist die angenommene Gleichheit äquivalent zur Gleichheit $f(g_1) = f(g_2)$. Indem wir diese Gleichung von links mit $f(g_1)^{-1}$ verknüpfen, erhalten wir

$$e_H = f(g_1)^{-1} \circ f(g_1) = f(g_1)^{-1} \circ f(g_2) = f(g_1^{-1} \circ g_2),$$

d. h. $g_1^{-1} \circ g_2 \in \ker(f) = N$. Daraus ergibt sich aber sofort, dass g_2 ein Element der Nebenklasse $g_1 \circ N$ ist, d. h. $g_2 \sim g_1$. Somit besteht die behauptete Gleichheit von Nebenklassen

$$g_1 \circ N = g_2 \circ N.$$

Zusammengenommen haben wir jetzt also gezeigt, dass $\bar{f} : (G/\ker(f), \bullet) \longrightarrow (H, \circ_H)$ ein wohldefinierter, injektiver Gruppenhomomorphismus ist. Es bleibt noch die Eindeutigkeit von $\bar{f}$ mit der Eigenschaft $\bar{f}(g \circ \ker(f)) = f(g)$ $(g \in G)$ zu zeigen. Dazu sei

$$\tilde{f} : (G/\ker(f), \bullet) \longrightarrow (H, \circ_H)$$

ein weiterer injektiver Gruppenhomomorphismus mit $\tilde{f}(g \circ \ker(f)) = f(g)$ $(g \in G)$. Dann haben wir

$$\tilde{f}(g \circ \ker(f)) = f(g) = \bar{f}(g \circ \ker(f)) \quad (g \in G),$$

was aber nichts anderes bedeutet, als dass die Wirkung von $\tilde{f}$ mit der Wirkung von $\bar{f}$ auf $(G/\ker(f), \bullet)$ übereinstimmt, d. h. es ist $\tilde{f} = \bar{f}$, was die Eindeutigkeit von $\bar{f}$ beweist. Damit ist der Beweis des Homomorphiesatzes für Gruppen abgeschlossen. $\qquad\square$

Korollar 5.8. *Es sei* $f : (G, \circ_G) \longrightarrow (H, \circ_H)$ *ein surjektiver Gruppenhomomorphismus. Dann induziert* f *einen eindeutig bestimmmten Gruppenisomorphismus*

$$\bar{f} : (G/\ker(f), \bullet) \cong (H, \circ_H)$$

mit der Eigenschaft $\bar{f}(g \circ_G \ker(f)) = f(g)$ *für alle* $g \in G$. $\qquad\square$

Beispiel 5.9.   Wir betrachten die symmetrische Gruppe S_n und erinnern daran, dass jede Permutation π durch Transpositionen dargestellt werden kann und dass die Anzahl der auftretenden Transpositionen entweder immer gerade oder immer ungerade ist. Damit definieren wir die Abbildung

$$f : (S_n, \circ) \longrightarrow (\mathcal{R}_2, \oplus)$$

dadurch, dass wir π die 0 (bzw. 1) zuordnen, wenn die Anzahl der darstellenden Transpositionen gerade (bzw. ungerade) ist. Man verifiziert, dass f ein surjektiver Gruppenhomomorphismus ist. Der Kern $\ker(f)$ von f besteht aus denjenigen Permutationen, welche durch eine gerade Anzahl von Transpositionen dargestellt werden können; dies ist definitionsgemäß die Untergruppe A_n, die *n-te alternierende Gruppe* . Nach Korollar 5.8 besteht somit die Gruppenisomorphie

$$(S_n / A_n, \bullet) \cong (\mathcal{R}_2, \oplus).$$

Aufgabe 5.10.   Verallgemeinern Sie die vorhergehende Überlegung auf den Fall von Aufgabe 4.24, d. h. konstruieren Sie einen Gruppenisomorphismus

$$G / H \cong (\mathcal{R}_2, \oplus)$$

für eine Untergruppe $H \leq G$ vom Index 2.

Aus dem Homomorphiesatz für Gruppen können eine Reihe von weiteren Gruppenisomorphien gefolgert werden. Ein typisches Beispiel ist das folgende.

Aufgabe 5.11.   Es seien G eine Gruppe und H, $K \trianglelefteq G$ Normalteiler in G mit $K \subseteq H$. Zeigen Sie: K ist Normalteiler in H, und es besteht die Gruppenisomorphie

$$(G/K)/(H/K) \cong G/H.$$

6. Konstruktion von Gruppen aus regulären Halbgruppen

In Bemerkung 1.23 in Kapitel I wurde bereits auf den störenden Umstand hingewiesen, dass in der Halbgruppe $(\mathbb{N}, +)$ bei gegebenen $m, n \in \mathbb{N}$ die Gleichung

$$n + x = m$$

nicht uneingeschränkt lösbar ist. Falls $m \geq n$ ist, ist die eindeutige Lösung durch die Differenz $x = m - n$ gegeben. Ist allerdings $m < n$, so existiert keine Lösung im Bereich der natürlichen Zahlen. Diese Problematik soll im Folgenden beseitigt werden, indem wir die Halbgruppe $(\mathbb{N}, +)$ zu einer Gruppe $(G, \circ_G)$ erweitern, d. h. es gilt $\mathbb{N} \subseteq G$ und die Einschränkung der Verknüpfung $\circ_G$ auf die Teilmenge $\mathbb{N}$ koinzidiert mit der Addition $+$. Unter diesen Umständen übersetzt sich die Gleichung $n + x = m$ in G zu $n \circ_G x = m$, welche die eindeutige Lösung

$$x = n^{-1} \circ_G m$$

besitzt. Da die Lösung x im Fall $m < n$ keine natürliche Zahl sein kann, liegt sie im Komplement $G \setminus \mathbb{N}$ von G bezüglich $\mathbb{N}$.

Es stellt sich somit allgemein die Frage, unter welchen Bedingungen eine Halbgruppe $(H, \circ_H)$ zu einer Gruppe $(G, \circ_G)$ erweitert werden kann, d. h. dass eine H umfassende Gruppe G derart gefunden werden kann, dass die Einschränkung von $\circ_G$ auf H mit der Verknüpfung $\circ_H$ zusammenfällt. Die nachfolgende Definition *regulärer* Halbgruppen ist der Schlüssel für das weitere Vorgehen.

Definition 6.1. Eine Halbgruppe $(H, \circ_H)$ heißt *regulär*, wenn für alle Elemente $h, x, y \in H$ die *Kürzungsregeln*

$$h \circ_H x = h \circ_H y \Longrightarrow x = y,$$
$$x \circ_H h = y \circ_H h \Longrightarrow x = y$$

gelten.

Bemerkung 6.2. (i) Ist die reguläre Halbgruppe $(H, \circ_H)$ kommutativ, so genügt es, nur eine der beiden Kürzungsregeln aus Definition 6.1 zu fordern.

(ii) Eine Gruppe $(G, \circ_G)$ ist insbesondere eine reguläre Halbgruppe, da aus $h \circ_G x = h \circ_G y$ $(h, x, y \in G)$ nach Verknüpfung mit dem Inversen h^{-1} von links

$$h^{-1} \circ_G h \circ_G x = h^{-1} \circ_G h \circ_G y \Longleftrightarrow x = y$$

folgt. Die andere Implikation ergibt sich analog nach Verknüpfung mit h^{-1} von rechts.

Beispiel 6.3. Mit Hilfe von vollständiger Induktion erkennen wir, dass die Halbgruppe $(\mathbb{N}, +)$ regulär ist. Wegen der Kommutativität von $(\mathbb{N}, +)$ genügt es die Implikation

$$h + x = h + y \Longrightarrow x = y \quad (h, x, y \in \mathbb{N}) \tag{8}$$

nachzuweisen. Wir fixieren dazu $x, y \in \mathbb{N}$ und führen eine vollständige Induktion nach h durch. Für $h = 0$ ist die Behauptung offensichtlich richtig, so dass damit der Induktionsanfang gesichert ist. Als Induktionsvoraussetzung nehmen wir nun an, dass für ein $h \in \mathbb{N}$ die Implikation (8) richtig ist. Wir haben dann für den Nachfolger h^* von h die Implikation

$$h^* + x = h^* + y \Longrightarrow x = y$$

zu zeigen. Aus der Gleichung

$$(h + x)^* = h^* + x = h^* + y = (h + y)^*$$

ergibt sich nun aufgrund der Injektivität der Nachfolgerbildung $h + x = h + y$, woraus nach Induktionsvoraussetzung sofort $x = y$ folgt. Da $x, y \in \mathbb{N}$ beliebig gewählt waren, haben wir somit die Gültigkeit der Kürzungsregeln aus Definition 6.1 induktiv für alle $h, x, y \in \mathbb{N}$ nachgewiesen.

Aufgabe 6.4.

(a) Es sei A eine Menge mit mindestens zwei Elementen. Zeigen Sie, dass in der Halbgruppe $(\mathrm{Abb}(A), \circ)$ keine der beiden Kürzungsregeln gilt.

(b) Überlegen Sie sich weitere Beispiele von Halbgruppen, die nicht regulär sind.

Satz 6.5. *Zu jeder kommutativen und regulären Halbgruppe* $(H, \circ_H)$ *existiert eine eindeutig bestimmte kommutative Gruppe* $(G, \circ_G)$, *welche den beiden folgenden Eigenschaften genügt:*

(i)   *H ist eine Teilmenge von G und die Einschränkung von $\circ_G$ auf H stimmt mit der Verknüpfung $\circ_H$ überein.*

(ii) *Ist $(G', \circ_{G'})$ eine weitere Gruppe mit der Eigenschaft (i), so ist G eine Untergruppe von G'.*

Beweis. Wir haben einen Existenz- und einen Eindeutigkeitsbeweis zu führen. Wir beginnen mit dem Eindeutigkeitsbeweis.

Eindeutigkeit: Es seien $(G_1, \circ_{G_1})$ und $(G_2, \circ_{G_2})$ Gruppen, welche die Eigenschaften (i) und (ii) erfüllen. Nach Eigenschaft (ii) muss dann insbesondere $G_1 \leq G_2$, aber umgekehrt auch $G_2 \leq G_1$, gelten, d. h. die beiden Gruppen sind identisch. Damit ist die zu konstruierende Gruppe (bis auf Gruppenisomorphie) eindeutig bestimmt.

Existenz: Wir starten, indem wir auf dem kartesischen Produkt

$$H \times H = \{(a, b) \mid a, b \in H\}$$

die folgende Relation $\sim$ definieren (wir schreiben der Einfachheit halber ab jetzt $\circ$ anstelle von $\circ_H$):

$$(a, b) \sim (c, d) \iff a \circ d = b \circ c \quad (a, b, c, d \in H).$$

Wir überlegen uns sogleich, dass dies eine Äquivalenzrelation ist.

(a) Reflexivität: Da die Halbgruppe $(H, \circ)$ kommutativ ist, gilt für alle $a, b \in H$ die Gleichheit $a \circ b = b \circ a$, d. h. $(a, b) \sim (a, b)$. Damit ist die Relation $\sim$ reflexiv.

(b) **Symmetrie:** Es seien (a, b), $(c, d) \in H \times H$ mit der Eigenschaft $(a, b) \sim (c, d)$, d. h. $a \circ d = b \circ c$. Da $(H, \circ)$ kommutativ ist, schließen wir daraus $c \circ b = d \circ a$, was nichts anderes als $(c, d) \sim (a, b)$ bedeutet, d. h. $\sim$ ist symmetrisch.

(c) **Transitivität:** Es seien (a, b), (c, d), $(e, f) \in H \times H$ mit der Eigenschaft $(a, b) \sim (c, d)$ und $(c, d) \sim (e, f)$. Damit haben wir die Gleichungen

$$a \circ d = b \circ c, \quad c \circ f = d \circ e.$$

Indem wir die linken bzw. rechten Seiten dieser beiden Gleichungen miteinander verknüpfen, erhalten wir unter Beachtung der Assoziativität und Kommutativität der Halbgruppe $(H, \circ)$ die folgenden äquivalenten Gleichungen

$$(a \circ d) \circ (c \circ f) = (b \circ c) \circ (d \circ e),$$
$$a \circ d \circ c \circ f = b \circ c \circ d \circ e,$$
$$(a \circ f) \circ (d \circ c) = (b \circ e) \circ (d \circ c).$$

Da die Halbgruppe $(H, \circ)$ überdies regulär ist, können wir nun $(d \circ c)$ in der letzten Gleichung (von rechts) kürzen und erhalten

$$a \circ f = b \circ e,$$

was $(a, b) \sim (e, f)$ bedeutet. Damit ist die Relation $\sim$ auch transitiv.

Wir bezeichnen mit $[a, b] \subseteq H \times H$ die Äquivalenzklasse des Paars $(a, b) \in H \times H$ und mit G die Menge aller dieser Äquivalenzklassen; man schreibt dafür kurz

$$G := (H \times H) / \sim .$$

Da die Halbgruppe $(H, \circ)$ nicht leer ist und somit mindestens ein Element h enthält, ist auch die Menge G nicht leer, da sie mindestens die Äquivalenzklasse $[h, h]$ umfasst. Wir definieren jetzt eine Verknüpfung auf der Menge der Äquivalenzklassen G, die wir der Einfachheit halber mit $\bullet$ statt mit

$\circ_G$ bezeichnen. Sind $[a, b]$, $[a', b'] \in G$, so definieren wir dazu

$$[a, b] \bullet [a', b'] := [a \circ a', b \circ b'].$$

Da diese Definition von der Wahl der Vertreter a, b bzw. a', b' der Äquivalenzklassen $[a, b]$ bzw. $[a', b']$ abhängt, muss zur Wohldefiniertheit der Verknüpfung $\bullet$ zuerst die Unabhängigkeit von dieser Wahl geklärt werden. Dazu seien (c, d) bzw. (c', d') weitere Vertreter von $[a, b]$ bzw. $[a', b']$. Wir haben dann zu zeigen, dass

$$[a \circ a', b \circ b'] = [c \circ c', d \circ d'] \iff (a \circ a', b \circ b') \sim (c \circ c', d \circ d')$$

gilt. Da $(c, d) \in [a, b]$ bzw. $(c', d') \in [a', b']$ ist, haben wir

$$a \circ d = b \circ c \quad \text{bzw.} \quad a' \circ d' = b' \circ c'.$$

Verknüpfen wir diese beiden Gleichungen miteinander, so folgt unter der Voraussetzung der Kommutativität von H

$$(a \circ d) \circ (a' \circ d') = (b \circ c) \circ (b' \circ c') \iff$$
$$(a \circ a') \circ (d \circ d') = (b \circ b') \circ (c \circ c'),$$

d. h. es gilt wie behauptet

$$(a \circ a', b \circ b') \sim (c \circ c', d \circ d').$$

Zusammengenommen haben wir mit $(G, \bullet)$ eine nicht-leere Menge mit einer Verknüpfung vorliegen. In den vier nachfolgenden Schritten werden wir zeigen, dass $(G, \bullet)$ eine kommutative Gruppe ist.

(1) Zuerst rechnen wir nach, dass die Verknüpfung $\bullet$ assoziativ ist. Dies ergibt sich aber leicht aus der Definition und der Assoziativität von $\circ$ (dazu seien $[a, b]$, $[a', b']$, $[a'', b''] \in G$):

$$([a, b] \bullet [a', b']) \bullet [a'', b''] = [a \circ a', b \circ b'] \bullet [a'', b''] =$$
$$[(a \circ a') \circ a'', (b \circ b') \circ b''] = [a \circ (a' \circ a''), b \circ (b' \circ b'')] =$$
$$[a, b] \bullet [a' \circ a'', b' \circ b''] = [a, b] \bullet ([a', b'] \bullet [a'', b'']).$$

(2) Die Kommutativität von • folgt ebenso einfach aus der Kommutativität der Verknüpfung ∘ (dazu seien $[a, b]$, $[a', b'] \in G$):

$$[a, b] \bullet [a', b'] = [a \circ a', b \circ b'] =$$
$$[a' \circ a, b' \circ b] = [a', b'] \bullet [a, b].$$

(3) Nun zeigen wir, dass G ein neutrales Element besitzt. Wir wählen dazu ein beliebiges Element $h \in H$; ein solches existiert, da H nicht leer ist. Dann ist die Äquivalenzklasse $[h, h]$ unser Kandidat für das neutrale Element in G. Es sei jetzt $[a, b]$ ein beliebiges Element von G. Unter Berücksichtigung der Kommutativität von ∘ haben wir dann

$$(h \circ a) \circ b = (h \circ b) \circ a \Longleftrightarrow ((h \circ a), (h \circ b)) \sim (a, b).$$

Damit ergibt sich aufgrund der Kommutativität von •

$$[a, b] \bullet [h, h] = [h, h] \bullet [a, b] = [h \circ a, h \circ b] = [a, b],$$

d. h. $[h, h]$ ist in der Tat das neutrale Element von G.

(4) Als letztes haben wir noch zu überlegen, dass jedes Element $[a, b] \in G$ ein Inverses $[a, b]^{-1}$ in G besitzt. Wir behaupten, dass dieses Inverse durch das Element $[b, a] \in G$ gegeben ist. Dazu berechnen wir unter Verwendung der Kommutativität von ∘ und • zunächst

$$[a, b] \bullet [b, a] = [b, a] \bullet [a, b] = [b \circ a, a \circ b] = [a \circ b, a \circ b].$$

Da nun die Gleichheit $(a \circ b) \circ h = (a \circ b) \circ h$ mit $(a \circ b, a \circ b) \sim (h, h)$ gleichbedeutend ist, folgt wie gewünscht

$$[a, b] \bullet [b, a] = [b, a] \bullet [a, b] = [a \circ b, a \circ b] = [h, h].$$

Zum Abschluss des Beweises müssen wir noch zeigen, dass $(G, \bullet)$ die beiden im Satz genannten Eigenschaften (i), (ii) erfüllt, d. h. (i), dass H eine Teilmenge von G ist und die Einschränkung von • auf H mit der Verknüpfung ∘ übereinstimmt, und (ii), dass $(G, \bullet)$ mit der Eigenschaft (i) minimal ist.

Um die Eigenschaft (i) nachzuprüfen, genügt es, eine injektive Abbildung $f : H \longrightarrow G$ zu finden, die die Eigenschaft

$$f(a \circ b) = f(a) \bullet f(b) \quad (a, b \in H) \tag{9}$$

erfüllt. Indem wir dann H mit seinem Bild $f(H) \subseteq G$ identifizieren, erhalten wir unter Berücksichtigung von (9) das Gewünschte. Wir definieren die Abbildung $f : H \longrightarrow G$ dadurch, dass wir dem Element $a \in H$ das Element $[a \circ h, h] \in G$ zuordnen (das Element h hatten wir zur Konstruktion des neutralen Elements $[h, h]$ von G herangezogen). Wir zeigen jetzt als erstes, dass f injektiv ist. Dazu seien $a, b \in H$ mit der Eigenschaft, dass

$$f(a) = f(b) \Longleftrightarrow [a \circ h, h] = [b \circ h, h]$$
$$\Longleftrightarrow (a \circ h, h) \sim (b \circ h, h)$$

gilt. Dies ist aber unter Berücksichtigung der Kommutativität und Regularität von $(H, \circ)$ gleichbedeutend mit

$$(a \circ h) \circ h = h \circ (b \circ h) \Longleftrightarrow a \circ h^2 = b \circ h^2 \Longleftrightarrow a = b,$$

woraus die Injektivität von f folgt.

Zum Nachweis von (9) wählen wir zwei beliebige Elemente $a, b \in H$ und berechnen unter Berücksichtigung der Assoziativität und Kommutativität von $\circ$

$$f(a \circ b) = [(a \circ b) \circ h, h] = [a \circ b \circ h, h] =$$
$$[a \circ b \circ h \circ h, h \circ h] = [(a \circ h) \circ (b \circ h), h \circ h] =$$
$$[a \circ h, h] \bullet [b \circ h, h] = f(a) \bullet f(b).$$

Damit ist auch die Strukturtreue (9) von f gezeigt und $(G, \bullet)$ als kommutative Gruppe erkannt, welche die Eigenschaft (i) erfüllt.

Zum Ende des Beweises zeigen wir schließlich, dass die eben konstruierte Gruppe $(G, \bullet)$ minimal ist. Dazu überlegen wir uns, dass die Gruppe $(G, \bullet)$ nicht verkleinert werden kann: Indem wir – wie oben erwähnt – die Halbgruppe $(H, \circ)$ mit ihrem Bild unter f in $(G, \bullet)$ identifizieren, muss G konstruktionsgemäß alle Elemente der Form $[a \circ h, h]$ mit $a \in H$ enthalten. Da $(G, \bullet)$ eine Gruppe ist, muss mit $[a \circ h, h]$ auch dessen Inverses $[h, a \circ h]$ in G enthalten sein, d. h. G enthält auch alle Elemente der Form $[h, b \circ h]$ mit $b \in H$. Wegen der Abgeschlossenheit der Verknüpfung $\bullet$ muss G also auch alle Elemente der Form

$$[a \circ h, h] \bullet [h, b \circ h] = [a, b] \quad (a, b \in H)$$

beinhalten. Dies zeigt aber, dass man keine Äquivalenzklasse aus G weglassen darf. Damit ist $(G, \bullet)$ minimal. $\qquad\square$

Aufgabe 6.6.
(a) Zeigen Sie, dass die ungeraden natürlichen Zahlen mit der Multiplikation ein kommutatives und reguläres Monoid bilden.
(b) Führen Sie die Konstruktion aus Satz 6.5 für dieses Monoid durch.

7.   Die ganzen Zahlen

Wir wollen nun die in Satz 6.5 konstruierte kommutative Gruppe $(G, \circ_G)$ am Beispiel der kommutativen regulären Halbgruppe $(H, \circ_H) = (\mathbb{N}, +)$ genauer untersuchen. Dabei werden wir auf die Menge der *ganzen Zahlen* geführt werden.

Zunächst stellen wir fest, dass die auf dem kartesischen Produkt $\mathbb{N} \times \mathbb{N}$ definierte Äquivalenzrelation $\sim$ jetzt die Form

$$(a, b) \sim (c, d) \Longleftrightarrow a + d = b + c \quad (a, b, c, d \in \mathbb{N})$$

annimmt. Die kommutative Gruppe $(G, \circ_G)$ ist gemäß dem Beweis von Satz 6.5 gegeben durch die Menge aller Äquivalenzklassen $[a, b]$ zu den Paaren $(a, b) \in \mathbb{N} \times \mathbb{N}$ und versehen mit der Verknüpfung

$$[a, b] \circ_G [a', b'] = [a + a', b + b'] \quad ([a, b], [a', b'] \in G);$$

das neutrale Element von $(G, \circ_G)$ ist dabei durch das Element $[0, 0]$ gegeben, wobei 0 die natürliche Zahl Null bedeutet. Da wir es hier mit einer additiven Struktur zu tun haben, schreiben wir das Inverse $[a, b]^{-1}$ in der Form $-[a, b]$.

Die Definition der Äquivalenzrelation $\sim$ zeigt in dem vorliegenden Spezialfall, dass jede Äquivalenzklasse $[a, b]$ in der Form

$$[a, b] = \begin{cases} [a - b, 0], \text{ falls } a \geq b, \\ [0, b - a], \text{ falls } b > a \end{cases}$$

dargestellt werden kann. Damit erkennen wir, dass die der Gruppe $(G, \circ_G)$ zugrunde liegende Menge G gegeben ist durch die Vereinigung

$$G = \{[n, 0] \mid n \in \mathbb{N}\} \cup \{[0, n] \mid n \in \mathbb{N}\},$$

wobei der Durchschnitt $\{[n, 0] \mid n \in \mathbb{N}\} \cap \{[0, n] \mid n \in \mathbb{N}\}$ nur aus dem neutralen Element $[0, 0]$ besteht. Dem Beweis von Satz 6.5 entnehmen wir, dass die Menge der natürlichen Zahlen $\mathbb{N}$ mit der Menge $\{[n, 0] \mid n \in \mathbb{N}\}$ in Bijektion steht; diese Bijektion wird durch die Zuordnung $n \mapsto [n, 0]$ induziert. Indem wir nun die Menge der natürlichen Zahlen $\mathbb{N}$ mit der Menge $\{[n, 0] \mid n \in \mathbb{N}\}$ identifizieren, d. h. $n = [n, 0]$ setzen, können wir fortan $\mathbb{N}$ als Teilmenge von G betrachten.

Definition 7.1. Für eine natürliche Zahl $n \neq 0$ setzen wir jetzt

$$-n := [0, n].$$

Unter Beachtung der zuvor vorgenommenen Identifikation und Verwendung der vorhergehenden Definition erkennen wir G in der Form

$$G = \{0, 1, 2, 3, \ldots\} \cup \{-1, -2, -3, \ldots\}.$$

Definition 7.2. Wir bezeichnen die Gruppe $(G, \circ_G)$ künftig durch $(\mathbb{Z}, +)$ und nennen sie die *(additive) Gruppe der ganzen*

Zahlen. Als Menge können wir $\mathbb{Z}$ in der Form

$$\mathbb{Z} = \{\ldots, -3, -2, -1, 0, 1, 2, 3, \ldots\}$$

darstellen. Wir nennen die Zahlen $1, 2, 3, \ldots$ *positive* ganze Zahlen, die Zahlen $-1, -2, -3, \ldots$ *negative* ganze Zahlen. Für die durch die Äquivalenzklasse $[a, b]$ gegebene ganze Zahl führen wir schließlich die gebräuchliche Bezeichnung

$$a - b := [a, b]$$

ein und nennen dies die *Differenz der natürlichen Zahlen a und b.*

Bemerkung 7.3. (i) Die in 7.2 vorgenommene Definition der Differenz zweier natürlicher Zahlen ist uneingeschränkt und verallgemeinert somit den in Definition 1.21 gegebenen Differenzbegriff. Überdies ist der allgemeine Differenzbegriff aus Definition 7.2 verträglich mit dem Differenzbegriff aus Definition 1.21: Sind nämlich $a, b \in \mathbb{N}$ mit $a \geq b$, so haben wir mit Definition 7.2 $a - b = [a, b]$; unter Verwendung von Definition 1.21 kann dies aber wie oben umgeformt werden zu $a - b = [a - b, 0]$; die verwendete Identifikation von $\mathbb{N}$ mit $\{[n, 0] \mid n \in \mathbb{N}\}$ zeigt jetzt die behauptete Verträglichkeit.

(ii) Da wir das Inverse zu $[a, b] = a - b$ mit $-[a, b] = -(a - b)$ bezeichnen und letzteres durch $[b, a] = b - a$ gegeben ist, erhalten wir

$$-(a - b) = b - a.$$

Indem wir $a = 0$ setzen, erhalten wir hieraus insbesondere die Formel $-(-b) = b$ $(b \in \mathbb{N})$.

(iii) Unter Verwendung von (ii) erhalten wir nun allgemein die *Differenz zweier ganzer Zahlen* $a - b = [a, b]$ und $a' - b' = [a', b']$ in der Form

$$(a - b) - (a' - b') := (a - b) + \left(-(a' - b')\right)$$
$$= (a - b) + (b' - a').$$

(iv) Man sollte bei Betrachtung der Differenz $a - b$ immer vor Augen haben, dass sich dahinter eine Äquivalenzklasse verbirgt, z.B.

$$-2 = 1 - 3 = 2 - 4 = 3 - 5 = \ldots,$$

d. h. die Paare natürlicher Zahlen $(1, 3)$, $(2, 4)$, $(3, 5), \ldots$ sind alle Repräsentanten der ganzen Zahl -2 bzw. der Äquivalenzklasse $[0, 2]$.

Definition 7.4. Wir erweitern die in Definition 1.12 in Kapitel I auf der Menge $\mathbb{N}$ der natürlichen Zahlen gegebene Relation „$<$" bzw. „$\leq$" auf die Menge $\mathbb{Z}$ der ganzen Zahlen, indem wir die negativen ganzen Zahlen immer echt kleiner als die natürlichen Zahlen deklarieren und für zwei negative ganze Zahlen $-m, -n$ ($m, n \in \mathbb{N}$; $m, n \neq 0$)

$$-m < -n \Longleftrightarrow m > n \quad \text{bzw.} -m \leq -n \Longleftrightarrow m \geq n$$

festlegen. Entsprechend lassen sich auch die Relationen „$>$" bzw. „$\geq$" auf die Menge $\mathbb{Z}$ der ganzen Zahlen erweitern.

In Analogie zu Bemerkung 1.13 in Kapitel I haben wir damit

Bemerkung 7.5. Mit der Relation „$<$" wird die Menge der ganzen Zahlen $\mathbb{Z}$ eine *geordnete Menge*, d. h. es bestehen die drei folgenden Aussagen:

(i) Für je zwei Elemente $m, n \in \mathbb{Z}$ gilt entweder $m < n$ oder $n < m$ oder $m = n$.

(ii) Die drei Relationen $m < n$, $n < m$, $m = n$ schließen sich gegenseitig aus.

(iii) Aus $m < n$ und $n < p$ folgt $m < p$.
Entsprechendes gilt für die Relation „$>$".

Aufgabe 7.6. Verallgemeinern Sie die Additions- und Multiplikationsregeln für die natürlichen Zahlen aus Bemerkung 1.16 in Kapitel I auf den Bereich der ganzen Zahlen.

Definition 7.7. Es sei $n \in \mathbb{Z}$ eine ganze Zahl. Dann setzen wir

$$|n| := \begin{cases} n, & \text{falls } n \geq 0, \\ -n, & \text{falls } n < 0. \end{cases}$$

Wir nennen die natürliche Zahl $|n|$ den *Betrag der ganzen Zahl n*.

Beispiel 7.8. Mit der nunmehr konstruierten Menge der ganzen Zahlen $(\mathbb{Z}, +)$ steht uns ein weiteres Beispiel einer kommutativen Gruppe zur Verfügung. Ist $n \in \mathbb{N}$ eine von Null verschiedene natürliche Zahl, so bildet die Menge aller n-Fachen

$$n\mathbb{Z} = \{\ldots, -3n, -2n, -n, 0, n, 2n, 3n, \ldots\}$$

eine Untergruppe $(n\mathbb{Z}, +)$ von $(\mathbb{Z}, +)$. Da $(\mathbb{Z}, +)$ eine kommutative Gruppe ist, ist die Untergruppe $(n\mathbb{Z}, +)$ sogar ein Normalteiler in $(\mathbb{Z}, +)$ und wir können die Faktorgruppe $(\mathbb{Z}/n\mathbb{Z}, \bullet)$ betrachten.

Desweiteren prüfen wir leicht nach, dass durch die Zuordnung $a \mapsto R_n(a)$ $(a \in \mathbb{Z})$ ein Gruppenhomomorphismus

$$f : (\mathbb{Z}, +) \longrightarrow (\mathcal{R}_n, \oplus),$$

gegeben wird. Der Gruppenhomomorphismus f ist offensichtlich surjektiv und besitzt den Kern

$$\ker(f) = n\mathbb{Z}.$$

Das Korollar zum Homomorphiesatz für Gruppen führt uns nun zur Gruppenisomorphie

$$(\mathbb{Z}/n\mathbb{Z}, \bullet) \cong (\mathcal{R}_n, \oplus);$$

dabei wird die Nebenklasse $a + n\mathbb{Z} \in \mathbb{Z}/n\mathbb{Z}$ auf das Element $R_n(a) \in \mathcal{R}_n$ abgebildet. Dieses Beispiel zeigt sehr schön, wie das komplizierte Konstrukt der Faktorgruppe $(\mathbb{Z}/n\mathbb{Z}, \bullet)$, das wir sukzessive aufgebaut haben, sich mit der einfachen n-elementigen Menge $\mathcal{R}_n$ identifizieren lässt, auf der wir mit Hilfe elementarer Restbildung „addieren".

Aufgabe 7.9. Verifizieren Sie die Behauptungen dieses Beispiels im Detail.

Bemerkung 7.10. Die Anwendung von Satz 6.5 auf das kommutative und reguläre Monoid $(\mathbb{N} \setminus \{0\}, \cdot)$ führt auf die multiplikative Gruppe der sogenannten *Bruchzahlen* $(\mathbb{B}, \cdot)$. Wir gehen nicht weiter auf die Gruppe $(\mathbb{B}, \cdot)$ ein, da wir diese im Abschnitt 6 in Kapitel III als multiplikative Gruppe der positiven rationalen Zahlen wiederentdecken werden.

III Systematisierung durch die Algebra: Elemente der Ringtheorie

1. Die ganzen Zahlen und ihre Teilbarkeitslehre

Im letzten Abschnitt von Kapitel II haben wir die (additive) Gruppe der ganzen Zahlen $(\mathbb{Z}, +)$ kennengelernt, welche wir mit Hilfe von Satz 6.5 in Kapitel II aus der (additiven) Halbgruppe der natürlichen Zahlen $(\mathbb{N}, +)$ konstruiert haben. Nun erinnern wir uns daran, dass die natürlichen Zahlen auch eine Monoidstruktur bezüglich der in Kapitel I definierten Multiplikation · besitzen. Als erstes soll diese multiplikative Struktur auf die Menge der ganzen Zahlen erweitert werden. Dazu gehen wir zurück auf die Definition von $\mathbb{Z}$ als Menge von Äquivalenzklassen (siehe Beweis von Satz 6.5 in Kapitel II), d. h.

$$\mathbb{Z} = \{[a, b] \mid (a, b) \in \mathbb{N} \times \mathbb{N}\}.$$

Wir definieren nun das *Produkt* zweier ganzer Zahlen $[a, b]$ und $[a', b']$ durch die Formel

$$[a, b] \cdot [a', b'] := [aa' + bb', ab' + a'b]; \tag{1}$$

hierbei ist, wie in Kapitel I vereinbart, $aa' + bb'$ (bzw. $ab' + a'b$) eine Kurzschreibweise für die natürliche Zahl $(a \cdot a') + (b \cdot b')$ (bzw. $(a \cdot b') + (a' \cdot b)$). Um die Wohldefiniertheit dieser Multiplikation zu gewährleisten, müssen wir nachweisen, dass das Produkt (1) unabhängig von der Wahl der Repräsentanten (a, b) und (a', b') ist. Dazu seien (c, d) bzw. (c', d') weitere Vertreter der Äquivalenzklassen $[a, b]$ bzw. $[a', b']$, d. h. wir haben

$$a + d = b + c \quad \text{bzw.} \quad a' + d' = b' + c'. \tag{2}$$

Wir haben zu zeigen, dass die Gleichheit von Äquivalenzklassen

$$[aa' + bb', ab' + a'b] = [cc' + dd', cd' + c'd]$$

gilt. Dazu definieren wir die natürliche Zahl

$$n := (a' + b')(c + d) = a'c + a'd + b'c + b'd.$$

Damit berechnen wir unter Berücksichtigung der Gleichungen (2)

$$aa' + bb' + cd' + c'd + n$$
$$= a'(a + d) + b'(b + c) + c(a' + d') + d(b' + c')$$
$$= a'(b + c) + b'(a + d) + c(b' + c') + d(a' + d')$$
$$= ab' + a'b + cc' + dd' + n.$$

Aufgrund der Regularität von $\mathbb{N}$ erhalten wir nach Kürzen der Zahl n die Äquivalenz der Paare

$$(aa' + bb', ab' + a'b) \sim (cc' + dd', cd' + c'd),$$

woraus die behauptete Gleichheit der Äquivalenzklassen folgt.

Machen wir Gebrauch von der Schreibweise $a - b = [a, b]$, so nimmt die Definition (1) die uns vertraute Form

$$(a - b) \cdot (a' - b') = (aa' + bb') - (ab' + a'b)$$

an. Daraus entnehmen wir sofort die Vorzeichenregeln (es seien $m, n \in \mathbb{N}$)

$$m \cdot (-n) = -(m \cdot n) = (-m) \cdot n,$$
$$(-m) \cdot (-n) = m \cdot n.$$

Zur Abkürzung werden wir künftig $-m \cdot n$ anstelle von $-(m \cdot n)$ schreiben. Wie bei der Multiplikation natürlicher Zahlen werden wir künftig auch bei der Multiplikation ganzer Zahlen den Malpunkt $\cdot$ der Einfachheit halber oft unterdrücken. Wir überlassen dem Leser den Beweis des folgenden Lemmas.

Lemma 1.1. *Die durch* (1) *auf der Menge der ganzen Zahlen definierte Multiplikation ist assoziativ und kommutativ, d. h. für alle ganzen Zahlen a, b, c gilt*

$$a \cdot (b \cdot c) = (a \cdot b) \cdot c \quad und \quad a \cdot b = b \cdot a.$$

Überdies gelten für alle ganzen Zahlen a, b, c die beiden Distributivgesetze

$$(a + b) \cdot c = a \cdot c + b \cdot c \quad und \quad a \cdot (b + c) = a \cdot b + a \cdot c.$$

$\square$

Aufgabe 1.2. Beweisen Sie die in Lemma 1.1 behaupteten Rechengesetze für die Multiplikation ganzer Zahlen.

Zusammenfassend können wir Folgendes festhalten:

Bemerkung 1.3. Die Menge der ganzen Zahlen $\mathbb{Z}$ trägt zwei Verknüpfungen, eine additive $+$ und eine multiplikative $\cdot$; wir schreiben dafür kurz $(\mathbb{Z}, +, \cdot)$. Beide Verknüpfungen genügen sowohl dem Assoziativ- als auch dem Kommutativgesetz; Addition und Multiplikation sind durch die beiden Distributivgesetze miteinander verbunden. $(\mathbb{Z}, +)$ ist eine kommutative Gruppe mit dem neutralen Element 0; das inverse Element zu $a \in \mathbb{Z}$ wird mit $-a$ bezeichnet. $(\mathbb{Z}, \cdot)$ ist ein kommutatives Monoid mit dem neutralen Element 1. Eine ganze Zahl ungleich ± 1 besitzt kein multiplikatives Inverses; die beiden ganzen Zahlen ± 1 sind somit die einzigen Elemente von $\mathbb{Z}$, die ein multiplikatives Inverses in $\mathbb{Z}$ besitzen.

Im Folgenden wollen wir kurz die im Abschnitt 2 in Kapitel I für die natürlichen Zahlen entwickelte Teilbarkeitslehre auf die ganzen Zahlen übertragen. In Analogie zu Definition 2.1 in Kapitel I legt man fest, dass die ganze Zahl $b \neq 0$ die ganze Zahl a *teilt*, wenn eine ganze Zahl c mit $a = b \cdot c$ existiert. Der Begriff des *gemeinsamen Teilers* zweier ganzer Zahlen überträgt sich ebenso leicht unmittelbar aus Definition 2.1.

Die Gültigkeit der Teilbarkeitsregeln 2.4 in Kapitel I überträgt sich ebenfalls sofort auf den Bereich der ganzen Zahlen. In leichter Verallgemeinerung von Bemerkung 2.6 in Kapitel I nennen wir die Teiler 1, -1, a, $-a$, kurz ± 1, $\pm a$, die *trivialen Teiler* der ganzen Zahl a. Überdies nennen wir zwei ganze Zahlen a, b, welche sich nur um ein Vorzeichen voneinander unterscheiden, d. h. für welche $a = \pm b$ gilt, *zueinander assoziiert*. Eine *Primzahl* p ist nun als ganze Zahl größer Eins, die nur die trivialen Teiler ± 1 und $\pm p$ besitzt, charakterisiert. Lemma 2.9 in Kapitel I überträgt sich unmittelbar auf den Bereich der ganzen Zahlen.

Liegt keine Teilbarkeitsbeziehung vor, so kann man wie im Bereich der natürlichen Zahlen eine Division mit Rest vornehmen.

Satz 1.4 (Division mit Rest, revisited). *Es seien a, b ganze Zahlen mit $b \neq 0$. Dann finden sich eindeutig bestimmte ganze Zahlen q, r mit $0 \leq r < |b|$, so dass die Gleichung*

$$a = q \cdot b + r \tag{3}$$

besteht.

Beweis. Der Beweis leitet sich einfach aus dem Beweis des Satzes 5.1 in Kapitel I ab und darf dem Leser als Übungsaufgabe überlassen werden. $\qquad\square$

Aufgabe 1.5. Führen Sie den Beweis von Satz 1.4 aus.

Als wesentlicher Unterschied zwischen der Teilbarkeitslehre der natürlichen und der ganzen Zahlen kann der Umstand angesehen werden, dass es im Bereich der ganzen Zahlen möglich ist, das Euklidische Lemma als Vorbereitung und Hilfsmittel für den Beweis des Fundamentalsatzes der elementaren Zahlentheorie bereitzustellen, im Gegensatz zum Vorgehen im Bereich der natürlichen Zahlen, wo das Euklidische Lemma erst als Folgerung aus dem Fundamentalsatz geschlossen werden konnte. Wir beweisen dazu das folgende Lemma.

Lemma 1.6. *Es seien a, b teilerfremde ganze Zahlen, d. h. die Zahlen a, b haben nur die trivialen Teiler ± 1 gemeinsam. Dann existieren ganze Zahlen x, y mit der Eigenschaft*

$$x \cdot a + y \cdot b = 1.$$

Beweis. Zum Beweis betrachten wir die Menge aller ganzzahligen Linearkombinationen von a und b, d. h. die Menge

$$\mathfrak{a} := \{x_1 \cdot a + y_1 \cdot b \mid x_1, y_1 \in \mathbb{Z}\} \subseteq \mathbb{Z}.$$

Da entweder $a \in \mathfrak{a} \cap \mathbb{N}$ oder $-a \in \mathfrak{a} \cap \mathbb{N}$ gilt, ist der Durchschnitt $\mathfrak{a} \cap \mathbb{N}$ nicht leer. Nach dem Prinzip des kleinsten Elements (Lemma 1.18) existiert somit ein kleinstes positives Element $d \in \mathfrak{a} \cap \mathbb{N}$. Wir haben $d = 1$ zu zeigen.

Zunächst stellen wir fest, dass sich wegen $d \in \mathfrak{a}$ ganze Zahlen x_0 und y_0 finden, so dass $d = x_0 \cdot a + y_0 \cdot b$ gilt. Es sei nun $c \in \mathfrak{a}$ ein beliebiges Element der Form $c = x_1 \cdot a + y_1 \cdot b$ mit $x_1, y_1 \in \mathbb{Z}$. Indem wir c mit Rest durch d dividieren, finden wir $q, r \in \mathbb{Z}, 0 \leq r < d$, so dass

$$c = q \cdot d + r \tag{4}$$

gilt. Setzen wir $c = x_1 \cdot a + y_1 \cdot b$ und $d = x_0 \cdot a + y_0 \cdot b$ in (4) ein, so ergeben sich die beiden äquivalenten Gleichungen

$$x_1 \cdot a + y_1 \cdot b = q(x_0 \cdot a + y_0 \cdot b) + r, \text{ d. h.}$$
$$r = (x_1 - q \cdot x_0)a + (y_1 - q \cdot y_0)b \in \mathfrak{a} \cap \mathbb{N}.$$

Wäre nun $r \neq 0$, so würde $0 < r < d$ gelten. Dies würde aber der minimalen Wahl von $d \in \mathfrak{a} \cap \mathbb{N}$ widersprechen. Damit ist $r = 0$, und wir haben $d \mid c$. Aus der Darstellung $c = x_1 \cdot a + y_1 \cdot b$ mit den speziellen Werten $x_1 = 1, y_1 = 0$ bzw. $x_1 = 0, y_1 = 1$ ergibt sich damit, dass $d \mid a$ bzw. $d \mid b$ gilt, d. h. d ist ein gemeinsamer Teiler von a, b. Da die Zahlen a, b jedoch nur die trivialen gemeinsamen Teiler ± 1 besitzen, muss $d = 1$ gelten. Setzen wir schließlich $x := x_0$ und $y := y_0$, so ergibt sich wie behauptet

$$x \cdot a + y \cdot b = d = 1.$$

$\square$

Lemma 1.7 (Euklidisches Lemma, revisited). *Es seien a, b ganze Zahlen und p eine Primzahl. Gilt dann $p \mid a \cdot b$, so folgt $p \mid a$ oder $p \mid b$.*

Beweis. Wir gehen aus von der Teilbarkeitsbeziehung $p \mid a \cdot b$. Gilt dann $p \mid a$, so sind wir fertig. Gilt andererseits $p \nmid a$, so haben wir $p \mid b$ zu beweisen. Da p eine Primzahl ist und $p \nmid a$ gilt, folgern wir, dass die beiden Zahlen a und p teilerfremd sind. Nach dem vorhergehenden Lemma existieren somit ganze Zahlen x, y mit der Eigenschaft

$$x \cdot a + y \cdot p = 1.$$

Indem wir diese Gleichung mit b multiplizieren, erhalten wir

$$b = x \cdot ab + yb \cdot p. \tag{5}$$

Die Teilbarkeitsregeln 2.4 in Kapitel I (übertragen auf die ganzen Zahlen) zeigen nun, dass p die rechte Seite der Gleichung (5) teilt, also auch die linke, d. h. $p \mid b$, wie behauptet. $\square$

Für den Bereich der ganzen Zahlen nimmt der Fundamentalsatz der elementaren Zahlentheorie jetzt die folgende Form an:

Satz 1.8 (Fundamentalsatz der elementaren Zahlentheorie, revisited). *Jede von Null verschiedene ganze Zahl a besitzt eine Darstellung der Form*

$$a = e \cdot p_1^{a_1} \cdot \ldots \cdot p_r^{a_r}$$

als Produkt von $e \in \{\pm 1\}$ mit einem Produkt von r ($r \in \mathbb{N}$) Primzahlpotenzen zu den paarweise verschiedenen Primzahlen $p_1, \ldots,$

p_r mit den positiven, natürlichen Exponenten $a_1, \ldots, a_r$. Diese Darstellung ist bis auf die Reihenfolge der Faktoren eindeutig.

Beweis. Für den Betrag $|a|$ von a gilt

$$a = e \cdot |a|$$

mit eindeutig bestimmtem Vorzeichen $e \in \{\pm 1\}$. Die Existenz und Eindeutigkeit der Primfaktorzerlegung der natürlichen Zahl $|a|$ kann man jetzt dem Beweis des Satzes 3.1 in Kapitel I entnehmen. Alternativ zum dortigen Eindeutigkeitsbeweis kann man diesen in der jetzigen Situation mit Hilfe vollständiger Induktion und unter Verwendung des Euklidischen Lemma 1.7 recht kurz und elegant beweisen. Wir überlassen dies dem Leser als Übungsaufgabe. □

Aufgabe 1.9. Führen Sie den Eindeutigkeitsbeweis des Fundamentalsatzes der elementaren Zahlentheorie mit Hilfe des Euklidischen Lemma 1.7 durch.

Sind a, b ganze Zahlen, so wird die Definition *des größten gemeinsamen Teilers* (a, b) *von* a *und* b durch die Festsetzung

$$(a, b) := (|a|, |b|)$$

auf die Definition 4.1 in Kapitel I des größten gemeinsamen Teilers natürlicher Zahlen zurückgeführt. Ebenso wird die Definition *des kleinsten gemeinsamen Vielfachen* $[a, b]$ *von* a *und* b durch die Festsetzung

$$[a, b] := [|a|, |b|]$$

auf die Definition 4.7 in Kapitel I des kleinsten gemeinsamen Vielfachen natürlicher Zahlen zurückgeführt. Indem man das in Lemma 3.5 in Kapitel I gegebene Teilbarkeitskriterium auf den Bereich der ganzen Zahlen überträgt, erhält man sofort die Analoga der Sätze 4.3 bzw. 4.9 in Kapitel I zur Berechnung des größten gemeinsamen Teilers bzw. des kleinsten gemeinsamen Vielfachen der ganzen Zahlen a und b unter Verwendung der entsprechenden Primfaktorzerlegungen.

2. Ringe und Unterringe

Das im vorhergehenden Abschnitt diskutierte Beispiel der ganzen Zahlen mit den Verknüpfungen der Addition und der Multiplikation, welche durch die beiden Distributivgesetze miteinander in Verbindung stehen, ist der Prototyp für die nachfolgende Definition eines Ringes.

Definition 2.1. Eine nicht-leere Menge R mit einer additiven Verknüpfung $+$ und einer multiplikativen Verknüpfung $\cdot$ heißt *Ring*, falls folgende Eigenschaften erfüllt sind:
(i) $(R, +)$ ist eine kommutative Gruppe.
(ii) $(R, \cdot)$ ist eine Halbgruppe.
(iii) Für alle $a, b, c \in R$ gelten die beiden Distributivgesetze

$$(a + b) \cdot c = a \cdot c + b \cdot c,$$
$$a \cdot (b + c) = a \cdot b + a \cdot c.$$

Definition 2.2. Ein Ring $(R, +, \cdot)$ heißt *kommutativ*, falls für alle $a, b \in R$ die Gleichheit $a \cdot b = b \cdot a$ gilt.

Bemerkung 2.3. (i) Das neutrale Element der additiven Gruppe $(R, +)$ eines Rings $(R, +, \cdot)$ nennen wir *Nullelement* und bezeichnen dieses mit 0. Das additive Inverse von $a \in R$ bezeichnen wir mit $-a$. Die *Differenz von* $a, b \in R$ definieren wir durch $a - b := a + (-b)$.

(ii) Der Ring $(R, +, \cdot)$, der nur aus dem Nullelement 0 besteht, wird *Nullring* genannt und mit $(\{0\}, +, \cdot)$ bezeichnet.

(iii) Falls die Halbgruppe $(R, \cdot)$ eines vom Nullring verschiedenen Rings $(R, +, \cdot)$ ein Monoid ist, so nennen wir das neutrale Element bezüglich der Multiplikation *Einselement* und bezeichnen dieses mit 1. Das Einselement ist eindeutig bestimmt und erfüllt wegen $R \neq \{0\}$ die Ungleichung $1 \neq 0$.

(iv) Wir verabreden zur Vereinfachung der Schreibweise wiederum, dass die Multiplikation stärker als die Addition binden soll.

Beispiel 2.4. (i) $(\mathbb{Z}, +, \cdot)$ ist ein kommutativer Ring mit Einselement.

(ii) $(\mathcal{R}_n, \oplus, \odot)$ ist ein kommutativer Ring mit Einselement.

(iii) $(2 \cdot \mathbb{Z}, +, \cdot)$ ist ebenfalls ein kommutativer Ring, der allerdings kein Einselement besitzt, da $1 \notin 2 \cdot \mathbb{Z}$ gilt.

(iv) Das folgende Beispiel ist aus der Linearen Algebra bekannt. Wir betrachten die Menge der sogenannten (2×2)-Matrizen mit ganzzahligen Einträgen, d. h. die Menge

$$\mathrm{M}_2(\mathbb{Z}) := \left\{ A = \begin{pmatrix} a & b \\ c & d \end{pmatrix} \;\middle|\; a, b, c, d \in \mathbb{Z} \right\}.$$

Zwei Matrizen $A = \begin{pmatrix} a & b \\ c & d \end{pmatrix}$ und $A' = \begin{pmatrix} a' & b' \\ c' & d' \end{pmatrix}$ werden in der folgenden Weise addiert bzw. multipliziert

$$A + A' = \begin{pmatrix} a & b \\ c & d \end{pmatrix} + \begin{pmatrix} a' & b' \\ c' & d' \end{pmatrix} := \begin{pmatrix} a + a' & b + b' \\ c + c' & d + d' \end{pmatrix}$$

bzw.

$$A \cdot A' = \begin{pmatrix} a & b \\ c & d \end{pmatrix} \cdot \begin{pmatrix} a' & b' \\ c' & d' \end{pmatrix} := \begin{pmatrix} aa' + bc' & ab' + bd' \\ ca' + dc' & cb' + dd' \end{pmatrix},$$

wobei zur Addition bzw. Multiplikation der Einträge die Addition bzw. Multiplikation ganzer Zahlen herangezogen wird. Wir überlassen es dem Leser als Übungsaufgabe zu zeigen, dass $(\mathrm{M}_2(\mathbb{Z}), +, \cdot)$ einen Ring mit Einselement definiert. Das Null- bzw. Einselement von $\mathrm{M}_2(\mathbb{Z})$ wird dabei gegeben durch die Matrix

$$\begin{pmatrix} 0 & 0 \\ 0 & 0 \end{pmatrix} \quad \text{bzw.} \quad \begin{pmatrix} 1 & 0 \\ 0 & 1 \end{pmatrix};$$

das additive Inverse der Matrix A ist

$$-A := \begin{pmatrix} -a & -b \\ -c & -d \end{pmatrix}.$$

Wir bemerken, dass dieser Ring *nicht* kommutativ ist.

(v) Es sei $(R, +, \cdot)$ ein Ring. Wir definieren den *Polynom-ring* $(R[X], +, \cdot)$ *in der Variablen X mit Koeffizienten aus R* als die Menge

$$R[X] := \left\{ \sum_{j \in \mathbb{N}} a_j \cdot X^j \,\middle|\, a_j \in R,\, a_j = 0 \text{ für fast alle } j \in \mathbb{N} \right\}$$

mit den Verknüpfungen

$$\left(\sum_{j \in \mathbb{N}} a_j \cdot X^j \right) + \left(\sum_{j \in \mathbb{N}} b_j \cdot X^j \right) := \sum_{j \in \mathbb{N}} (a_j + b_j) \cdot X^j,$$

$$\left(\sum_{j \in \mathbb{N}} a_j \cdot X^j \right) \cdot \left(\sum_{j \in \mathbb{N}} b_j \cdot X^j \right) := \sum_{j \in \mathbb{N}} \left(\sum_{\substack{k, \ell \in \mathbb{N} \\ k + \ell = j}} (a_k \cdot b_\ell) \right) \cdot X^j.$$

Wir überlassen es dem Leser als Übungsaufgabe zu zeigen, dass $(R[X], +, \cdot)$ ein Ring ist.

Wir weisen darauf hin, dass wir die zugrunde liegende formale Variable mit dem Großbuchstaben X bezeichnet haben. Somit kann klar zwischen dem Polynom $p(X) \in R[X]$ und seinem Wert $p(x) \in R$ an der Stelle $x \in R$ unterschieden werden.

Aufgabe 2.5. Beweisen Sie, dass der Polynomring $(R[X], +, \cdot)$ aus Beispiel 2.4 (v) ein Ring ist und dass dieser genau dann kommutativ ist, wenn $(R, +, \cdot)$ kommutativ ist.

Aufgabe 2.6. Es seien A eine nicht-leere Menge und $(R, +, \cdot)$ ein Ring. Weisen Sie nach, dass die Menge aller Abbildungen $\mathrm{Abb}(A, R)$

von A nach R, versehen mit den beiden Verknüpfungen

$$(f, g) \mapsto f + g, \quad \text{wobei } (f + g)(a) := f(a) + g(a)$$
$$(f, g \in \text{Abb}(A, R), a \in A),$$

$$(f, g) \mapsto f \cdot g, \quad \text{wobei } (f \cdot g)(a) := f(a) \cdot g(a)$$
$$(f, g \in \text{Abb}(A, R), a \in A),$$

ein Ring ist.

Aufgabe 2.7. Überprüfen Sie, welche der Ringeigenschaften aus Definition 2.1 die Menge $\mathbb{N}$ der natürlichen Zahlen mit den Operationen „max" als Addition und „+ " als Multiplikation erfüllt und welche nicht.

Lemma 2.8. *Es sei $(R, +, \cdot)$ ein Ring. Dann gelten für $a, b, c \in R$ die folgenden Rechenregeln:*
(i) $a \cdot 0 = 0 \cdot a = 0$.
(ii) $a \cdot (-b) = (-a) \cdot b = -a \cdot b$.
(iii) $(-a) \cdot (-b) = a \cdot b$.
(iv) $(a - b) \cdot c = a \cdot c - b \cdot c$.
(v) $a \cdot (b - c) = a \cdot b - a \cdot c$.

Beweis. (i) Nach dem Distributivgesetz gilt $a \cdot a = a \cdot (a + 0) = a \cdot a + a \cdot 0$, also folgt nach Addition von $-a \cdot a$ auf beiden Seiten $a \cdot 0 = 0$. Die Gleichung $0 \cdot a = 0$ folgt analog.

(ii) Mit Hilfe des Distributivgesetzes und von (i) erhalten wir die Gleichung

$$a \cdot b + a \cdot (-b) = a\big(b + (-b)\big) = a \cdot 0 = 0,$$

aus der nach Addition von $-a \cdot b$ auf beiden Seiten die behauptete Gleichung $a \cdot (-b) = -a \cdot b$ unmittelbar folgt. Die zweite Gleichung $(-a) \cdot b = -a \cdot b$ ergibt sich analog.

(iii) Mit Hilfe von (ii) berechnen wir

$$(-a) \cdot (-b) = a \cdot \big(-(-b)\big) = a \cdot b.$$

(iv) Unter Verwendung des Distributivgesetzes und von (ii) berechnen wir

$$(a - b) \cdot c = \big(a + (-b)\big) \cdot c = a \cdot c + (-b) \cdot c = a \cdot c - b \cdot c.$$

(v) Der Beweis von (v) verläuft analog zum Beweis von (iv).
$$\qquad\qquad\qquad\qquad\qquad\qquad\qquad\qquad\qquad\qquad\qquad\qquad \square$$

Definition 2.9. Ein Element $a \neq 0$ eines Rings $(R, +, \cdot)$ heißt *linker Nullteiler*, wenn ein $b \in R$, $b \neq 0$, existiert, so dass $a \cdot b = 0$ ist. Analog werden *rechte Nullteiler* definiert. Falls der Ring kommutativ ist, so sprechen wir einfach von einem *Nullteiler*.

Der Ring $(R, +, \cdot)$ heißt *nullteilerfrei*, wenn er keine Nullteiler besitzt.

Ein vom Nullring verschiedener, kommutativer und nullteilerfreier Ring $(R, +, \cdot)$ wird *Integritätsbereich* genannt.

Beispiel 2.10.   (i) Der Ring $(\mathbb{Z}, +, \cdot)$ ist ein Integritätsbereich.

(ii) Die Ringe $(\mathcal{R}_n, \oplus, \odot)$ sind im allgemeinen keine Integritätsbereiche, da sie in der Regel nicht nullteilerfrei sind. Beispielsweise ist das Element $2 \in \mathcal{R}_6$ Nullteiler, da $2 \odot 3 = 0$ gilt.

(iii) Der nicht-kommutative Matrizenring $M_2(\mathbb{Z})$ besitzt ebenfalls Nullteiler. Die Matrix $A = \left(\begin{smallmatrix} 0 & 1 \\ 0 & 0 \end{smallmatrix} \right)$ ist beispielsweise linker (und rechter) Nullteiler, da

$$\begin{pmatrix} 0 & 1 \\ 0 & 0 \end{pmatrix} \cdot \begin{pmatrix} 0 & 1 \\ 0 & 0 \end{pmatrix} = \begin{pmatrix} 0 & 0 \\ 0 & 0 \end{pmatrix}$$

gilt.

Aufgabe 2.11.   Verallgemeinern Sie Beispiel 2.10 (ii) wie folgt: Wenn n keine Primzahl ist, dann ist $(\mathcal{R}_n, \oplus, \odot)$ nicht nullteilerfrei.

Aufgabe 2.12.   Zeigen Sie: Wenn $(R, +, \cdot)$ ein Integritätsbereich ist, dann ist auch $(R[X], +, \cdot)$ ein Integritätsbereich.

Aufgabe 2.13.   Ist der Ring $(\mathrm{Abb}(A, R), +, \cdot)$ aus Aufgabe 2.6 nullteilerfrei?

Lemma 2.14. *Es sei $(R, +, \cdot)$ ein nullteilerfreier Ring mit Eins-element 1. Falls eine minimale, positive, natürliche Zahl n mit der Eigenschaft*

$$n \cdot 1 := \underbrace{1 + \ldots + 1}_{n\text{-mal}} = 0$$

existiert, so ist n eine Primzahl.

Beweis. Wir führen einen indirekten Beweis. Dazu nehmen wir an, dass die zur Diskussion stehende Zahl n keine Prim-zahl ist. Dann finden sich natürliche Zahlen $k, \ell \in \mathbb{N}$ mit $1 < k, \ell < n$, so dass $n = k \cdot \ell$ gilt. Damit erhalten wir

$$n \cdot 1 = (k \cdot \ell) \cdot 1 = (k \cdot 1) \cdot (\ell \cdot 1) = 0.$$

Da $(R, +, \cdot)$ nullteilerfrei ist, folgt

$$k \cdot 1 = 0 \text{ oder } \ell \cdot 1 = 0.$$

Dies steht aber im Widerspruch zur minimalen Wahl von n.

$\square$

Definition 2.15. Es sei $(R, +, \cdot)$ ein nullteilerfreier Ring mit Einselement 1 und es existiere eine minimale, positive, natür-liche Zahl p mit der Eigenschaft $p \cdot 1 = 0$. Dann nennen wir die Primzahl p die *Charakteristik des Ringes* R; wir schreiben dafür $\mathrm{char}(R) = p$.

Wir sagen, dass R die *Charakteristik Null* hat, falls es keine positive natürliche Zahl n mit $n \cdot 1 = 0$ gibt.

Beispiel 2.16.   (i) Der Ring der ganzen Zahlen $(\mathbb{Z}, +, \cdot)$ hat die Charakteristik Null, da keine positive natürliche Zahl n mit $n \cdot 1 = 0$ existiert.

(ii) Ist p eine Primzahl, so ist der Ring $(\mathcal{R}_p, \oplus, \odot)$ nulltei-lerfrei. Seine Charakteristik berechnet sich leicht zu

$$\mathrm{char}(\mathcal{R}_p) = p,$$

denn für alle $k \in \{1, \ldots, p-1\}$ gilt $k \cdot 1 \neq 0$, aber es ist $p \cdot 1 = 0$ in $\mathcal{R}_p$.

Aufgabe 2.17.   Zeigen Sie: Sowohl der Ring $(R[X], +, \cdot)$ als auch der Ring $(\text{Abb}(A, R), +, \cdot)$ aus Aufgabe 2.6 haben dieselbe Charakteristik wie der Ring $(R, +, \cdot)$.

Definition 2.18.   Es seien $(R, +, \cdot)$ ein Ring mit Einselement 1 und $a \in R$. Ein Element $b \in R$ heißt *Linksinverses von a*, falls $b \cdot a = 1$ ist. Entsprechend heißt ein Element $c \in R$ *Rechtsinverses von a*, falls $a \cdot c = 1$ ist.

Ein Element $d \in R$ heißt *(multiplikatives) Inverses von a*, falls $a \cdot d = d \cdot a = 1$ gilt. Falls $a \in R$ ein multplikatives Inverses besitzt, so bezeichnen wir dieses mit a^{-1} oder $\frac{1}{a}$ oder $1/a$.

Ein Element $a \in R$ heißt *Einheit*, falls a ein Inverses in R besitzt.

Beispiel 2.19.   (i) Im Ring $(\mathbb{Z}, +, \cdot)$ besitzen die Elemente $a \neq \pm 1$ keine multiplikativen Inversen. Die Einheiten von $(\mathbb{Z}, +, \cdot)$ sind daher gegeben durch $+1$ und -1.

(ii) Als weiteres Beispiel betrachten wir die Menge aller Abbildungen $\text{Abb}(\mathbb{Z}, \mathbb{Z})$ von $\mathbb{Z}$ nach $\mathbb{Z}$, versehen mit den beiden Verknüpfungen

$$(f, g) \mapsto f + g, \quad \text{wobei } (f + g)(a) := f(a) + g(a)$$
$$(f, g \in \text{Abb}(\mathbb{Z}, \mathbb{Z}), a \in \mathbb{Z}),$$

$$(f, g) \mapsto f \circ g, \quad \text{wobei } (f \circ g)(a) := f\big(g(a)\big)$$
$$(f, g \in \text{Abb}(\mathbb{Z}, \mathbb{Z}), a \in \mathbb{Z}).$$

Man verifiziert schnell, dass $(\text{Abb}(\mathbb{Z}, \mathbb{Z}), +)$ eine kommutative Gruppe ist; das Nullelement ist dabei gegeben durch die Nullabbildung 0, die jedes $a \in \mathbb{Z}$ auf $0 \in \mathbb{Z}$ abbildet. Ebenso überprüft man leicht, dass $(\text{Abb}(\mathbb{Z}, \mathbb{Z}), \circ)$ ein Monoid ist; das Einselement ist dabei gegeben durch die identische Abbildung $\text{id}_{\mathbb{Z}}$, die jedes $a \in \mathbb{Z}$ auf sich selbst abbildet.

Für die Links- bzw. Rechtsinvertierbarkeit einer Abbildung $f \in \text{Abb}(\mathbb{Z}, \mathbb{Z})$ besteht folgende Charakterisierung:

$$f \text{ linksinvertierbar} \quad \Longleftrightarrow \quad f \text{ injektiv,}$$
$$f \text{ rechtsinvertierbar} \quad \Longleftrightarrow \quad f \text{ surjektiv,}$$
$$f \text{ invertierbar} \quad \Longleftrightarrow \quad f \text{ bijektiv.}$$

Wir überlegen uns exemplarisch die erste Äquivalenz; die beiden anderen Äquivalenzen ergeben sich analog.

Wir nehmen zunächst an, dass f linksinvertierbar ist. Dann existiert $g \in \text{Abb}(\mathbb{Z}, \mathbb{Z})$ mit $g \circ f = \text{id}_{\mathbb{Z}}$. Um die Injektivität von f zu zeigen, wählen wir $a, b \in \mathbb{Z}$ mit $f(a) = f(b)$. Indem wir auf diese Gleichung g anwenden, folgt

$$a = \text{id}_{\mathbb{Z}}(a) = (g \circ f)(a) = (g \circ f)(b) = \text{id}_{\mathbb{Z}}(b) = b,$$

womit die Injektivität von f gezeigt ist.

Wir gehen nun umgekehrt von der Injektivität von f aus und weisen die Linksinvertierbarkeit von f nach. Wir suchen also $g \in \text{Abb}(\mathbb{Z}, \mathbb{Z})$ mit $g \circ f = \text{id}_{\mathbb{Z}}$. Dazu sei $a \in \mathbb{Z}$ gegeben. Falls es ein $b \in \mathbb{Z}$ mit $f(b) = a$ gibt, so definieren wir $g(a) := b$. Gibt es kein solches $b \in \mathbb{Z}$, so setzen wir g an der Stelle a beliebig fest. Da f injektiv ist, wird g damit eine Abbildung von $\mathbb{Z}$ nach $\mathbb{Z}$ mit $g \circ f = \text{id}_{\mathbb{Z}}$.

Aufgabe 2.20. Welche Einheiten hat der Polynomring $(\mathbb{Z}[X], +, \cdot)$?

Aufgabe 2.21. Zeigen Sie, dass die Einheiten eines Rings $(R, +, \cdot)$ mit Einselement 1 bezüglich der Multiplikation eine Gruppe bilden.

Aufgabe 2.22. Bestimmen Sie die Gruppe der Einheiten für die Ringe $(\mathcal{R}_n, \oplus, \odot)$, wobei $n = 5, 8, 10, 12$ ist. Welche dieser Gruppen sind zueinander isomorph?

Definition 2.23. Es sei $(R, +, \cdot)$ ein Ring. Eine Teilmenge $S \subseteq R$ heißt *Unterring von R*, wenn die Einschränkungen der Verknüpfungen $+, \cdot$ auf S (welche wir der Einfachheit halber wieder mit $+, \cdot$ bezeichnen) eine Ringstruktur auf S definieren, d. h. wenn $(S, +, \cdot)$ selbst ein Ring ist. Wir schreiben dafür $S \leq R$.

Lemma 2.24 (Unterringkriterium). *Es seien* $(R, +, \cdot)$ *ein Ring und* $S \subseteq R$ *eine nicht-leere Teilmenge. Dann besteht die Äquivalenz:*

$$S \leq R \Longleftrightarrow a - b \in S, a \cdot b \in S \quad \forall a, b \in S.$$

Beweis. (i) Wenn S ein Unterring von R ist, sind offensichtlich die Differenz $a - b$ und das Produkt $a \cdot b$ für alle $a, b \in S$ wieder in S.

(ii) Es gelte nun umgekehrt $a - b \in S, a \cdot b \in S$ für alle $a, b \in S$. Da S nicht leer ist, ergibt sich aus dem Untergruppenkriterium 2.25 in Kapitel II sofort, dass $(S, +)$ eine kommutative Untergruppe der additiven Gruppe $(R, +)$ ist. Da weiter $a \cdot b \in S$ für alle $a, b \in S$ gilt, ist S unter Multiplikation abgeschlossen. Die Gültigkeit des Assoziativgesetzes bezüglich der Multiplikation sowie der Distributivgesetze erbt S von R. Somit ist $(S, +, \cdot)$ ein Ring. $\square$

Beispiel 2.25. Der Ring der geraden ganzen Zahlen $(2\mathbb{Z}, +, \cdot)$ ist ein Unterring des Rings der ganzen Zahlen $(\mathbb{Z}, +, \cdot)$.

Aufgabe 2.26. Überlegen Sie sich weitere Beispiele für Unterringe des Rings $(\mathbb{Z}, +, \cdot)$ der ganzen Zahlen.

Aufgabe 2.27. Es sei $(R, +, \cdot)$ ein Ring. Ist $(R, +, \cdot)$ ein Unterring des Polynomrings $(R[X], +, \cdot)$?

3. Ringhomomorphismen, Ideale und Faktorringe

Im vorhergehenden Abschnitt haben wir für einen Ring das „Unterobjekt" Unterring definiert, in Analogie zu Kapitel II, wo wir zu einer Gruppe den Untergruppenbegriff eingeführt haben. Zur weiteren strukturellen Analyse von Gruppen wurden in Kapitel II dann die Begriffe „Gruppenhomomorphismus", „Normalteiler" und „Faktorgruppe" definiert. In Anlehnung an dieses Vorgehen sollen im Folgenden an die komplexere Struktur eines Rings entsprechend angepasste Begriffe eingeführt werden. Wir beginnen mit dem Begriff des Ringhomomorphismus.

Definition 3.1. Es seien $(R, +_R, \cdot_R)$ und $(S, +_S, \cdot_S)$ Ringe. Eine Abbildung $f : (R, +_R, \cdot_R) \longrightarrow (S, +_S, \cdot_S)$ heißt *Ringhomomorphismus*, falls für alle $r_1, r_2 \in R$ die Gleichheiten

$$f(r_1 +_R r_2) = f(r_1) +_S f(r_2),$$
$$f(r_1 \cdot_R r_2) = f(r_1) \cdot_S f(r_2)$$

gelten. Die Ringhomomorphie bedeutet also, dass die Bilder der additiven und multiplikativen Verknüpfungen von r_1 und r_2 in R unter f gleich den entsprechenden Verknüpfungen der Bilder von r_1 und r_2 in S sind. Man sagt auch, dass die Abbildung f *strukturtreu* ist.

Ein bijektiver (d. h. injektiver und surjektiver) Ringhomomorphismus heißt *Ringisomorphismus*. Ist $f : (R, +_R, \cdot_R) \longrightarrow (S, +_S, \cdot_S)$ ein Ringisomorphismus, so sagen wir, dass die Ringe R und S *zueinander isomorph* sind, und schreiben dafür $R \cong S$.

Aufgabe 3.2. Prüfen Sie nach, ob die folgenden Abbildungen Ringhomomorphismen sind; dabei seien $(R, +, \cdot)$ ein Ring und A eine nicht-leere Menge:

(a) $f_1 : R[X] \longrightarrow R$, wobei $f_1\left(\sum\limits_{j \in \mathbb{N}} a_j \cdot X^j \right) := a_0$.

(b) $f_2 : R[X] \longrightarrow R$, wobei $f_2\left(\sum\limits_{j \in \mathbb{N}} a_j \cdot X^j \right) := a_1$.

(c) $f_3 : \mathrm{Abb}(A, R) \longrightarrow R$, wobei
$f_3(g) := r \ (g \in \mathrm{Abb}(A, R))$ mit einem festen $r \in R$.

(d) $f_4 : \mathrm{Abb}(A, R) \longrightarrow R$, wobei
$f_4(g) := g(a) \ (g \in \mathrm{Abb}(A, R))$ mit einem festen $a \in A$.

(e) $f_5 : R[X] \longrightarrow R$, wobei
$f_5\left(\sum\limits_{j \in \mathbb{N}} a_j \cdot X^j \right) := \sum\limits_{j \in \mathbb{N}} a_j \cdot r^j$ mit einem festen $r \in R$.

(f) $f_6 : R[X] \longrightarrow \text{Abb}(R, R)$, wobei

$$f_6\left(\sum_{j\in\mathbb{N}} a_j \cdot X^j\right) := \left(r \mapsto \sum_{j\in\mathbb{N}} a_j \cdot r^j\right) \text{ für alle } r \in R.$$

In Analogie zu Kapitel II definieren wir Kern und Bild eines Ringhomomorphismus.

Definition 3.3. Es seien $(R, +_R, \cdot_R)$ ein Ring mit Nullelement 0_R und $(S, +_S, \cdot_S)$ ein Ring mit Nullelement 0_S. Weiter sei $f : (R, +_R, \cdot_R) \longrightarrow (S, +_S, \cdot_S)$ ein Ringhomomorphismus. Dann heißen

$$\ker(f) := \{r \in R \mid f(r) = 0_S\} \text{ der } \textit{Kern von } f$$

und

$$\text{im}(f) := \{s \in S \mid \exists r \in R : s = f(r)\} \text{ das } \textit{Bild von } f.$$

Lemma 3.4. *Es sei* $f : (R, +_R, \cdot_R) \longrightarrow (S, +_S, \cdot_S)$ *ein Ringhomomorphismus Dann ist* $\ker(f)$ *ein Unterring von R und* $\text{im}(f)$ *ein Unterring von S.*

Beweis. Der Beweis verläuft nach dem gleichen Muster wie der Beweis von Lemma 3.10 in Kapitel II und darf deshalb dem Leser als Übungsaufgabe überlassen werden.   □

Aufgabe 3.5.   Beweisen Sie Lemma 3.4.

Aufgabe 3.6.   Bestimmen Sie für diejenigen Abbildungen aus Aufgabe 3.2, die Ringhomomorphismen sind, Kern und Bild.

Bemerkung 3.7.   Zur Vereinfachung der Schreibweise lassen wir künftig die Indizes bei den Verknüpfungen $+_R$ und $\cdot_R$ sowie beim Nullelement 0_R wieder weg.

Beispiel 3.8. Wir knüpfen an Beispiel 7.8 in Kapitel II an, in welchem wir den Gruppenhomomorphismus $f : (\mathbb{Z}, +) \longrightarrow (\mathcal{R}_n, \oplus)$ durch die Zuordnung $a \mapsto R_n(a)$ eingeführt haben. Man verifiziert leicht, dass diese Zuordnung einen surjektiven Ringhomomorphismus

$$f : (\mathbb{Z}, +, \cdot) \longrightarrow (\mathcal{R}_n, \oplus, \odot)$$

induziert. Für den Kern haben wir wie in Beispiel 7.8 in Kapitel II

$$\ker(f) = n\mathbb{Z}.$$

Bemerkung 3.9. Der Kern $\ker(f)$ eines Ringhomomorphismus $f : (R, +, \cdot) \longrightarrow (S, +, \cdot)$ ist nach Lemma 3.4 ein Unterring von R. Wir stellen überdies fest, dass die Produkte $r \cdot a$ bzw. $a \cdot r$ nicht nur für alle $a, r \in \ker(f)$, sondern sogar für alle $a \in \ker(f)$ und alle $r \in R$ im Kern von f enthalten sind, denn wir haben

$$f(r \cdot a) = f(r) \cdot f(a) = f(r) \cdot 0 = 0,$$
$$f(a \cdot r) = f(a) \cdot f(r) = 0 \cdot f(r) = 0.$$

Diese Beobachtung führt zu der folgenden Definition.

Definition 3.10. Es sei $(R, +, \cdot)$ ein Ring. Eine Untergruppe $(\mathfrak{a}, +)$ der additiven Gruppe $(R, +)$ heißt *Ideal von R*, falls die Produkte

$$r \cdot a \quad \text{und} \quad a \cdot r$$

für alle $a \in \mathfrak{a}$ und alle $r \in R$ ebenfalls in $\mathfrak{a}$ liegen, d. h. falls die Inklusionen

$$R \cdot \mathfrak{a} := \{ r \cdot a \,|\, r \in R,\, a \in \mathfrak{a} \} \subseteq \mathfrak{a},$$
$$\mathfrak{a} \cdot R := \{ a \cdot r \,|\, r \in R,\, a \in \mathfrak{a} \} \subseteq \mathfrak{a}$$

bestehen.

Bemerkung 3.11. Ein Ideal $\mathfrak{a}$ eines Rings $(R, +, \cdot)$ ist automatisch auch ein Unterring von R. Die Umkehrung dieser Aussage gilt im allgemeinen aber nicht.

Beispiel 3.12. (i) Es sei $(R, +, \cdot)$ ein Ring. Die triviale Untergruppe $(\mathfrak{a}, +) = (\{0\}, +)$ bildet offensichtlich ein Ideal von
R. Wir nennen es das *Nullideal von R* und bezeichnen es mit
(0).

(ii) Es sei $(R, +, \cdot)$ wiederum ein Ring. Die additive Gruppe $(\mathfrak{a}, +) = (R, +)$ bildet ebenfalls ein Ideal von R. Besitzt R
ein Einselement 1, so wird dieses Ideal auch das *Einsideal von
R* genannt und mit (1) bezeichnet.

(iii) Es sei $(R, +, \cdot)$ ein kommutativer Ring. Zu einem fest
gewählten $a \in R$ betrachten wir die Menge

$$\mathfrak{a} := \{a \cdot r \mid r \in R\}.$$

Wir überlegen uns, dass $\mathfrak{a}$ ein Ideal von R ist. Wegen $0 \in \mathfrak{a}$ ist $\mathfrak{a}$
nicht leer. Sind weiter $a \cdot r_1$, $a \cdot r_2 \in \mathfrak{a}$, so ist auch die Differenz

$$a \cdot r_1 - a \cdot r_2 = a \cdot (r_1 - r_2) \in \mathfrak{a}.$$

Nach dem Untergruppenkriterium 2.25 ist $(\mathfrak{a}, +)$ somit eine
Untergruppe der additiven Gruppe $(R, +)$. Ist schließlich $a \cdot
r \in \mathfrak{a}$ und $s \in R$, so ergibt sich unter Berücksichtigung der
Assoziativität und Kommutativität der Multiplikation

$$s \cdot (a \cdot r) = a \cdot (r \cdot s) \in \mathfrak{a},$$

d. h. wir haben $R \cdot \mathfrak{a} \subseteq \mathfrak{a}$ und aufgrund der Kommutativität
$\mathfrak{a} \cdot R \subseteq \mathfrak{a}$. Somit ist $\mathfrak{a}$ ein Ideal von R. Wir nennen es das *Hauptideal zu a* und bezeichnen es mit (a).

Aufgabe 3.13. Es seien $(R, +, \cdot)$ ein Ring mit Einselement 1 und $\mathfrak{a} \subseteq
R$ ein Ideal von R mit $1 \in \mathfrak{a}$. Zeigen Sie, dass dann $\mathfrak{a} = R$ gilt.

Aufgabe 3.14. Gibt es einen Unterring von $(\mathbb{Z}, +, \cdot)$, der kein Ideal
von $\mathbb{Z}$ ist?

Aufgabe 3.15. Finden Sie einen Unterring des Polynomrings
$(\mathbb{Z}[X], +, \cdot)$, der kein Ideal von $\mathbb{Z}[X]$ ist.

Aufgabe 3.16. Geben Sie Beispiele für Ideale im Polynomring
$(\mathbb{Z}[X], +, \cdot)$ an. Gibt es ein Ideal, das kein Hauptideal ist?

Lemma 3.17. *Es sei $f : (R, +, \cdot) \longrightarrow (S, +, \cdot)$ ein Ringhomomorphismus. Dann ist $\ker(f)$ ein Ideal von R.*

Beweis. Lemma 3.10 in Kapitel II entnehmen wir, dass $\big(\ker(f), + \big)$ eine additive Untergruppe von $(R, +)$ ist. Die Inklusionen

$$R \cdot \ker(f) \subseteq \ker(f) \quad \text{und} \quad \ker(f) \cdot R \subseteq \ker(f)$$

entnehmen wir Bemerkung 3.9. $\qquad\qquad\qquad\qquad\qquad\square$

Aufgabe 3.18. Welche der Kerne der Ringhomomorphismen aus Aufgabe 3.2 sind Hauptideale?

Lemma 3.19. *Im Ring $(\mathbb{Z}, +, \cdot)$ sind alle Ideale Hauptideale, d. h. zu jedem Ideal $\mathfrak{a}$ existiert eine ganze Zahl a mit der Eigenschaft $\mathfrak{a} = (a)$.*

Beweis. Ist $\mathfrak{a}$ das Nullideal, so gilt $\mathfrak{a} = (0)$ und wir sind fertig. Andernfalls ist $\mathfrak{a}$ nicht das Nullideal und es existiert eine von Null verschiedene ganze Zahl $b \in \mathfrak{a}$. Indem wir b gegebenenfalls mit -1 multiplizieren, erhalten wir ein von Null verschiedenes Element in der Menge $\mathfrak{a} \cap \mathbb{N}$. Nach dem Prinzip des kleinsten Elements findet sich somit eine kleinste, positive, natürliche Zahl $a \in \mathfrak{a}$.

Die Idealeigenschaft von $\mathfrak{a}$ bestätigt sofort die Gültigkeit der Inklusion

$$(a) \subseteq \mathfrak{a}.$$

Wir zeigen nun die umgekehrte Inklusion. Dazu sei $c \in \mathfrak{a}$ ein beliebiges Element. Indem wir c mit Rest durch a teilen (siehe Satz 1.4), erhalten wir eindeutig bestimmte ganze Zahlen q, r mit $0 \leq r < a$, so dass die Gleichung

$$c = q \cdot a + r$$

besteht. Wegen a, $c \in \mathfrak{a}$ folgt aufgrund der Idealeigenschaften von $\mathfrak{a}$, dass auch der Rest $r = c - q \cdot a$ ein Element von $\mathfrak{a}$ ist.

Wäre nun $r \neq 0$, so hätten wir mit r ein von Null verschiedenes Element in $\mathfrak{a} \cap \mathbb{N}$ gefunden, das kleiner als a ist. Dies widerspricht aber der minimalen Wahl von a. Somit muss $r = 0$ sein, und wir haben $c = q \cdot a$, d. h. $c \in (a)$. Dies bestätigt die Inklusion $\mathfrak{a} \subseteq (a)$. Zusammengenommen haben wir die Gleichheit $\mathfrak{a} = (a)$, welche die Behauptung beweist. $\square$

Definition 3.20. Es seien $(R, +, \cdot)$ ein Ring und $\mathfrak{a}$ ein Ideal von R. Da die additive Gruppe $(R, +)$ definitionsgemäß kommutativ ist, ist die additive Untergruppe $(\mathfrak{a}, +)$ des Ideals automatisch ein Normalteiler von $(R, +)$. Damit können wir die Faktorgruppe $(R/\mathfrak{a}, \oplus)$ betrachten. Die Elemente von $R/\mathfrak{a}$ sind gegeben durch Nebenklassen der Form $r + \mathfrak{a}$ $(r \in R)$; zwei Nebenklassen $r_1 + \mathfrak{a}$ und $r_2 + \mathfrak{a}$ werden dabei gemäß

$$(r_1 + \mathfrak{a}) \oplus (r_2 + \mathfrak{a}) = (r_1 + r_2) + \mathfrak{a}$$

miteinander verknüpft (siehe Definition 5.1 in Kapitel II). Wir weisen darauf hin, dass wir im Gegensatz zu Definition 5.1 in Kapitel II, wo die Verknüpfung in der Faktorgruppe mit $\bullet$ bezeichnet wurde, hier die Bezeichnung $\oplus$ gewählt haben, um dem additiven Charakter der Konstruktion Rechnung zu tragen; im übrigen wird der Leser keine Schwierigkeiten haben, die hier verwendete Verknüpfung $\oplus$ von der ebenso bezeichneten Verknüpfung im Beispiel $(\mathcal{R}_n, \oplus, \odot)$ zu unterscheiden.

Wir definieren nun eine multiplikative Verknüpfung $\odot$ auf der Faktorgruppe $(R/\mathfrak{a}, \oplus)$, indem wir für zwei Nebenklassen $r_1 + \mathfrak{a}$ und $r_2 + \mathfrak{a}$ (auch in diesem Fall ist keine Konfusion mit dem Beispiel $(\mathcal{R}_n, \oplus, \odot)$ zu befürchten) setzen:

$$(r_1 + \mathfrak{a}) \odot (r_2 + \mathfrak{a}) := (r_1 \cdot r_2) + \mathfrak{a}. \tag{6}$$

Diese Definition hängt von der Wahl der Repräsentanten r_1 bzw. r_2 der Nebenklassen $r_1 + \mathfrak{a}$ bzw. $r_2 + \mathfrak{a}$ ab. Im nachfolgenden Satz werden wir insbesondere die Wohldefiniertheit der Multiplikation $\odot$ beweisen.

Satz 3.21. *Es seien* $(R, +, \cdot)$ *ein Ring und* $\mathfrak{a}$ *ein Ideal von R. Dann ist die Menge der Nebenklassen* $R/\mathfrak{a}$ *mit den beiden Verknüpfungen*

$$(r_1 + \mathfrak{a}) \oplus (r_2 + \mathfrak{a}) = (r_1 + r_2) + \mathfrak{a},$$
$$(r_1 + \mathfrak{a}) \odot (r_2 + \mathfrak{a}) = (r_1 \cdot r_2) + \mathfrak{a}$$

ein Ring.

Beweis. (i) Zunächst zeigt Definition 3.20, dass mit $(R/\mathfrak{a}, \oplus)$ eine kommutative Gruppe mit dem neutralen Element (Nullelement) $\mathfrak{a}$ vorliegt.

(ii) In einem zweiten Schritt überlegen wir uns die Wohldefiniertheit der Multiplikation $\odot$. Dazu seien r_1, r_1' bzw. r_2, r_2' zwei Repräsentanten der Nebenklasse $r_1 + \mathfrak{a}$ bzw. $r_2 + \mathfrak{a}$. Zum Nachweis der Wohldefiniertheit der Multiplikation $\odot$ haben wir die Gleichheit

$$(r_1 \cdot r_2) + \mathfrak{a} = (r_1' \cdot r_2') + \mathfrak{a} \tag{7}$$

zu zeigen. Zwischen den Repräsentanten r_1, r_1' bzw. r_2, r_2' bestehen die Gleichungen

$$r_1' = r_1 + a_1 \quad (a_1 \in \mathfrak{a}),$$
$$r_2' = r_2 + a_2 \quad (a_2 \in \mathfrak{a}).$$

Damit berechnen wir

$$r_1' \cdot r_2' = (r_1 + a_1) \cdot (r_2 + a_2) =$$
$$r_1 \cdot r_2 + r_1 \cdot a_2 + a_1 \cdot r_2 + a_1 \cdot a_2.$$

Aufgrund der Idealeigenschaften von $\mathfrak{a}$ erkennen wir damit

$$r_1 \cdot a_2 + a_1 \cdot r_2 + a_1 \cdot a_2 \in \mathfrak{a}.$$

Damit ist das Produkt $r_1' \cdot r_2'$ ebenfalls ein Vertreter der Nebenklasse $(r_1 \cdot r_2) + \mathfrak{a}$, d. h. es besteht die behauptete Gleichheit (7). Damit ist die Wohldefiniertheit der Multiplikation $\odot$ gezeigt.

(iii) Die Assoziativität der Multiplikation $\odot$ ergibt sich wie folgt aus Definition (6) und der Assoziativität der Multiplikation $\cdot$

$$(r_1 + \mathfrak{a}) \odot \big((r_2 + \mathfrak{a}) \odot (r_3 + \mathfrak{a})\big) = (r_1 + \mathfrak{a}) \odot \big((r_2 \cdot r_3) + \mathfrak{a}\big) =$$
$$\big(r_1 \cdot (r_2 \cdot r_3)\big) + \mathfrak{a} = \big((r_1 \cdot r_2) \cdot r_3\big) + \mathfrak{a} =$$
$$\big((r_1 \cdot r_2) + \mathfrak{a}\big) \odot (r_3 + \mathfrak{a}) = \big((r_1 + \mathfrak{a}) \odot (r_2 + \mathfrak{a})\big) \odot (r_3 + \mathfrak{a}).$$

(iv) Der Nachweis der Distributivgesetze ergibt sich ebenfalls aus Definition (6) und den Distributivgesetzen des Rings $(R, +, \cdot)$; beispielsweise haben wir

$$(r_1 + \mathfrak{a}) \odot \big((r_2 + \mathfrak{a}) \oplus (r_3 + \mathfrak{a})\big) = (r_1 + \mathfrak{a}) \odot \big((r_2 + r_3) + \mathfrak{a}\big)$$
$$= \big(r_1 \cdot (r_2 + r_3)\big) + \mathfrak{a} = \big((r_1 \cdot r_2) + (r_1 \cdot r_3)\big) + \mathfrak{a}$$
$$= \big((r_1 \cdot r_2) + \mathfrak{a}\big) \oplus \big((r_1 \cdot r_3) + \mathfrak{a}\big)$$
$$= (r_1 + \mathfrak{a}) \odot (r_2 + \mathfrak{a}) \oplus (r_1 + \mathfrak{a}) \odot (r_3 + \mathfrak{a}).$$

Damit ist $(R/\mathfrak{a}, \oplus, \odot)$ als Ring nachgewiesen. $\qquad\square$

Definition 3.22. Es seien $(R, +, \cdot)$ ein Ring und $\mathfrak{a}$ ein Ideal von R. Dann heißt der Ring $(R/\mathfrak{a}, \oplus, \odot)$ *der Faktorring von R nach dem Ideal* $\mathfrak{a}$.

Bemerkung 3.23. Es sei $f : (R, +, \cdot) \longrightarrow (S, +, \cdot)$ ein Ringhomomorphismus. Lemma 3.17 besagt, dass $\ker(f)$ ein Ideal von R ist; nach Satz 3.21 können wir den Faktorring $(R/\ker(f), \oplus, \odot)$ betrachten. Den gemäß Bemerkung 5.6 in Kapitel II gegebenen kanonischen Gruppenhomomorphismus

$$\pi : (R, +) \longrightarrow (R/\ker(f), \oplus),$$

definiert durch die Zuordnung $r \mapsto r + \ker(f)$, erkennen wir nun sogar als Ringhomomorphismus, denn es gilt

$$\pi(r_1 \cdot r_2) = (r_1 \cdot r_2) + \ker(f)$$
$$= \big(r_1 + \ker(f)\big) \odot \big(r_2 + \ker(f)\big)$$
$$= \pi(r_1) \odot \pi(r_2).$$

Wir sprechen in diesem Fall vom *kanonischen Ringhomomorphismus*.

Satz 3.24 (Homomorphiesatz für Ringe). *Es sei* $f : (R, +, \cdot)$ $\longrightarrow (S, +, \cdot)$ *ein Ringhomomorphismus. Dann induziert* f *einen eindeutig bestimmten, injektiven Ringhomomorphismus*

$$\bar{f} : (R/\ker(f), \oplus, \odot) \longrightarrow (S, +, \cdot)$$

mit der Eigenschaft $\bar{f}(r + \ker(f)) = f(r)$ *für alle* $r \in R$. *Man kann diese Aussage schematisch auch dadurch zum Ausdruck bringen, dass das nachfolgende Diagramm*

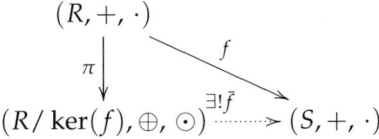

„kommutativ" ist, d. h. wir kommen zum gleichen Ergebnis, wenn wir direkt die Abbildung f *ausführen, oder, wenn wir zuerst* π *und danach die Abbildung* $\bar{f}$ *bilden.*

Beweis. Nach dem Homomorphiesatz für Gruppen 5.7 in Kapitel II existiert ein eindeutig bestimmter, injektiver Gruppenhomomorphismus

$$\bar{f} : (R/\ker(f), \oplus) \longrightarrow (S, +)$$

mit der Eigenschaft $\bar{f}(r + \ker(f)) = f(r)$ für alle $r \in R$. Es bleibt demnach noch zu zeigen, dass $\bar{f}$ auch die multiplikativen Strukturen respektiert. Unter Verwendung der Definition der Verknüpfung $\odot$, der Definition von $\bar{f}$ und der Ringhomomorphie von f berechnen wir das $\bar{f}$-Bild des Produkts der beiden Nebenklassen $r_1 + \ker(f)$ und $r_2 + \ker(f)$ zu

$$\bar{f}\big((r_1 + \ker(f)) \odot (r_2 + \ker(f))\big) = \bar{f}\big((r_1 \cdot r_2) + \ker(f)\big) =$$
$$f(r_1 \cdot r_2) = f(r_1) \cdot f(r_2) = \bar{f}(r_1 + \ker(f)) \cdot \bar{f}(r_2 + \ker(f)).$$

Damit ist $\bar{f}$ als Ringhomomorphismus nachgewiesen und der Homomorphiesatz für Ringe vollständig gezeigt. $\square$

Korollar 3.25. *Es sei* $f : (R, +, \cdot) \longrightarrow (S, +, \cdot)$ *ein surjektiver Ringhomomorphismus. Dann induziert* f *einen eindeutig bestimmten Ringisomorphismus*

$$\bar{f} : (R/\ker(f), \oplus, \odot) \cong (S, +, \cdot)$$

mit der Eigenschaft $\bar{f}(r + \ker(f)) = f(r)$ *für alle* $r \in R$. $\square$

Beispiel 3.26. (i) Wir greifen Beispiel 3.8 auf, in welchem wir eingesehen hatten, dass ein surjektiver Ringhomomorphismus

$$f : (\mathbb{Z}, +, \cdot) \longrightarrow (\mathcal{R}_n, \oplus, \odot)$$

mit $\ker(f) = n\mathbb{Z}$ besteht. Nach dem vorhergehenden Korollar 3.25 zum Homomorphiesatz für Ringe besteht damit die Ringisomorphie

$$(\mathbb{Z}/n\mathbb{Z}, \oplus, \odot) \cong (\mathcal{R}_n, \oplus, \odot),$$

welche durch die Zuordnung $a + n\mathbb{Z} \mapsto R_n(a)$ gegeben ist.

(ii) Es sei $(R, +, \cdot) = (\mathbb{Z}, +, \cdot)$ und $(S, +, \cdot)$ ein nullteilerfreier Ring mit Einselement 1. Durch die Zuordnung

$$n \mapsto \begin{cases} n \cdot 1 = \underbrace{1 + \ldots + 1}_{n\text{-mal}} & (n \in \mathbb{Z}, n \geq 0), \\ -((-n) \cdot 1) & (n \in \mathbb{Z}, n < 0) \end{cases}$$

wird ein Ringhomomorphismus $f : (\mathbb{Z}, +, \cdot) \longrightarrow (S, +, \cdot)$ definiert. Der Kern von f ist dabei gegeben durch das Ideal

$$\ker(f) = \{n \in \mathbb{Z} \mid n \cdot 1 = 0\}.$$

Wir unterscheiden nun die beiden folgenden Fälle:

(a) $\mathrm{char}(S) = 0$: In diesem Fall gilt definitionsgemäß $n \cdot 1 \neq 0$ für alle $n \in \mathbb{Z} \setminus \{0\}$, d. h. $\ker(f) = \{0\}$, was die Injektivität von f nach sich zieht. Damit enthält ein Ring der Charakteristik 0 den Ring der ganzen Zahlen $(\mathbb{Z}, +, \cdot)$ als Unterring.

(b) $\mathrm{char}(S) = p$: In diesem Fall gilt für die Primzahl p definitionsgemäß $p \cdot 1 = 0$, d. h. $\ker(f) = p\mathbb{Z}$. Nach dem Homomorphiesatz für Ringe erhalten wir somit einen injektiven Ringhomomorphismus $\bar{f} : \mathbb{Z}/p\mathbb{Z} \longrightarrow S$. Damit enthält ein Ring der Charakteristik p den Faktorring $(\mathbb{Z}/p\mathbb{Z}, \oplus, \odot) \cong (\mathcal{R}_p, \oplus, \odot)$ als Unterring.

Aufgabe 3.27. Finden Sie einen geeigneten Ringhomomorphismus $f : (\mathbb{Z}[X], +, \cdot) \longrightarrow (\mathbb{Z}, +, \cdot)$, so dass sich unter Anwendung des Korollars 3.25 für ein $a \in \mathbb{Z}$ ein Ringisomorphismus

$$(\mathbb{Z}[X]/(X - a), \oplus, \odot) \cong (\mathbb{Z}, +, \cdot)$$

ergibt.

Aufgabe 3.28. Formulieren und beweisen Sie ein Analogon zu der Gruppenisomorphie aus Aufgabe 5.11 in Kapitel II für Ringe.

4. Körper und Schiefkörper

Die Motivation, die Definition eines Rings zum Körperbegriff zu erweitern, kann erneut über das Bemühen gegeben werden, lineare Gleichungen möglichst uneingeschränkt lösbar zu machen. Ist $(R, +, \cdot)$ ein kommutativer Ring mit Einselement 1, so ist die Gleichung

$$a \cdot x = b \quad (a, b \in R) \tag{8}$$

in R lösbar, wenn a ein Inverses in R besitzt; die Lösung lautet dann $x = a^{-1} \cdot b$. Körper sind kommutative Ringe mit Einselement 1, für die jedes von Null verschiedene Element ein multiplikatives Inverses in R besitzt, und somit die Gleichung (8) immer in R lösbar ist mit Ausnahme $a = 0$ und $b \neq 0$.

Definition 4.1. Es sei $(R, +, \cdot)$ ein Ring mit Einselement 1. Dann bezeichnen wir die Menge der Einheiten von R mit $R^\times$, d. h.

$$R^\times = \{a \in R \mid a \text{ besitzt ein (multiplikatives) Inverses in } R\}.$$

Ein Ring $(R, +, \cdot)$ mit Einselement 1 heißt *Schiefkörper*, falls

$$R^\times = R \setminus \{0\}$$

gilt. Ein kommutativer Schiefkörper heißt *Körper*.

Bemerkung 4.2. (i) Es sei $(R, +, \cdot)$ ein Ring mit Einselement 1. Dann ist $(R^\times, \cdot)$ eine Gruppe mit dem Einselement 1 als neutralem Element. Wir nennen sie die *multiplikative Gruppe des Rings* $(R, +, \cdot)$.

(ii) Ist $(R, +, \cdot)$ ein Schiefkörper, so besitzt jedes $a \in R$, $a \neq 0$, ein (multiplikatives) Inverses $a^{-1} = \frac{1}{a} = 1/a \in R$. Die multiplikative Gruppe des Schiefkörpers $(R, +, \cdot)$ ist gegeben durch $(R \setminus \{0\}, \cdot)$.

(iii) Sind $(R, +, \cdot)$ ein Körper und $a, b \in R$ mit $b \neq 0$, so verwenden wir die Schreibweise

$$a \cdot b^{-1} = \frac{a}{b} = a/b.$$

Beispiel 4.3. Es sei p eine Primzahl. Dann ist der Ring $(\mathcal{R}_p, \oplus, \odot)$ ein Schiefkörper, ja sogar ein Körper. Die Situation ist speziell einfach für die Primzahl $p = 2$, für die wir einen Körper mit den beiden Elementen 0, 1 erhalten.

Aufgabe 4.4. Versuchen Sie einen Schiefkörper mit endlich vielen Elementen zu finden, der kein Körper ist.

Bemerkung 4.5. Wir werden später in Kapitel V die *Hamiltonschen Quaternionen* als Beispiel eines echten Schiefkörpers kennenlernen.

Lemma 4.6. *Es sei* $(K, +, \cdot)$ *ein Körper. Dann bestehen für* $a, b, c, d \in K$ *die folgenden Rechenregeln.*
(i)   *Falls* $b, c \neq 0$ *sind, gilt:*

$$\frac{a}{b} = \frac{a \cdot c}{b \cdot c}.$$

(ii)   *Falls* $b, d \neq 0$ *sind, gilt:*

$$\frac{a}{b} \pm \frac{c}{d} = \frac{a \cdot d \pm b \cdot c}{b \cdot d}.$$

(iii) *Falls* $b, d \neq 0$ *sind, gilt:*

$$\frac{a}{b} \cdot \frac{c}{d} = \frac{a \cdot c}{b \cdot d}.$$

Beweis. (i) Für $b, c \neq 0$ berechnen wir

$$\frac{a}{b} = a \cdot b^{-1} = a \cdot c \cdot c^{-1} \cdot b^{-1} = (a \cdot c) \cdot (b \cdot c)^{-1} = \frac{a \cdot c}{b \cdot c}.$$

(ii) Unter Verwendung der Kommutativität der Multiplikation und der Distributivgesetze berechnen wir für $b, d \neq 0$

$$\begin{aligned}
\frac{a}{b} \pm \frac{c}{d} &= a \cdot b^{-1} \pm c \cdot d^{-1} \\
&= (a \cdot d) \cdot (b \cdot d)^{-1} \pm (b \cdot c) \cdot (b \cdot d)^{-1} \\
&= (a \cdot d \pm b \cdot c) \cdot (b \cdot d)^{-1} \\
&= \frac{a \cdot d \pm b \cdot c}{b \cdot d}.
\end{aligned}$$

(iii) Unter Verwendung der Kommutativität der Multiplikation berechnen wir für $b, d \neq 0$

$$\frac{a}{b} \cdot \frac{c}{d} = (a \cdot b^{-1}) \cdot (c \cdot d^{-1}) = (a \cdot c) \cdot (b \cdot d)^{-1} = \frac{a \cdot c}{b \cdot d}.$$

$\square$

5. Konstruktion von Körpern aus Integritätsbereichen

In Analogie zum Vorgehen in Satz 6.5 in Kapitel II, in dem wir kommutative, reguläre Halbgruppen zu kommutativen Gruppen erweitert haben, wollen wir in diesem Abschnitt Integritätsbereiche in Körper einbetten.

Bemerkung 5.1. Dazu erinnern wir daran, dass gemäß Definition 2.9 ein Integritätsbereich $(R, +, \cdot)$ ein vom Nullring verschiedener, kommutativer und nullteilerfreier Ring ist. Dies bedeutet insbesondere, dass für vom Nullelement verschiedene Elemente $a, b \in R$ das Produkt ebenfalls $a \cdot b \neq 0$ erfüllt.

Überdies stellen wir für einen Integritätsbereich $(R, +, \cdot)$ fest, dass $(R \setminus \{0\}, \cdot)$ eine kommutative und reguläre Halbgruppe ist: Da $R \neq \{0\}$ gilt, ist $R \setminus \{0\}$ nicht leer. Aufgrund der vorhergehenden Beobachtung ist $R \setminus \{0\}$ bezüglich Multiplikation abgeschlossen; die Kommutativität der Multiplikation ist definitionsgemäß klar. Besteht für $a, b, c \in R \setminus \{0\}$ die Gleichheit $a \cdot c = b \cdot c$, so können wir dies in $(R, +, \cdot)$ umformen zu

$$(a - b) \cdot c = 0.$$

Da nun $c \neq 0$ ist, muss $a - b = 0$ gelten, was $a = b$ zur Folge hat, d. h. wir können mit c „kürzen". Dies beweist die Regularität der Halbgruppe $(R \setminus \{0\}, \cdot)$.

Satz 5.2. *Zu jedem Integritätsbereich $(R, +, \cdot)$ existiert ein eindeutig bestimmter Körper $(K, \oplus, \odot)$, welcher den beiden folgenden Eigenschaften genügt:*
(i)   *R ist eine Teilmenge von K und die Einschränkungen von $\oplus$ bzw. $\odot$ auf R stimmen mit den Verknüpfungen $+$ bzw. $\cdot$ überein.*
(ii)   *Ist $(K', \oplus', \odot')$ ein weiterer Körper mit der Eigenschaft (i), so ist K ein Unterkörper von K'.*

Beweis. Wir haben einen Existenz- und einen Eindeutigkeitsbeweis zu führen. Wir beginnen mit dem Eindeutigkeitsbeweis.

Eindeutigkeit: Der Eindeutigkeitsbeweis für den zu konstruierenden Körper $(K, \oplus, \odot)$ ergibt sich analog zum Eindeutigkeitsbeweis in Satz 6.5 in Kapitel II unter Verwendung der Eigenschaft (ii).

Existenz: Zum Existenzbeweis betrachten wir die Menge

$$M := R \times (R \setminus \{0\}) = \{(a, b) \mid a \in R, b \in R \setminus \{0\}\}$$

mit der Relation $\sim$

$$(a, b) \sim (c, d) \iff a \cdot d = b \cdot c \quad (a, c \in R; b, d \in R \setminus \{0\}).$$

Obgleich die gegenwärtige Ausgangslage derjenigen des Beweises von Satz 6.5 sehr ähnlich ist, ist dennoch der subtile Unterschied zu beachten, dass das jetzt betrachtete Mengenprodukt M eine Asymmetrie besitzt, da die beiden Faktoren nicht gleich sind.

Als erstes überlegen wir wie in Satz 6.5 in Kapitel II, dass die Relation $\sim$ eine Äquivalenzrelation ist.

(a) Reflexivität: Da die Multiplikation kommutativ ist, gilt für alle $a \in R$, $b \in R \setminus \{0\}$ die Gleichheit $a \cdot b = b \cdot a$, d. h. $(a, b) \sim (a, b)$. Damit ist die Relation $\sim$ reflexiv.

(b) Symmetrie: Es seien (a, b), $(c, d) \in M$ mit der Eigenschaft $(a, b) \sim (c, d)$, d. h. $a \cdot d = b \cdot c$. Da die Multiplikation kommutativ ist, schließen wir daraus $c \cdot b = d \cdot a$, was nichts anderes als $(c, d) \sim (a, b)$ bedeutet, d. h. $\sim$ ist symmetrisch.

(c) Transitivität: Es seien (a, b), (c, d), $(e, f) \in M$ mit der Eigenschaft $(a, b) \sim (c, d)$ und $(c, d) \sim (e, f)$. Damit haben wir die Gleichungen

$$a \cdot d = b \cdot c, \quad c \cdot f = d \cdot e. \tag{9}$$

Indem wir die linken bzw. rechten Seiten dieser beiden Gleichungen miteinander multiplizieren, erhalten wir unter Beachtung der Assoziativität und Kommutativität der Multiplikation die folgenden äquivalenten Gleichungen

$$(a \cdot d) \cdot (c \cdot f) = (b \cdot c) \cdot (d \cdot e),$$
$$a \cdot d \cdot c \cdot f = b \cdot c \cdot d \cdot e,$$
$$(a \cdot f) \cdot (d \cdot c) = (b \cdot e) \cdot (d \cdot c).$$

Falls $c \neq 0$ ist, so folgt mit $d \neq 0$ aufgrund der Nullteilerfreiheit von $(R, +, \cdot)$ auch $d \cdot c \neq 0$, und wir können $(d \cdot c)$ in der letzten Gleichung (von rechts) kürzen und erhalten

$$a \cdot f = b \cdot e,$$

was $(a, b) \sim (e, f)$ bedeutet. Ist hingegen $c = 0$, so ergibt sich aus (9), dass $a = e = 0$ gilt, was $(a, b) = (0, b) \sim (0, f) = (e, f)$ zur Folge hat. Damit ist die Relation $\sim$ auch transitiv.

Wir bezeichnen mit $[a, b] \subseteq M$ die Äquivalenzklasse des Paars $(a, b) \in M$ und mit K die Menge aller dieser Äquivalenzklassen; man schreibt dafür kurz

$$K := M / \sim .$$

Da der Ring $(R, +, \cdot)$ mindestens das Nullelement 0 und ein weiteres Element $h \neq 0$ enthält, besitzt die Menge M mindestens die beiden verschiedenen Äquivalenzklassen $[0, h]$ und $[h, h]$. Wir definieren jetzt zwei Verknüpfungen auf der Menge der Äquivalenzklassen K, die wir mit $\oplus$ und $\odot$ bezeichnen. Sind $[a, b], [a', b'] \in K$, so definieren wir dazu

$$[a, b] \oplus [a', b'] := [a \cdot b' + a' \cdot b, b \cdot b'],$$
$$[a, b] \odot [a', b'] := [a \cdot a', b \cdot b'].$$

Da diese Definitionen von der Wahl der Vertreter a, b bzw. a', b' der Äquivalenzklassen $[a, b]$ bzw. $[a', b']$ abhängen, muss zur Wohldefiniertheit der Verknüpfungen $\oplus$ und $\odot$ zuerst die Unabhängigkeit von dieser Wahl geklärt werden. Dazu seien (c, d) bzw. (c', d') weitere Vertreter von $[a, b]$ bzw. $[a', b']$. Wir haben dann zu zeigen, dass

$$[a \cdot b' + a' \cdot b, b \cdot b'] = [c \cdot d' + c' \cdot d, d \cdot d'],$$
$$[a \cdot a', b \cdot b'] = [c \cdot c', d \cdot d']$$

gilt.

(d) Wohldefiniertheit von $\oplus$: Da $(c, d) \in [a, b]$ bzw. $(c', d') \in [a', b']$ ist, haben wir

$$a \cdot d = b \cdot c \quad \text{bzw.} \quad a' \cdot d' = b' \cdot c'.$$

Damit berechnen wir unter Verwendung der Assoziativität, Kommutativität und Distributivität von R

$$(a \cdot b' + a' \cdot b) \cdot (d \cdot d') = (a \cdot d) \cdot (b' \cdot d') + (a' \cdot d') \cdot (b \cdot d) =$$
$$(b \cdot c) \cdot (b' \cdot d') + (b' \cdot c') \cdot (b \cdot d) = (b \cdot b') \cdot (c \cdot d' + c' \cdot d),$$

woraus die behauptete Äquivalenz

$$(a \cdot b' + a' \cdot b, b \cdot b') \sim (c \cdot d' + c' \cdot d, d \cdot d')$$

folgt.

(e) Wohldefiniertheit von $\odot$: Wiederum, da $(c, d) \in [a, b]$ bzw. $(c', d') \in [a', b']$ ist, haben wir

$$a \cdot d = b \cdot c \quad \text{bzw.} \quad a' \cdot d' = b' \cdot c'.$$

Multiplizieren wir diese beiden Gleichungen miteinander, so folgt unter Verwendung der Assoziativität und Kommutativität von R

$$(a \cdot d) \cdot (a' \cdot d') = (b \cdot c) \cdot (b' \cdot c') \Longleftrightarrow$$
$$(a \cdot a') \cdot (d \cdot d') = (b \cdot b') \cdot (c \cdot c'),$$

woraus die behauptete Äquivalenz

$$(a \cdot a', b \cdot b') \sim (c \cdot c', d \cdot d')$$

folgt.

Zusammengenommen haben wir mit $(K, \oplus, \odot)$ eine Menge mit den beiden Elementen $[0, h]$, $[h, h]$ und zwei Verknüpfungen vorliegen. In den drei nachfolgenden Schritten werden wir zeigen, dass $(K, \oplus, \odot)$ ein Körper ist. Wir beginnen mit dem Nachweis, dass $(K, \oplus)$ eine kommutative Gruppe mit dem neutralen Element $[0, h]$ ist.

(1) Die Menge K ist, wie bereits erkannt, nicht leer. Wir überlassen es dem Leser, nachzuweisen, dass die Verknüpfung $\oplus$ assoziativ ist. Die Kommutativität von $\oplus$ entnehmen wir der Rechnung (dazu seien $[a, b]$, $[a', b'] \in K$):

$$[a, b] \oplus [a', b'] = [a \cdot b' + a' \cdot b, b \cdot b'] =$$
$$[a' \cdot b + a \cdot b', b' \cdot b] = [a', b'] \oplus [a, b];$$

dabei haben wir die Kommutativität von $+$ und $\cdot$ verwendet.

Da $h \neq 0$ ist, bestehen die äquivalenten Gleichungen

$$a \cdot b = b \cdot a \Longleftrightarrow (a \cdot b) \cdot h = (b \cdot a) \cdot h \Longleftrightarrow (a \cdot h) \cdot b = (b \cdot h) \cdot a,$$

d.h. $(a \cdot h, b \cdot h) \sim (a, b)$. Damit erkennen wir, dass $[0, h]$ neutrales Element von $(K, \oplus)$ ist, denn wir haben für alle $[a, b] \in K$

$$[a, b] \oplus [0, h] = [a \cdot h + 0 \cdot b, b \cdot h] = [a \cdot h, b \cdot h] = [a, b].$$

Das additive Inverse des Elements $[a, b] \in K$ ist durch $[-a, b] \in K$ gegeben, denn wir haben

$$[a, b] \oplus [-a, b] = [a \cdot b - a \cdot b, b \cdot b] = [0, b \cdot b] = [0, h];$$

hierbei haben wir die Äquivalenz $(0, b \cdot b) \sim (0, h)$ benutzt. Damit haben wir $(K, \oplus)$ als kommutative Gruppe mit dem neutralen Element $[0, h]$ nachgewiesen.

(2) Als zweites zeigen wir, dass $(K \setminus \{[0, h]\}, \odot)$ eine kommutative Gruppe mit dem neutralen Element $[h, h]$ ist.

Wie bereits erwähnt, gilt $[h, h] \neq [0, h]$, d.h. es ist $[h, h] \in K \setminus \{[0, h]\}$, womit wir $K \setminus \{[0, h]\}$ als nicht-leer erkennen. Die Assoziativität der Verknüpfung $\odot$ ergibt sich sofort aus der Assoziativität von ·

$$
\begin{aligned}
[a, b] \odot ([a', b'] \odot [a'', b'']) &= [a, b] \odot [a' \cdot a'', b' \cdot b''] \\
&= [a \cdot (a' \cdot a''), b \cdot (b' \cdot b'')] \\
&= [(a \cdot a') \cdot a'', (b \cdot b') \cdot b''] \\
&= [a \cdot a', b \cdot b'] \odot [a'', b''] \\
&= ([a, b] \odot [a', b']) \odot [a'', b''].
\end{aligned}
$$

Der Nachweis der Kommutativität von $\odot$ folgt ebenso einfach unter Verwendung der Kommutativität von $\cdot$. Unter Verwendung der bereits benutzten Gleichheit von Äquivalenzklassen $[a \cdot h, b \cdot h] = [a, b]$ berechnen wir weiter

$$
[a, b] \odot [h, h] = [a \cdot h, b \cdot h] = [a, b].
$$

Damit erkennen wir, dass $[h, h]$ neutrales Element von $K \setminus \{[0, h]\}$ ist. Um schließlich das multiplikative Inverse eines Elements $[a, b] \in K \setminus \{[0, h]\}$ zu bestimmen, beachten wir, dass wegen $(a, b) \nsim (0, h)$ auch $a \neq 0$ gilt; damit ist auch $(b, a) \in M$. Wir behaupten nun, dass das multiplikative Inverse von $[a, b] \in K \setminus \{[0, h]\}$ durch das Element $[b, a]$ gegeben ist, welches nach dem eben Bemerkten auch wieder in $K \setminus \{[0, h]\}$ liegt. In der Tat haben wir

$$
[a, b] \odot [b, a] = [a \cdot b, b \cdot a] = [h, h],
$$

da $(a \cdot b) \cdot h = (b \cdot a) \cdot h$ ist. Damit haben wir $(K \setminus \{[0, h]\}, \odot)$ als kommutative Gruppe mit dem neutralen Element $[h, h]$ nachgewiesen.

(3) Zum vollständigen Nachweis der Körpereigenschaften von $(K, \oplus, \odot)$ sind noch die beiden Distributivgesetze zu bestätigen. Exemplarisch führen wir den Nachweis für die Gültigkeit eines dieser beiden Gesetze vor. Mit $[a, b], [a', b'],$

$[a'', b''] \in K$ berechnen wir

$$[a, b] \odot ([a', b'] \oplus [a'', b'']) = [a, b] \odot [a' \cdot b'' + a'' \cdot b', b' \cdot b'']$$
$$= [a \cdot (a' \cdot b'' + a'' \cdot b'), b \cdot (b' \cdot b'')]$$
$$= [a \cdot a' \cdot b'' + a \cdot a'' \cdot b', b \cdot b' \cdot b'']$$
$$= [(a \cdot a') \cdot (b \cdot b'') + (a \cdot a'') \cdot (b \cdot b'), (b \cdot b') \cdot (b \cdot b'')]$$
$$= [a \cdot a', b \cdot b'] \oplus [a \cdot a'', b \cdot b'']$$
$$= [a, b] \odot [a', b'] \oplus [a, b] \odot [a'', b''].$$

Insgesamt haben wir somit $(K, \oplus, \odot)$ als Körper mit dem Nullelement $[0, h]$ und dem Einselement $[h, h]$ nachgewiesen. Zum Abschluss des Beweises müssen wir noch zeigen, dass $(K, \oplus, \odot)$ die beiden im Satz genannten Eigenschaften (i), (ii) erfüllt, d. h. (i), dass R eine Teilmenge von K ist und die Einschränkungen von $\oplus$ bzw. $\odot$ auf R mit den Verknüpfungen $+$ bzw. $\cdot$ übereinstimmen, und (ii), dass $(K, \oplus, \odot)$ mit der Eigenschaft (i) minimal ist.

Um die Eigenschaft (i) nachzuprüfen, genügt es, eine injektive Abbildung $f : R \longrightarrow K$ zu finden, die die beiden Eigenschaften

$$f(a + b) = f(a) \oplus f(b) \qquad\qquad (a, b \in R), \qquad (10)$$
$$f(a \cdot b) = f(a) \odot f(b) \qquad\qquad (a, b \in R) \qquad (11)$$

erfüllt. Indem wir dann R mit seinem Bild $f(R) \subseteq K$ identifizieren, erhalten wir unter Berücksichtigung von (10) und (11) das Gewünschte. Wir definieren die Abbildung $f : R \longrightarrow K$ dadurch, dass wir dem Element $a \in R$ das Element $[a \cdot h, h] \in K$ zuordnen (das Element h hatten wir zur Konstruktion des Einselements $[h, h]$ von K herangezogen). Wir zeigen jetzt als erstes, dass f injektiv ist. Dazu seien $a, b \in R$ mit der Eigenschaft, dass

$$f(a) = f(b) \Longleftrightarrow [a \cdot h, h] = [b \cdot h, h] \Longleftrightarrow (a \cdot h, h) \sim (b \cdot h, h)$$

gilt. Dies ist aber unter Berücksichtigung der Eigenschaften des Integritätsbereichs $(R, +, \cdot)$ gleichbedeutend mit

$$(a \cdot h) \cdot h = h \cdot (b \cdot h) \iff a \cdot h^2 = b \cdot h^2 \iff a = b,$$

woraus die Injektivität von f folgt.

Zum Nachweis von (10) wählen wir zwei beliebige Elemente $a, b \in R$ und berechnen unter Berücksichtigung der Distributivität in $(R, +, \cdot)$

$$f(a + b) = [(a + b) \cdot h, h] = [a \cdot h + b \cdot h, h] =$$
$$[(a \cdot h) \cdot h + (b \cdot h) \cdot h, h \cdot h] =$$
$$[a \cdot h, h] \oplus [b \cdot h, h] = f(a) \oplus f(b).$$

Zum Nachweis von (11) wählen wir zwei beliebige Elemente $a, b \in R$ und berechnen unter Berücksichtigung der Assoziativität und Kommutativität von $\cdot$

$$f(a \cdot b) = [(a \cdot b) \cdot h, h] = [a \cdot b \cdot h, h] = [a \cdot b \cdot h \cdot h, h \cdot h] =$$
$$[(a \cdot h) \cdot (b \cdot h), h \cdot h] = [a \cdot h, h] \odot [b \cdot h, h] = f(a) \odot f(b).$$

Damit ist auch die Strukturtreue (10) bzw. (11) von f gezeigt, und $(K, \oplus, \odot)$ als Körper erkannt, welcher die Eigenschaft (i) erfüllt.

Zum Ende des Beweises zeigen wir schließlich, dass der eben konstruierte Körper $(K, \oplus, \odot)$ minimal ist. Dazu gehen wir wie am Schluss des Beweises von Satz 6.5 vor und zeigen, dass mit $[a \cdot h, h] \in K$ für $a \in R$, $a \neq 0$, auch $[h, a \cdot h] \in K$ folgt, und K als Körper notwendigerweise alle Elemente der Form $[a, b]$ mit $a \in R$ und $b \in R \setminus \{0\}$ enthalten muss, was die Minimalität von K bestätigt. $\qquad\square$

Aufgabe 5.3. Vervollständigen Sie den Beweis von Satz 5.2, indem Sie die Assoziativität von $\oplus$, die Kommutativität von $\odot$ und das zweite Distributivgesetz nachweisen.

Definition 5.4. Es sei $(R, +, \cdot)$ ein Integritätsbereich. Der in Satz 5.2 konstruierte Körper $(K, \oplus, \odot)$ wird der *Quotienten-*

körper von R genannt und mit Quot(R) bezeichnet. Die Elemente $[a, b] \in K$ werden üblicherweise in der Form $a \cdot b^{-1}$ oder $\frac{a}{b}$ oder a/b dargestellt.

Aufgabe 5.5.   Zeigen Sie: Wenn $(K, +, \cdot)$ ein Körper ist, so liefert die Konstruktion des Quotientenkörpers nichts Neues, d. h. es besteht ein Ringisomorphismus $(\text{Quot}(K), \oplus, \odot) \cong (K, +, \cdot)$.

6.   Die rationalen Zahlen

Wir wollen nun den in Satz 5.2 konstruierten Körper $(K, \oplus, \odot)$ am Beispiel des Integritätsbereichs $(R, +, \cdot) = (\mathbb{Z}, +, \cdot)$ genauer untersuchen. Dabei werden wir auf die Menge der *rationalen Zahlen* geführt werden.

Zunächst stellen wir fest, dass die auf dem Mengenprodukt $\mathbb{Z} \times (\mathbb{Z} \setminus \{0\})$ definierte Äquivalenzrelation $\sim$ jetzt die Form

$$(a, b) \sim (c, d) \Longleftrightarrow a \cdot d = b \cdot c \quad (a, b \in \mathbb{Z}; b, d \in \mathbb{Z} \setminus \{0\})$$

annimmt. Der Körper $(K, \oplus, \odot)$ ist gemäß dem Beweis von Satz 5.2 gegeben durch die Menge aller Äquivalenzklassen $\frac{a}{b} = [a, b]$ zu den Paaren $(a, b) \in \mathbb{Z} \times (\mathbb{Z} \setminus \{0\})$ und versehen mit den Verknüpfungen

$$\frac{a}{b} \oplus \frac{a'}{b'} = \frac{a \cdot b' + a' \cdot b}{b \cdot b'} \quad \text{und} \quad \frac{a}{b} \odot \frac{a'}{b'} = \frac{a \cdot a'}{b \cdot b'} \, ;$$

hierbei sind $\frac{a}{b}, \frac{a'}{b'} \in K$. Das Nullelement von $(K, \oplus, \odot)$ ist dabei durch das Element $\frac{0}{1}$, das Einselement von $(K, \oplus, \odot)$ durch das Element $\frac{1}{1}$ gegeben, wobei 0 bzw. 1 die ganze Zahl Null bzw. Eins bedeutet.

Dem Beweis von Satz 5.2 entnehmen wir, dass die Menge der ganzen Zahlen $\mathbb{Z}$ mit der Menge $\{\frac{a}{1} \mid a \in \mathbb{Z}\}$ in Bijektion steht; diese Bijektion wird durch die Zuordnung $a \mapsto [a \cdot 1, 1] = \frac{a}{1}$ induziert. Indem wir nun die Menge der ganzen

Zahlen $\mathbb{Z}$ mit der Menge $\left\{ \frac{a}{1} \mid a \in \mathbb{Z} \right\}$ identifizieren, d. h. $a = \frac{a}{1}$ setzen, können wir fortan $\mathbb{Z}$ als Teilmenge von K betrachten.

Definition 6.1. Wir bezeichnen den Körper $(K, \oplus, \odot)$ künftig durch $(\mathbb{Q}, +, \cdot)$ und nennen ihn den *Körper der rationalen Zahlen*. Als Menge können wir $\mathbb{Q}$ in der Form

$$\mathbb{Q} = \left\{ \frac{a}{b} \;\middle|\; a \in \mathbb{Z}, \, b \in \mathbb{Z} \setminus \{0\} \right\}$$

darstellen. Wir nennen die rationale Zahl $\frac{a}{b}$ den *Bruch* oder den *Quotienten der ganzen Zahlen a und b*; gelegentlich wird die rationale Zahl $\frac{a}{b}$ auch als *Bruchzahl* bezeichnet.

Bemerkung 6.2. (i) Mit den rationalen Zahlen $\frac{a}{b}$ und $\frac{a'}{b'}$ entdecken wir die uns bekannten Rechenregeln der Addition, Subtraktion und Multiplikation rationaler Zahlen wieder, nämlich

$$\frac{a}{b} \pm \frac{a'}{b'} = \frac{a \cdot b' \pm a' \cdot b}{b \cdot b'} \quad \text{und} \quad \frac{a}{b} \cdot \frac{a'}{b'} = \frac{a \cdot a'}{b \cdot b'}.$$

Ist $\frac{a}{b} \neq 0$, so finden wir die bekannte Regel

$$\left(\frac{a}{b} \right)^{-1} = \frac{b}{a}.$$

(ii) Das Nullelement 0 bzw. Einselement 1 der ganzen Zahlen $\mathbb{Z}$ ist gemäß obiger Identifikation gleichzeitig auch das Null- bzw. Einselement der rationalen Zahlen $\mathbb{Q}$.

(iii) Man sollte bei der Betrachtung des Quotienten $\frac{a}{b}$ immer vor Augen haben, dass sich dahinter eine Äquivalenzklasse verbirgt, z. B.

$$\frac{3}{5} = \frac{6}{10} = \frac{9}{15} = \dots,$$

d. h. die Paare ganzer Zahlen $(3, 5)$, $(6, 10)$, $(9, 15)$, $\dots$ sind alle Repräsentanten der rationalen Zahl $\frac{3}{5}$.

Allgemein verbirgt sich dahinter natürlich die durch die Konstruktion begründete Tatsache

$$\frac{a}{b} = \frac{c}{d} \iff a \cdot d = b \cdot c.$$

Aufgabe 6.3. Zeigen Sie: Jede rationale Zahl r hat genau einen Repräsentanten $(a, b) \in \mathbb{Z} \times (\mathbb{Z} \setminus \{0\})$, so dass a und b teilerfremd sind und $b \in \mathbb{N} \setminus \{0\}$ ist.

Aufgabe 6.4. Beweisen Sie, dass die Menge der rationalen Zahlen $\mathbb{Q}$ abzählbar ist.

Definition 6.5. Wir erweitern die in Definition 7.4 in Kapitel II auf der Menge $\mathbb{Z}$ der ganzen Zahlen gegebene Relation „<" bzw. „≤" auf die Menge $\mathbb{Q}$ der rationalen Zahlen, indem wir für zwei rationale Zahlen $\frac{a}{b}$, $\frac{a'}{b'}$

$$\frac{a}{b} < \frac{a'}{b'} \iff \begin{cases} a \cdot b' < a' \cdot b, \\ \quad \text{falls } b > 0, b' > 0 \text{ oder } b < 0, b' < 0, \\ a \cdot b' > a' \cdot b, \\ \quad \text{falls } b > 0, b' < 0 \text{ oder } b < 0, b' > 0 \end{cases}$$

bzw.

$$\frac{a}{b} \leq \frac{a'}{b'} \iff \begin{cases} a \cdot b' \leq a' \cdot b, \\ \quad \text{falls } b > 0, b' > 0 \text{ oder } b < 0, b' < 0, \\ a \cdot b' \geq a' \cdot b, \\ \quad \text{falls } b > 0, b' < 0 \text{ oder } b < 0, b' > 0 \end{cases}$$

festlegen. Entsprechend lassen sich auch die Relationen „>" bzw. „≥" auf die Menge $\mathbb{Q}$ der rationalen Zahlen erweitern.

Bemerkung 6.6. Mit der Relation „<" wird die Menge der rationalen Zahlen $\mathbb{Q}$ eine *geordnete Menge*, d. h. es bestehen die drei folgenden Aussagen:

(i) Für je zwei Elemente $\frac{a}{b}$, $\frac{a'}{b'} \in \mathbb{Q}$ gilt entweder $\frac{a}{b} < \frac{a'}{b'}$ oder $\frac{a'}{b'} < \frac{a}{b}$ oder $\frac{a}{b} = \frac{a'}{b'}$.

(ii) Die drei Relationen $\frac{a}{b} < \frac{a'}{b'}$, $\frac{a'}{b'} < \frac{a}{b}$, $\frac{a}{b} = \frac{a'}{b'}$ schließen sich gegenseitig aus.

(iii) Aus $\frac{a}{b} < \frac{a'}{b'}$ und $\frac{a'}{b'} < \frac{a''}{b''}$ folgt $\frac{a}{b} < \frac{a''}{b''}$. Entsprechendes gilt für die Relation „>".

Aufgabe 6.7. Überlegen Sie sich, wie Sie die Additions- und Multiplikationsregeln aus Bemerkung 1.16 in Kapitel I auf die rationalen Zahlen verallgemeinern können, und beweisen Sie diese.

Definition 6.8. Es sei $\frac{a}{b} \in \mathbb{Q}$ eine rationale Zahl. Dann setzen wir

$$\left| \frac{a}{b} \right| := \begin{cases} a \cdot b^{-1}, & \text{falls } a \cdot b^{-1} \geq 0, \\ -a \cdot b^{-1}, & \text{falls } a \cdot b^{-1} < 0. \end{cases}$$

Wir nennen die rationale Zahl $\left| \frac{a}{b} \right|$ den *Betrag der rationalen Zahl* $\frac{a}{b}$.

7. ZPE-Ringe, Hauptidealringe und Euklidische Ringe

Zum Abschluss dieses Kapitels wollen wir versuchen, im Rahmen eines Ausblicks die uns aus Kapitel II vertraute Teilbarkeitslehre des Rings $(\mathbb{Z}, +, \cdot)$ auf Integritätsbereiche $(R, +, \cdot)$ mit Einselement 1 zu übertragen. Dabei legen wir insbesondere auf die Bestimmung des größten gemeinsamen Teilers wert. In diesem Abschnitt sei $(R, +, \cdot)$ durchwegs ein Integritätsbereich mit Einselement 1.

Wir beginnen mit der entsprechenden Verallgemeinerung des Teilbarkeitsbegriffs aus Definition 2.1 in Kapitel I.

Definition 7.1. Ein Element $b \in R$, $b \neq 0$, *teilt* ein Element $a \in R$, in Zeichen $b \mid a$, wenn ein Element $c \in R$ mit $a = b \cdot c$ existiert. Wir sagen auch, dass b ein *Teiler von* a ist. Weiter

heißt $b \in R$ *gemeinsamer Teiler von* a_1, $a_2 \in R$, falls c_1, $c_2 \in R$
mit $a_j = b \cdot c_j$ für $j = 1$, 2 existieren.

Als nächstes übertragen wir die Begriffe des größten gemeinsamen Teilers und des kleinsten gemeinsamen Vielfachen der
Definitionen 4.1 und 4.7 in Kapitel I auf Integritätsbereiche
mit Einselement 1.

Definition 7.2. Es seien a, b Elemente von R, die nicht beide
zugleich gleich dem Nullelement 0 sind. Ein Element $d \in R$
mit den beiden Eigenschaften
(i) $d \mid a$ und $d \mid b$, d. h. d ist gemeinsamer Teiler von a, b;
(ii)   für alle $x \in R$ mit $x \mid a$ und $x \mid b$ folgt $x \mid d$, d. h. jeder
       gemeinsame Teiler von a, b teilt d,
heißt *größter gemeinsamer Teiler von a und b.*

Definition 7.3. Es seien a, b Elemente von R, die beide vom
Nullelement 0 verschieden sind. Ein Element $m \in R$ mit den
beiden Eigenschaften
(i) $a \mid m$ und $b \mid m$, d. h. m ist gemeinsames Vielfaches von
       a, b;
(ii)   für alle $y \in R$ mit $a \mid y$ und $b \mid y$ folgt $m \mid y$, d. h. jedes
       gemeinsame Vielfache von a, b ist Vielfaches von m,
heißt *kleinstes gemeinsames Vielfaches von a und b.*

Aufgabe 7.4. Bestimmen Sie den größten gemeinsamen Teiler und
das kleinste gemeinsame Vielfache der Polynome $20X$ und $10X^2 +
4X - 6$ im Polynomring $\mathbb{Z}[X]$.

Bemerkung 7.5. Sobald wir den Ring der ganzen Zahlen ver-
lassen, ist es nicht klar, ob der größte gemeinsame Teiler zweier Ringelemente überhaupt existiert. Falls sich ein größter gemeinsamer Teiler d findet, so wissen wir, dass alle zu d assozi-
ierten Elemente, d. h. alle Produkte $e \cdot d$ mit $e \in R^\times$, ebenfalls
die Eigenschaften eines größten gemeinsamen Teilers erfül-
len, d. h. es ergibt im allgemeinen keinen Sinn, von *dem* größ-

ten gemeinsamen Teiler zu sprechen. Ebenso verhält es sich mit dem Begriff des kleinsten gemeinsamen Vielfachen.

Schließlich übertragen wir noch den Primzahlbegriff auf Integritätsbereiche mit Einselement 1.

Definition 7.6. Ein Element $p \in R \setminus R^\times$, $p \neq 0$, heißt *unzerlegbares Element* (oder *Primelement* oder *irreduzibles Element*), falls es nur durch Einheiten von R und Assoziierte von sich selbst teilbar ist.

Ein Element $a \in R \setminus R^\times$, $a \neq 0$, das nicht unzerlegbar ist, heißt *zerlegbares Element*.

Beispiel 7.7. Im Integritätsbereich $\mathbb{Z}$ sind die Einheiten gegeben durch ± 1; die unzerlegbaren Elemente sind die ganzen Zahlen $\pm p$, wobei p eine Primzahl ist.

Aufgabe 7.8. Finden Sie unzerlegbare Elemente im Polynomring $\mathbb{Z}[X]$ bzw. $\mathbb{Q}[X]$. Beachten Sie die unterschiedlichen multiplikativen Gruppen dieser Ringe.

Bemerkung 7.9. Erinnern wir uns an den Aufbau von Kapitel I, so stellen wir fest, dass die Bestimmung des größten gemeinsamen Teilers eine unmittelbare Folge aus dem Fundamentalsatz der elementaren Zahlentheorie ist. Um der Frage nach der Existenz des größten gemeinsamen Teilers in Integritätsbereichen nachzugehen, ist man damit auf die Frage nach der Existenz und Eindeutigkeit (bis auf die Reihenfolge und Assoziiertheit der Faktoren) einer Faktorisierung zerlegbarer Elemente in unzerlegbare in solchen Ringen geführt. Als Negativergebnis merken wir an dieser Stelle an, dass wir im weiteren Verlauf unserer Betrachtungen Beispiele von Integritätsbereichen kennenlernen werden, in denen ein Analogon des Fundamentalsatzes verletzt ist. Vor diesem Hintergrund erweist es sich als nützlich, die Teilbarkeitslehre auf Ideale auszudehnen.

Definition 7.10. Es seien $\mathfrak{a}$ und $\mathfrak{b}$ Ideale von R. Das Ideal $\mathfrak{b}$
teilt das Ideal $\mathfrak{a}$, in Zeichen $\mathfrak{b} \mid \mathfrak{a}$, falls die Inklusion $\mathfrak{b} \supseteq \mathfrak{a}$
besteht.

Der Zusammenhang zwischen dem Teilbarkeitsbegriff von
Elementen und Idealen wird durch das folgende Lemma geklärt.

Lemma 7.11. *Es seien* $\mathfrak{a} = (a)$ *und* $\mathfrak{b} = (b)$ *Hauptideale von* R.
Dann besteht die Äquivalenz

$$b \mid a \Longleftrightarrow \mathfrak{b} \mid \mathfrak{a}.$$

Beweis. (i) Gilt $b \mid a$, so existiert $c \in R$ mit $a = b \cdot c$. Damit folgt

$$\mathfrak{a} = (a) = a \cdot R = (b \cdot c) \cdot R \subseteq b \cdot R = (b) = \mathfrak{b}.$$

Dies zeigt $\mathfrak{b} \supseteq \mathfrak{a}$, d. h. $\mathfrak{b} \mid \mathfrak{a}$.
    (ii) Es gelte $\mathfrak{b} \mid \mathfrak{a}$, d. h. gemäß obiger Definition

$$(b) = \mathfrak{b} \supseteq \mathfrak{a} = (a).$$

Da nun $a \in (a)$ ist, gilt auch $a \in (b)$, und es muss somit ein
$c \in R$ mit $a = b \cdot c$ geben. Dies zeigt $b \mid a$. $\square$

Definition 7.12. Es seien $\mathfrak{a}$ und $\mathfrak{b}$ Ideale von R. Dann nennen
wir die Menge

$$\mathfrak{a} + \mathfrak{b} := \{a + b \mid a \in \mathfrak{a},\ b \in \mathfrak{b}\}$$

die *Summe der Ideale* $\mathfrak{a}$ *und* $\mathfrak{b}$.

Lemma 7.13. *Es seien* $\mathfrak{a}$ *und* $\mathfrak{b}$ *Ideale von* R. *Dann gilt:*
(i)   *Die Summe* $\mathfrak{a} + \mathfrak{b}$ *der Ideale* $\mathfrak{a}$ *und* $\mathfrak{b}$ *ist ein Ideal von* R. *Es ist*
       das kleinste Ideal, das die Ideale $\mathfrak{a}$ *und* $\mathfrak{b}$ *umfasst.*
(ii)   *Der Durchschnitt* $\mathfrak{a} \cap \mathfrak{b}$ *der Ideale* $\mathfrak{a}$ *und* $\mathfrak{b}$ *ist ein Ideal von* R.
       Es ist das größte Ideal, das in den Idealen $\mathfrak{a}$ *und* $\mathfrak{b}$ *enthalten*
       ist.

Beweis. (i) Mit Hilfe des Untergruppenkriteriums 2.25 in Kapitel II verifiziert man leicht, dass $(\mathfrak{a} + \mathfrak{b}, +)$ eine Untergruppe von $(R, +)$ ist. Für $r \in R$ und $a + b \in \mathfrak{a} + \mathfrak{b}$ ergibt sich weiter

$$r(a + b) = r \cdot a + r \cdot b \in \mathfrak{a} + \mathfrak{b}.$$

Dies beweist, dass $\mathfrak{a} + \mathfrak{b}$ ein Ideal von R ist. Würde man ein Element aus $\mathfrak{a} + \mathfrak{b}$ entfernen, so hätte dies zur Folge, dass man entweder ein Element von $\mathfrak{a}$ oder $\mathfrak{b}$ verliert. Dies zeigt, dass $\mathfrak{a} + \mathfrak{b}$ das kleinste Ideal ist, das sowohl $\mathfrak{a}$ als auch $\mathfrak{b}$ umfasst.

(ii) Wir überlassen diesen Teil des Beweises dem Leser als Übungsaufgabe. □

Aufgabe 7.14. Führen Sie Teil (ii) des Beweises von Lemma 7.13 durch.

Bemerkung 7.15. Wir machen darauf aufmerksam, dass die Vereinigung zweier Ideale in der Regel kein Ideal ist. Beispielsweise ist die Vereinigung der Ideale $\mathfrak{a} = 2\mathbb{Z}$ und $\mathfrak{b} = 3\mathbb{Z}$ wegen $2 + 3 = 5 \notin 2\mathbb{Z} \cup 3\mathbb{Z}$ nicht einmal unter der Addition abgeschlossen.

Lemma 7.13 in Verbindung mit Definition 7.10 motiviert die folgende Definition.

Definition 7.16. Es seien $\mathfrak{a}$ und $\mathfrak{b}$ Ideale von R. Dann heißt das Summenideal $\mathfrak{a} + \mathfrak{b}$ der *größte gemeinsame Teiler der Ideale* $\mathfrak{a}$ *und* $\mathfrak{b}$; wir schreiben dafür $(\mathfrak{a}, \mathfrak{b})$.

Das Durchschnittsideal $\mathfrak{a} \cap \mathfrak{b}$ heißt das *kleinste gemeinsame Vielfache der Ideale* $\mathfrak{a}$ *und* $\mathfrak{b}$; wir schreiben dafür $[\mathfrak{a}, \mathfrak{b}]$.

Wir diskutieren nun drei Klassen von Integritätsbereichen $(R, +, \cdot)$ mit Einselement 1, für die der größte gemeinsame Teiler zweier Elemente existiert. In jedem Fall gehen wir auch auf die Berechnung des größten gemeinsamen Teilers ein. Dazu bezeichnen wir einen größten gemeinsamen Teiler von

$a, b \in R$ im Folgenden wie gewohnt mit (a, b). Wir müssen dabei allerdings beachten, dass (a, b) nur bis auf Multiplikation mit Einheiten von R eindeutig bestimmt ist. Dagegen ist das von (a, b) in R erzeugte Hauptideal $((a, b))$ eindeutig festgelegt.

7.1 ZPE-Ringe

Definition 7.17. Ein Integritätsbereich $(R, +, \cdot)$ mit Einselement 1 heißt *ZPE-Ring* (d. h. *Ring mit eindeutiger Primfaktorzerlegung*), falls jede vom Nullelement 0 verschiedene Nicht-Einheit (d. h. jedes $a \in R \setminus R^{\times}, a \neq 0$) eindeutig (bis auf die Reihenfolge und Assoziiertheit der Faktoren) als Potenzprodukt von unzerlegbaren Elementen dargestellt werden kann. ZPE-Ringe werden auch *faktorielle Ringe* genannt.

Beispiel 7.18. (i) Der Ring $(\mathbb{Z}, +, \cdot)$ ist nach Satz 1.8 ein ZPE-Ring.

(ii) Die Menge $\mathbb{Q}[X]$ der Polynome in der Variablen X mit rationalen Koeffizienten wird mit der bekannten Addition und Multiplikation von Polynomen in natürlicher Weise zu einem Integritätsbereich $(\mathbb{Q}[X], +, \cdot)$ mit Einselement 1. Man erkennt auch $(\mathbb{Q}[X], +, \cdot)$ als ZPE-Ring.

Lemma 7.19. *Es sei* $(R, +, \cdot)$ *ein ZPE-Ring. Weiter seien* a, b *Elemente von* R, *die nicht beide zugleich gleich dem Nullelement 0 sind, mit den (bis auf die Reihenfolge und Assoziiertheit der Faktoren) eindeutigen Zerlegungen in Potenzprodukte unzerlegbarer Elemente*

$$a = \prod_{\substack{p \in R \\ p \text{ unzerl.}}} p^{a_p}, \quad b = \prod_{\substack{p \in R \\ p \text{ unzerl.}}} p^{b_p}.$$

Dann berechnet sich ein größter gemeinsamer Teiler (a, b) *von* a *und* b *zu*

$$(a, b) = \prod_{\substack{p \in R \\ p \text{ unzerl.}}} p^{d_p},$$

wobei $d_p := \min(a_p, b_p)$ *ist.*

Beweis. Der Beweis verläuft vollständig analog zum Beweis von Satz 4.3 in Kapitel I. $\square$

Bemerkung 7.20. Wir werden später Beispiele von Ringen kennenlernen, die keine ZPE-Ringe sind. Der folgende Satz, den wir ohne Beweis angeben, deutet an, warum es nicht so einfach ist, nicht-faktorielle Ringe zu finden.

Satz 7.21 (Satz von Gauß). *Wenn* $(R, +, \cdot)$ *ein ZPE-Ring ist, dann ist auch der Polynomring* $(R[X], +, \cdot)$ *ein ZPE-Ring.* $\square$

7.2 Hauptidealringe

Definition 7.22. Ein Integritätsbereich $(R, +, \cdot)$ mit Einselement 1 heißt *Hauptidealring*, falls jedes Ideal von R ein Hauptideal ist, d. h. zu jedem Ideal $\mathfrak{a}$ von R existiert ein $a \in R$ mit $\mathfrak{a} = (a)$.

Beispiel 7.23. (i) Der Ring $(\mathbb{Z}, +, \cdot)$ ist nach Lemma 3.19 ein Hauptidealring.

(ii) Es lässt sich zeigen, dass der Polynomring $(\mathbb{Q}[X], +, \cdot)$ auch ein Hauptidealring ist. Vergleiche hierzu auch das nachfolgende Beispiel 7.33.

Aufgabe 7.24. Wir hatten bereits gesehen, dass $(\mathbb{Z}[X], +, \cdot)$ kein Hauptidealring ist. Versuchen Sie, weitere solche Beispiele zu konstruieren.

Der folgende Satz erklärt den Zusammenhang zwischen ZPE-Ringen und Hauptidealringen; wir zitieren ihn ohne Beweis.

Satz 7.25. *Jeder Hauptidealring ist ein ZPE-Ring.* $\square$

Bemerkung 7.26. Die Umkehrung gilt nicht: $(\mathbb{Z}[X], +, \cdot)$ ist zwar nach dem Satz von Gauß ein ZPE-Ring, aber kein Hauptidealring.

Lemma 7.27. *Es sei $(R, +, \cdot)$ ein Hauptidealring. Weiter seien a, b Elemente von R, die nicht beide zugleich gleich dem Nullelement 0 sind. Das Summenideal $(a) + (b)$ ist ein Hauptideal, d. h. es gibt ein $d \in R$ mit*

$$(a) + (b) = (d).$$

Dann ist d ein größter gemeinsamer Teiler von a und b, d. h. $d = (a, b)$.

Beweis. Wir haben zu zeigen, dass d die beiden Eigenschaften
(i) $d \mid a$ und $d \mid b$,
(ii)   für alle $x \in R$ mit $x \mid a$ und $x \mid b$ folgt $x \mid d$
erfüllt.

Ad (i): Da konstruktionsgemäß $(a) \subseteq (a) + (b) = (d)$ und $(b) \subseteq (a) + (b) = (d)$ gilt, erhalten wir mit Lemma 7.11 unmittelbar $d \mid a$ und $d \mid b$.

Ad (ii): Es sei $x \in R$ ein gemeinsamer Teiler von a und b. Dann impliziert Lemma 7.11, dass

$$(a) \subseteq (x) \quad \text{und} \quad (b) \subseteq (x)$$

gilt. Damit ist aber auch das Summenideal $(d) = (a) + (b)$ im Hauptideal (x) enthalten, d. h. $(d) \subseteq (x)$. Nach nochmaliger Anwendung von Lemma 7.11 folgt jetzt $x \mid d$.   □

Lemma 7.28. *Es sei $(R, +, \cdot)$ ein Hauptidealring. Weiter seien a, b Elemente von R, die nicht beide zugleich gleich dem Nullelement 0 sind. Dann existieren $x, y \in R$ derart, dass ein größter gemeinsamer Teiler (a, b) von a, b gegeben ist durch*

$$(a, b) = x \cdot a + y \cdot b.$$

Beweis. Nach Lemma 7.27 ist ein größter gemeinsamer Teiler $d = (a, b)$ von a, b bestimmt durch die Idealgleichung

$$(d) = (a) + (b),$$

d. h. es gilt insbesondere $d \in (a) + (b)$. Da nun die Elemente des Summenideals $(a) + (b)$ gegeben sind durch

$$\begin{aligned}(a) + (b) &= \{a' + b' \mid a' \in (a),\ b' \in (b)\} \\ &= \{r \cdot a + s \cdot b \mid r,\ s \in R\},\end{aligned}$$

ist d von der Form

$$d = x \cdot a + y \cdot b$$

mit x, $y \in R$.   □

7.3   Euklidische Ringe

Definition 7.29. Ein Integritätsbereich $(R, +, \cdot)$ mit Einselement 1 heißt *Euklidischer Ring*, falls eine Abbildung $w : R \setminus \{0\} \longrightarrow \mathbb{Q}$ mit den beiden folgenden Eigenschaften existiert:

(i)   *(Division mit Rest)*. Sind $a, b \in R$, $b \neq 0$, so finden sich $q, r \in R$ derart, dass $a = q \cdot b + r$ mit $w(r) < w(b)$ oder $r = 0$ gilt.

(ii)   Zu vorgegebenem $s \in \mathbb{Q}$ ist die Wertemenge

$$W(s) := \big\{w(a) \mid a \in R \setminus \{0\},\ w(a) < s\big\}$$

endlich.

Beispiel 7.30. Der Ring der ganzen Zahlen $(\mathbb{Z}, +, \cdot)$ wird mit der Betragsabbildung $w : \mathbb{Z} \setminus \{0\} \longrightarrow \mathbb{Q}$, gegeben durch $w(a) := |a|$ $(a \in \mathbb{Z} \setminus \{0\})$, zu einem Euklidischen Ring. Die Gültigkeit von Eigenschaft (i) aus Definition 7.29 ist eine unmittelbare Folge aus Satz 1.4, der Division mit Rest ganzer Zahlen; Eigenschaft (ii) ist deshalb erfüllt, weil es zu gegebener rationaler Zahl s höchstens endlich viele ganze Zahlen mit Betrag kleiner als s gibt.

Satz 7.31. *Jeder Euklidische Ring $(R, +, \cdot)$ ist ein Hauptideal-ring.*

Beweis. Es sei $(R, +, \cdot)$ ein Euklidischer Ring mit der Werteab-bildung $w : R \setminus \{0\} \longrightarrow \mathbb{Q}$. Wir haben zu zeigen, dass jedes Ideal $\mathfrak{a} \subseteq R$ ein Hauptideal ist. Ist $\mathfrak{a}$ das Nullideal, so gilt $\mathfrak{a} = (0)$, und wir sind fertig. Wir nehmen für das folgende also an, dass $\mathfrak{a} \neq (0)$ gilt. Somit enthält $\mathfrak{a}$ mindestens ein Element $a_0 \neq 0$; es sei $w_0 := w(a_0) \in \mathbb{Q}$ der Wert von a_0. Aufgrund von Eigenschaft (ii) aus Definition 7.29 ist die Menge

$$\big\{ w(a) \,|\, a \in \mathfrak{a} \setminus \{0\}, \ w(a) < w_0 \big\}$$

endlich. Es findet sich somit ein $a \in \mathfrak{a}$, $a \neq 0$, mit minimalem Wert $w(a)$. Es sei nun $b \in \mathfrak{a}$ ein beliebiges Element. Unter Ver-wendung von Eigenschaft (i) dividieren wir b mit Rest durch a, d. h. wir bestimmen $q, r \in R$ derart, dass

$$b = q \cdot a + r$$

mit $r = 0$ oder $w(r) < w(a)$ gilt. Wäre jetzt $r \neq 0$, so wäre $r = b - q \cdot a$ ein vom Nullelement verschiedenes Element von $\mathfrak{a}$ mit einem Wert $w(r)$, der echt kleiner als der Wert $w(a)$ von a ist. Dies widerspricht aber der Wahl von a, d. h. es muss $r = 0$ gelten. Somit haben wir $b = q \cdot a$, also $\mathfrak{a} = (a)$. $\square$

Bemerkung 7.32. Wir bemerken, dass wir in Definition 7.29 die Existenz eines Einselements 1 nicht hätten fordern müs-sen; dieses ergibt sich aus den übrigen Forderungen automa-tisch: Da $(R, +, \cdot)$ ein Integritätsbereich ist, ist das Ideal $\mathfrak{a} = R$ nicht-trivial, d. h. es existiert $a \in R$, $a \neq 0$, mit minimalem Wert $w(a) \in \mathbb{Q}$. Indem wir nun a mit Rest durch sich selbst di-vidieren, erhalten wir wie im vorhergehenden Beweis $a = e \cdot a$ mit einem $e \in R$. Nach Kürzen mit a finden wir das gesuchte Einselement $e = 1$.

Beispiel 7.33. Wir erkennen den Polynomring $(\mathbb{Q}[X], +, \cdot)$ wie folgt als Euklidischen Ring: Zunächst ist $(\mathbb{Q}[X], +, \cdot)$ ein

Integritätsbereich. Ist nun $P \in \mathbb{Q}[X]$ ein vom Nullpolynom verschiedenes Polynom, so können wir diesem den Grad $\deg(P)$ zuordnen, welcher gegeben ist als diejenige natürliche Zahl, die als größter Exponent in P auftritt. Wir erhalten damit eine Abbildung

$$\deg : \mathbb{Q}[X] \setminus \{0\} \longrightarrow \mathbb{N} \subseteq \mathbb{Q}.$$

Die Division mit Rest für Polynome zeigt, dass Eigenschaft (i) aus Definition 7.29 erfüllt ist. Die Gültigkeit von Eigenschaft (ii) entnimmt man daraus, dass nur endlich viele Möglichkeiten für den Grad unterhalb einer vorgegebenen rationalen Zahl bestehen.

Im vorhergehenden Unterabschnitt haben wir in Lemma 7.28 erkannt, dass sich in Hauptidealringen $(R, +, \cdot)$ ein größter gemeinsamer Teiler d zweier Elemente a, $b \in R$ als *Linearkombination* $d = x \cdot a + y \cdot b$ darstellen lässt. Dabei konnte aber außer über die Existenz von x, $y \in R$ keine Aussagen über die explizite Bestimmung dieser beiden Elemente gemacht werden. Als Konsequenz aus dem nachfolgenden Satz wird sich aber auch dieses Problem klären.

Satz 7.34 (Euklidischer Algorithmus). *Es seien $(R, +, \cdot)$ ein Euklidischer Ring und a, $b \in R$ mit $b \neq 0$. Wir betrachten dann die fortgesetzte Division mit Rest, welche zu dem Schema*

$$\begin{aligned}
a &= q_1 \cdot b + r_1, & 0 &< w(r_1) < w(b) & oder\ r_1 &= 0; \\
b &= q_2 \cdot r_1 + r_2, & 0 &< w(r_2) < w(r_1) & oder\ r_2 &= 0; \\
r_1 &= q_3 \cdot r_2 + r_3, & 0 &< w(r_3) < w(r_2) & oder\ r_3 &= 0; \\
&\ \ \vdots & &\ \ \vdots & &\vdots \quad \vdots \\
r_{n-2} &= q_n \cdot r_{n-1} + r_n, & 0 &< w(r_n) < w(r_{n-1}) & oder\ r_n &= 0; \\
r_{n-1} &= q_{n+1} \cdot r_n + r_{n+1}, & 0 &< w(r_{n+1}) < w(r_n) & oder\ r_{n+1} &= 0; \\
&\ \ \vdots & &\ \ \vdots & &\vdots \quad \vdots
\end{aligned}$$

führt. Dieses Verfahren bricht nach endlichen vielen Schritten ab, d. h. es findet sich ein $n \in \mathbb{N}$ derart, dass $r_{n+1} = 0$ ist. Überdies ist *der letzte, nicht verschwindende Rest r_n ein größter gemeinsamer Teiler von a und b.*

Beweis. Da $(R, +, \cdot)$ ein Euklidischer Ring ist, ist die Wertemenge

$$W\big(w(b)\big) := \big\{ w(a) \,\big|\, a \in R \setminus \{0\}, \; w(a) < w(b) \big\}$$

endlich. Dies hat zur Folge, dass die fortgesetzte Division mit Rest nach endlich vielen Schritten abbrechen muss, d. h. dass sich ein $n \in \mathbb{N}$ derart findet, dass $r_{n+1} = 0$ ist; r_n bezeichnet dann im Folgenden den letzten, nicht verschwindenden Rest.

Wir zeigen jetzt, dass $r_n = (a, b)$ gilt. Dazu haben wir für r_n die beiden Eigenschaften aus Definition 7.2 eines größten gemeinsamen Teilers zu verifizieren.

(i) Wir zeigen zuerst, dass r_n ein gemeinsamer Teiler von a und b ist. Indem wir im vorhergehenden Schema die letzte Zeile betrachten, erkennen wir, dass $r_n \mid r_{n-1}$ gilt. Der zweitletzten Zeile $r_{n-2} = q_n \cdot r_{n-1} + r_n$ entnehmen wir somit, dass die Teilbarkeit $r_n \mid r_{n-2}$ besteht. Indem wir uns in dem Schema in dieser Weise sukzessive hocharbeiten, erhalten wir schließlich $r_n \mid b$ und letztendlich $r_n \mid a$, d. h. r_n ist in der Tat ein gemeinsamer Teiler von a und b.

(ii) Wir zeigen nun, dass r_n auch jeden gemeinsamen Teiler x von a und b teilt. Indem wir im vorhergehenden Schema die erste Zeile betrachten, erhalten wir $x \mid r_1$. Mit Hilfe der zweiten Zeile schließen wir daraus $x \mid r_2$. Indem wir so fortfahren, erkennen wir, dass x sukzessive alle Reste teilen muss, d. h. wir erhalten insbesondere $x \mid r_n$, wie behauptet. $\qquad \square$

Bemerkung 7.35. (Erweiterter Euklidischer Algorithmus). Es seien $(R, +, \cdot)$ ein Euklidischer Ring und $a, b \in R$ mit $b \neq 0$. Eine Analyse von Satz 7.34 zeigt, dass wir aus den Daten der fortgesetzten Division mit Rest *explizit* Elemente $x, y \in R$ bestimmen können, für die

$$(a, b) = x \cdot a + y \cdot b$$

gilt. Aus der zweitletzten Zeile des in Satz 7.34 gegebenen Schemas lesen wir $r_n = r_{n-2} - q_n \cdot r_{n-1}$ ab. Unter Verwendung der drittletzten Zeile dieses Schemas, d. h. $r_{n-3} = q_{n-1} \cdot r_{n-2} + r_{n-1}$, ergibt sich weiter

$$
\begin{aligned}
r_n &= r_{n-2} - q_n \cdot r_{n-1} \\
&= r_{n-2} - q_n \cdot (r_{n-3} - q_{n-1} \cdot r_{n-2}) \\
&= (-q_n) \cdot r_{n-3} + (1 + q_n \cdot q_{n-1}) \cdot r_{n-2}.
\end{aligned}
$$

Wir erkennen also, dass wir r_n durch entsprechendes Hocharbeiten im obigen Schema als Linearkombination zweier aufeinanderfolgender Reste r_j, r_{j+1} ($j = n - 2, \ldots, 1$) darstellen können. Nach insgesamt $(n - 2)$ Schritten erhalten wir damit

$$
r_n = x_1 \cdot r_1 + x_2 \cdot r_2
$$

mit geeigneten $x_1, x_2 \in R$. Indem wir in dieser Gleichung zunächst r_2 durch $b - q_2 \cdot r_1$ und anschließend noch r_1 durch $a - q_1 \cdot b$ substituieren, stoßen wir auf die gesuchten $x, y \in R$.

Zum Abschluss des Kapitels wollen wir diesen Sachverhalt noch anhand eines konkreten Beispiels illustrieren.

Beispiel 7.36. Wir betrachten den Euklidischen Ring $(\mathbb{Z}, +, \cdot)$ der ganzen Zahlen. Wir wollen den größten gemeinsamen Teiler (a, b) von $a = 113$ und $b = 29$ berechnen und als Linearkombination ganzer Zahlen darstellen. Fortgesetzte Division mit Rest liefert zunächst das Schema

$$
\begin{aligned}
113 &= 3 \cdot 29 + 26 \\
29 &= 1 \cdot 26 + 3 \\
26 &= 8 \cdot 3 + 2 \\
3 &= 1 \cdot 2 + 1 \\
2 &= 2 \cdot 1 + 0,
\end{aligned}
$$

woraus $(113, 29) = 1$ folgt. Um die gewünschte ganzzahlige Linearkombination des größten gemeinsamen Teilers zu gewinnen, rollen wir das vorhergehende Schema von unten auf;

wir erhalten

$$\begin{aligned}
1 &= 3 - 1 \cdot 2 \\
&= 3 - 1 \cdot (26 - 8 \cdot 3) = 9 \cdot 3 - 1 \cdot 26 \\
&= 9 \cdot (29 - 1 \cdot 26) - 1 \cdot 26 = 9 \cdot 29 - 10 \cdot 26 \\
&= 9 \cdot 29 - 10 \cdot (113 - 3 \cdot 29) = -10 \cdot 113 + 39 \cdot 29,
\end{aligned}$$

also ergibt sich

$$(113, 29) = 1 = -10 \cdot 113 + 39 \cdot 29.$$

Aufgabe 7.37. Führen Sie den Euklidischen Algorithmus zur Bestimmung des größten gemeinsamen Teilers (a, b) von a, b in den beiden folgenden Fällen durch:

(a) $a = 123\,456\,789$, $b = 555\,555\,555$ im Ring $(\mathbb{Z}, +, \cdot)$.

(b) $a = X^4 + 2X^3 + 2X^2 + 2X + 1$, $b = X^3 + X^2 - X - 1$ im Polynomring $(\mathbb{Q}[X], +, \cdot)$.

IV   Die reellen Zahlen

1.   Dezimalbruchentwicklung rationaler Zahlen

Es sei a eine von Null verschiedene natürliche Zahl. Am Ende von Kapitel I haben wir a mit Hilfe mehrfacher Division mit Rest eindeutig in der Form

$$a = \sum_{j=0}^{\ell} q_j \cdot 10^j \tag{1}$$

mit natürlichen Zahlen $0 \leq q_j \leq 9$ $(j = 0, \ldots, \ell)$ und $q_\ell \neq 0$ dargestellt. Für die Summe (1) haben wir die Dezimaldarstellung

$$a = q_\ell q_{\ell-1} \ldots q_1 q_0$$

eingeführt. Die Dezimalschreibweise überträgt sich unmittelbar auf den Bereich der ganzen Zahlen. Ist die ganze Zahl a nämlich negativ, so gilt $a = -|a|$. Mit der Dezimaldarstellung der natürlichen Zahl $|a|$ erhalten wir die Dezimaldarstellung von a in der Form

$$a = -q_\ell q_{\ell-1} \ldots q_1 q_0,$$

wiederum mit natürlichen Zahlen $0 \leq q_j \leq 9$ $(j = 0, \ldots, \ell)$ und $q_\ell \neq 0$.

Wir wollen nun die Dezimaldarstellung auf rationale Zahlen übertragen. Dazu sei $\frac{a}{b}$ eine rationale Zahl, d. h. $a, b \in \mathbb{Z}$ und $b \neq 0$; ohne Beschränkung der Allgemeinheit können wir $b > 0$ annehmen. Unter Verwendung der Division mit Rest für ganze Zahlen erhalten wir zu a, b ganze Zahlen q, r mit $0 \leq r < b$, so dass

$$a = q \cdot b + r \quad \Longleftrightarrow \quad \frac{a}{b} = q + \frac{r}{b}$$

gilt. Für die ganze Zahl q haben wir die Dezimaldarstellung

$$q = \pm \sum_{j=0}^{\ell} q_j \cdot 10^j = \pm q_\ell q_{\ell-1} \ldots q_1 q_0.$$

Wir wenden uns nun der Dezimaldarstellung der rationalen Zahl $0 \leq \frac{r}{b} < 1$ zu; dazu nehmen wir sogar $0 < \frac{r}{b} < 1$ an. Wir erweitern zu

$$\frac{r}{b} = \frac{1}{10} \cdot \frac{10 \cdot r}{b} \tag{2}$$

und dividieren $10 \cdot r$ mit Rest durch b. Damit finden wir natürliche Zahlen q_{-1}, r_{-1} mit $0 \leq r_{-1} < b$, so dass

$$10 \cdot r = q_{-1} \cdot b + r_{-1} \quad \Longleftrightarrow \quad \frac{10 \cdot r}{b} = q_{-1} + \frac{r_{-1}}{b} \tag{3}$$

gilt. Aufgrund der Ungleichung $\frac{r}{b} < 1$ schätzen wir ab

$$0 \leq q_{-1} = \frac{10 \cdot r}{b} - \frac{r_{-1}}{b} < \frac{10 \cdot r}{b} < 10,$$

d. h. $0 \leq q_{-1} \leq 9$. Durch Einsetzen von (3) in (2) erhalten wir zusammenfassend

$$\frac{r}{b} = \frac{1}{10} \cdot \frac{10 \cdot r}{b} = \frac{1}{10} \left(q_{-1} + \frac{r_{-1}}{b} \right) =$$
$$\frac{q_{-1}}{10} + \frac{1}{10} \cdot \frac{r_{-1}}{b} = \frac{q_{-1}}{10} + \frac{1}{10^2} \cdot \frac{10 \cdot r_{-1}}{b}.$$

Ist $r_{-1} \neq 0$, so dividieren wir $10 \cdot r_{-1}$ mit Rest durch b und erhalten natürliche Zahlen q_{-2}, r_{-2} mit $0 \leq r_{-2} < b$, so dass

$$10 \cdot r_{-1} = q_{-2} \cdot b + r_{-2} \quad \Longleftrightarrow \quad \frac{10 \cdot r_{-1}}{b} = q_{-2} + \frac{r_{-2}}{b}$$

gilt. Wie zuvor schätzen wir $0 \leq q_{-2} \leq 9$ ab und erhalten zusammengenommen

$$\frac{r}{b} = \frac{q_{-1}}{10} + \frac{1}{10^2} \cdot \frac{10 \cdot r_{-1}}{b}$$

$$= \frac{q_{-1}}{10} + \frac{1}{10^2}\left(q_{-2} + \frac{r_{-2}}{b}\right)$$

$$= \frac{q_{-1}}{10} + \frac{q_{-2}}{10^2} + \frac{1}{10^3} \cdot \frac{10 \cdot r_{-2}}{b}.$$

Indem wir so weiterfahren, finden wir natürliche Zahlen q_{-3}, r_{-3} mit $0 \leq q_{-3} \leq 9$ und $0 \leq r_{-3} < b$, so dass

$$\frac{r}{b} = \frac{q_{-1}}{10} + \frac{q_{-2}}{10^2} + \frac{q_{-3}}{10^3} + \frac{1}{10^4} \cdot \frac{10 \cdot r_{-3}}{b}$$

gilt. Nach k Schritten finden wir somit natürliche Zahlen q_{-k}, r_{-k} mit $0 \leq q_{-k} \leq 9$ und $0 \leq r_{-k} < b$, so dass

$$\frac{r}{b} = \sum_{j=1}^{k} \frac{q_{-j}}{10^j} + \frac{1}{10^{k+1}} \cdot \frac{10 \cdot r_{-k}}{b}$$

gilt. Bei diesem Vorgehen gibt es nun zwei Alternativen: Entweder es findet sich ein $k \in \mathbb{N}$, $k > 0$, so dass $r_{-k} = 0$ ist oder die Reste r_{-j} sind für alle $j = 1, 2, 3, \ldots$ von Null verschieden.

Definition 1.1. Unter Verwendung der vorhergehenden Bezeichnungen definieren wir für $a, b \in \mathbb{Z}$ und $b \neq 0$:

(i) Gilt $r = 0$ oder gibt es ein $k \in \mathbb{N}$, $k > 0$, mit $r_{-k} = 0$, so setzen wir

$$\pm q_\ell \ldots q_0, q_{-1} \ldots q_{-k} := \pm \sum_{j=-\ell}^{k} \frac{q_{-j}}{10^j}$$

und nennen $\pm q_\ell \ldots q_0, q_{-1} \ldots q_{-k}$ *die Dezimaldarstellung oder die Dezimalbruchentwicklung der rationalen Zahl* $\frac{a}{b}$.

(ii) Sind alle r_{-j} ungleich Null, so setzen wir formal

$$\pm q_\ell \ldots q_0, q_{-1} \ldots q_{-k} \ldots := \pm \sum_{j=-\ell}^{\infty} \frac{q_{-j}}{10^j}$$

und nennen $\pm q_\ell \ldots q_0, q_{-1} \ldots q_{-k} \ldots$ *die Dezimaldarstellung oder die Dezimalbruchentwicklung der rationalen Zahl* $\frac{a}{b}$.

Bemerkung 1.2. Wir weisen darauf hin, dass die unendliche Summe (Reihe) in Definition 1.1 (ii)

$$\pm \sum_{j=-\ell}^{\infty} \frac{q_{-j}}{10^j} = \pm \left(q_\ell \cdot 10^\ell + \ldots + q_0 + \frac{q_{-1}}{10} + \frac{q_{-2}}{10^2} + \ldots \right)$$

zum jetzigen Zeitpunkt keinen Sinn hat; es ist lediglich eine symbolische Schreibweise. Hingegen hat die endliche Summe in Definition 1.1 (i)

$$\pm \sum_{j=-\ell}^{k} \frac{q_{-j}}{10^j} = \pm \left(q_\ell \cdot 10^\ell + \ldots + q_0 + \frac{q_{-1}}{10} + \ldots + \frac{q_{-k}}{10^k} \right)$$

eine konkrete Bedeutung und nimmt den Wert $\frac{a}{b}$ an, d. h. wir haben konstruktionsgemäß

$$\frac{a}{b} = \pm q_\ell \ldots q_0, q_{-1} \ldots q_{-k}.$$

Definition 1.3. Wir nennen die nicht abbrechende Dezimalbruchentwicklung

$$\pm q_\ell \ldots q_0, q_{-1} \ldots q_{-k} \ldots$$

periodisch, falls natürliche Zahlen $v \geq 0$, $p > 0$ existieren, so dass $q_{-(v+j)} = q_{-(v+j+p)} = q_{-(v+j+2p)} = \ldots$ für $j = 1, \ldots, p$ gilt. Ist $v = 0$, so heißt die Dezimalbruchentwicklung *reinperiodisch*. Die kleinste natürliche Zahl v mit obiger Eigenschaft heißt *Vorperiode*, die kleinste natürliche Zahl p mit obiger Eigenschaft heißt *Periode* der Dezimalbruchentwicklung der rationalen Zahl $\frac{a}{b}$.

Proposition 1.4. *Es seien $a, b \in \mathbb{Z}$, $b \neq 0$. Falls die Dezimalbruchentwicklung von $\frac{a}{b}$ nicht abbricht, so ist sie periodisch.*

Beweis. Die Zahl $\frac{a}{b}$ besitze eine nicht abbrechende Dezimalbruchentwicklung. Indem wir auf die Konstruktion der Dezimalbruchentwicklung von $\frac{a}{b}$ zurückgreifen, erkennen wir,
dass die unendliche Menge der Reste $r_0 := r, r_{-1}, r_{-2}, r_{-3}, \ldots$
der endlichen Menge $\{0, \ldots, b-1\}$ angehört. Deshalb gibt
es mindestens zwei Reste r_{-j_1}, r_{-j_2}, die übereinstimmen. Wir
können ohne Einschränkung $j_2 > j_1 \geq 0$ annehmen und, bei
fixiertem j_1, die Differenz $p := j_2 - j_1$ minimal wählen. Der
Algorithmus zur Gewinnung der Dezimalbruchentwicklung
von $\frac{a}{b}$ zeigt dann

$$r_{-j_1} = r_{-(j_1+p)} = r_{-(j_1+2p)} = \cdots,$$

$$r_{-(j_1+1)} = r_{-(j_1+1+p)} = r_{-(j_1+1+2p)} = \cdots,$$

$$\vdots$$

$$r_{-(j_1+p-1)} = r_{-(j_1+2p-1)} = r_{-(j_1+3p-1)} = \cdots$$

Indem wir schließlich noch j_1 minimal wählen und $v := j_1 \geq$
0 setzen, erhalten wir die Behauptung. $\square$

Bemerkung 1.5. Es erheben sich die beiden folgenden Fragen:
    (i) Findet sich ein Zahlbereich, in dem wir der formalen
unendlichen Summe

$$\pm \sum_{j=-\ell}^{\infty} \frac{q_{-j}}{10^j}$$

eine konkrete Bedeutung zuschreiben können?
    (ii) Gibt es einen Zahlbereich, in dem *beliebige* unendliche,
d. h. nicht ausschließlich periodische, Dezimalbruchentwicklungen eine sinnvolle Bedeutung haben, d. h. in dem die unendlichen Summen

$$\pm \sum_{j=-\ell}^{\infty} \frac{q_{-j}}{10^j}$$

wohldefinierte Zahlen festlegen?

Aufgabe 1.6.

(a) Bestimmen Sie die Dezimalbruchentwicklung von $\frac{1}{5}$, $\frac{1}{3}$, $\frac{1}{16}$, $\frac{1}{11}$ und $\frac{1}{7}$.

(b) Formulieren Sie ein Kriterium dafür, wann ein Bruch $\frac{a}{b}$ (a, $b \in \mathbb{Z}$; $b \neq 0$) eine abbrechende Dezimalbruchentwicklung besitzt.

(c) Finden Sie eine Abschätzung der maximalen Periodenlänge eines Dezimalbruchs in Abhängigkeit vom Nenner. Geben Sie Beispiele an, für welche die Periode (im Sinne dieser Abschätzung) maximal ist.

(d) Geben Sie ein Verfahren an, mit dem man aus einem gegebenen periodischen Dezimalbruch den Bruch $\frac{a}{b}$ zurückgewinnen kann. Wenden Sie dieses Verfahren auf den periodischen Dezimalbruch $0, 123\,123\ldots$ an.

2. Konstruktion der reellen Zahlen

In Kapitel I haben wir mit Hilfe der Peano-Axiome die Menge der natürlichen Zahlen $\mathbb{N}$ begründet und darauf eine Addition sowie eine Multiplikation definiert, welche den Assoziativ-, Kommutativ- und Distributivgesetzen genügen. Damit haben wir $(\mathbb{N}, +)$ insbesondere als kommutative und reguläre Halbgruppe erkannt, die wir dann in Kapitel II zu der kommutativen Gruppe $(\mathbb{Z}, +)$ der ganzen Zahlen erweitert haben. Durch Übertragung der multiplikativen Struktur der natürlichen Zahlen auf den Bereich der ganzen Zahlen erhielten wir zu Beginn von Kapitel III den Integritätsbereich $(\mathbb{Z}, +, \cdot)$ der ganzen Zahlen. Diesen haben wir am Ende von Kapitel III zum Körper der rationalen Zahlen $(\mathbb{Q}, +, \cdot)$ erweitert. Im vorhergehenden Abschnitt haben wir nun gesehen, dass die Dezimalbruchentwicklung rationaler Zahlen entweder abbrechend oder periodisch ist, und haben uns deshalb die Frage nach der Existenz eines Zahlbereichs gestellt, der Zahlen mit nicht-periodischen unendlichen Dezimalbruchentwicklungen enthält. Diese Frage werden wir im Folgenden bejahend klären. Dabei werden wir auf die Konstruktion der reellen Zah-

len geführt werden. Wir beginnen mit der Definition sogenannter rationaler Fundamentalfolgen oder Cauchyfolgen.

Zur Bezeichnung sei an dieser Stelle folgendes angemerkt:
Wir bezeichnen im Folgenden rationale Zahlen mit lateini-
schen Buchstaben, um sie von den später eingeführten reellen
Zahlen, die wir mit griechischen Buchstaben bezeichnen, zu
unterscheiden. Die einzige Ausnahme bildet die Größe „ep-
silon", für die wir im Bereich der rationalen Zahlen die Bezeichnung ϵ, im Bereich der reellen Zahlen dann aber die Bezeichnung ε verwenden werden.

Definition 2.1. Eine Zahlenfolge $(a_n) = (a_n)_{n \geq 0}$ mit $a_n \in \mathbb{Q}$
für alle $n \in \mathbb{N}$ heißt *rationale Cauchyfolge*, wenn zu jedem $\epsilon \in$
$\mathbb{Q}, \epsilon > 0$, ein $N(\epsilon) \in \mathbb{N}$ derart existiert, dass für alle $m, n \in \mathbb{N}$
mit $m, n > N(\epsilon)$ die Ungleichung

$$|a_m - a_n| < \epsilon$$

besteht.

Eine Zahlenfolge $(a_n) = (a_n)_{n \geq 0}$ mit $a_n \in \mathbb{Q}$ für alle $n \in \mathbb{N}$
heißt *rationale Nullfolge*, wenn zu jedem $\epsilon \in \mathbb{Q}, \epsilon > 0$, ein
$N(\epsilon) \in \mathbb{N}$ derart existiert, dass für alle $n \in \mathbb{N}$ mit $n > N(\epsilon)$
die Ungleichung

$$|a_n| < \epsilon$$

besteht.

Aufgabe 2.2.

(a) Weisen Sie nach, dass die Folgen $\left(\frac{1}{n+1}\right)_{n \geq 0}$ und $\left(\frac{n}{2^n}\right)_{n \geq 0}$ Nullfolgen sind.

(b) Geben Sie weitere Beispiele von Nullfolgen an.

Bemerkung 2.3. (i) Eine rationale Nullfolge (a_n) ist insbesondere eine rationale Cauchyfolge, da zu vorgegebenem $\epsilon/2 \in$
$\mathbb{Q}, \epsilon > 0$, ein $N(\epsilon/2) \in \mathbb{N}$ derart existiert, dass für alle
$m, n \in \mathbb{N}$ mit $m, n > N(\epsilon/2)$ die Ungleichung

$$|a_n| < \frac{\epsilon}{2}$$

besteht. Mit der Dreiecksungleichung erhalten wir für m, $n >$ $N(\epsilon/2)$ somit

$$|a_m - a_n| \leq |a_m| + |a_n| < \frac{\epsilon}{2} + \frac{\epsilon}{2} = \epsilon.$$

Damit ist (a_n) eine rationale Cauchyfolge.

(ii) Jede rationale Cauchyfolge (a_n) ist beschränkt, denn zu $\epsilon = 1$ und dem dazu existierenden $N(1) \in \mathbb{N}$ haben wir für alle m, $n \in \mathbb{N}$ mit m, $n > N(1)$ die Ungleichung

$$|a_m - a_n| < 1.$$

Daraus erhalten wir mit $m_1 = N(1) + 1$ und $n > N(1)$ die Abschätzung

$$|a_n| = |a_n - a_{m_1} + a_{m_1}| \leq |a_{m_1} - a_n| + |a_{m_1}| < 1 + |a_{m_1}|.$$

Damit gilt für alle $n \in \mathbb{N}$ die Ungleichung

$$|a_n| \leq \max\{|a_0|, \ldots, |a_{N(1)}|, 1 + |a_{m_1}|\}.$$

Dies beweist die Beschränktheit der rationalen Cauchyfolge (a_n).

Wir betrachten jetzt die Menge M aller rationalen Cauchyfolgen, d.h.

$$M = \{(a_n) \mid (a_n) \text{ ist rationale Cauchyfolge}\}.$$

Auf der Menge M definieren wir eine additive bzw. eine multiplikative Verknüpfung, die wir mit $+$ bzw. $\cdot$ bezeichnen. Dazu setzen wir für zwei rationale Cauchyfolgen (a_n), (b_n)

$$(a_n) + (b_n) := (a_n + b_n),$$
$$(a_n) \cdot (b_n) := (a_n \cdot b_n).$$

Wir müssen uns natürlich zunächst davon überzeugen, dass die Summe bzw. das Produkt zweier rationaler Cauchyfolgen wieder rationale Cauchyfolgen sind. Dies wird im nachfolgenden Lemma bewiesen werden.

Lemma 2.4. *Es seien* (a_n), $(b_n) \in M$. *Dann gilt*

$$(a_n) + (b_n) \in M \quad und \quad (a_n) \cdot (b_n) \in M.$$

Beweis. (i) Wir beweisen zuerst, dass die Summe $(a_n) + (b_n)$ der beiden rationalen Cauchyfolgen (a_n), (b_n) auch eine rationale Cauchyfolge ist. Dazu stellen wir zunächst fest, dass die Summen $a_n + b_n$ für alle $n \in \mathbb{N}$ rational sind. Nun wählen wir ein beliebiges $\epsilon \in \mathbb{Q}$, $\epsilon > 0$, und beachten, dass natürliche Zahlen $N_1(\epsilon/2)$ bzw. $N_2(\epsilon/2)$ derart existieren, dass für alle $m, n > N := \max\{N_1(\epsilon/2), N_2(\epsilon/2)\}$ die Ungleichung

$$|a_m - a_n| < \frac{\epsilon}{2} \quad \text{bzw.} \quad |b_m - b_n| < \frac{\epsilon}{2}$$

gilt. Mit Hilfe der Abschätzung

$$|(a_m + b_m) - (a_n + b_n)| \leq |a_m - a_n| + |b_m - b_n| < \frac{\epsilon}{2} + \frac{\epsilon}{2} = \epsilon$$

für $m, n > N$ folgt jetzt, dass $(a_n + b_n)$ und somit die Summe $(a_n) + (b_n)$ eine rationale Cauchyfolge ist.

(ii) Wir beweisen jetzt, dass das Produkt $(a_n) \cdot (b_n)$ der beiden rationalen Cauchyfolgen (a_n), (b_n) auch eine rationale Cauchyfolge ist. Dazu stellen wir zunächst fest, dass die Produkte $a_n \cdot b_n$ für alle $n \in \mathbb{N}$ rational sind. Die Bemerkung 2.3 zur Beschränktheit rationaler Cauchyfolgen erlaubt uns, ein $c \in \mathbb{Q}$ zu finden, so dass für alle $n \in \mathbb{N}$ die Ungleichung

$$|a_n| \leq c \quad \text{bzw.} \quad |b_n| \leq c$$

gilt. Nun wählen wir ein beliebiges $\epsilon \in \mathbb{Q}$, $\epsilon > 0$, und beachten, dass natürliche Zahlen $N_1(\epsilon/(2c))$ bzw. $N_2(\epsilon/(2c))$ derart existieren, dass für alle $m, n > N := \max\{N_1(\epsilon/(2c)), N_2(\epsilon/(2c))\}$ die Ungleichung

$$|a_m - a_n| < \frac{\epsilon}{2c} \quad \text{bzw.} \quad |b_m - b_n| < \frac{\epsilon}{2c}$$

besteht. Damit erhalten wir für alle $m, n > N$ die Abschätzung

$$|a_m \cdot b_m - a_n \cdot b_n|$$
$$= |a_m \cdot b_m - a_m \cdot b_n + a_m \cdot b_n - a_n \cdot b_n|$$
$$= |a_m \cdot (b_m - b_n) + b_n \cdot (a_m - a_n)|$$
$$\leq |a_m \cdot (b_m - b_n)| + |b_n \cdot (a_m - a_n)|$$
$$= |a_m| \cdot |b_m - b_n| + |b_n| \cdot |a_m - a_n| \leq c \cdot \frac{\epsilon}{2c} + c \cdot \frac{\epsilon}{2c} = \epsilon.$$

Somit ist $(a_n \cdot b_n)$, also das Produkt $(a_n) \cdot (b_n)$ eine rationale Cauchyfolge. □

Lemma 2.5. *Die Menge der rationalen Cauchyfolgen M zusammen mit der additiven Verknüpfung + und der multiplikativen Verknüpfung ·, d.h. $(M, +, \cdot)$, bildet einen kommutativen Ring mit Einselement.*

Beweis. (i) Wir zeigen zuerst, dass $(M, +)$ eine kommutative Gruppe ist. Dazu stellen wir fest, dass M nicht leer ist, da es die rationale Cauchyfolge (0) enthält, die aus lauter Nullen besteht. Die Assoziativität der Addition + ergibt sich leicht aus der Assoziativität der Addition rationaler Zahlen. Sind nämlich $(a_n), (b_n), (c_n) \in M$, so haben wir

$$\big((a_n) + (b_n)\big) + (c_n) = (a_n + b_n) + (c_n)$$
$$= \big((a_n + b_n) + c_n\big)$$
$$= \big(a_n + (b_n + c_n)\big)$$
$$= (a_n) + (b_n + c_n)$$
$$= (a_n) + \big((b_n) + (c_n)\big).$$

Die Kommutativität der Addition + leitet man ebenso einfach aus der Kommutativität der Addition rationaler Zahlen ab. Die einleitend erwähnte rationale Cauchyfolge (0), die aus lauter Nullen besteht, ist offensichtlich das neutrale Element bezüglich der additiven Verknüpfung $+$, denn wir haben mit $(a_n) \in M$

$$(0) + (a_n) = (0 + a_n) = (a_n) = (a_n + 0) = (a_n) + (0).$$

Ist $(a_n) \in M$, so behaupten wir schließlich, dass die offensichtlich ebenfalls rationale Cauchyfolge $(-a_n)$ das additive Inverse zu (a_n) ist. In der Tat haben wir

$$(-a_n) + (a_n) = (-a_n + a_n) = (0) = (a_n - a_n) = (a_n) + (-a_n).$$

Somit ist $(M, +)$ als kommutative Gruppe nachgewiesen.

(ii) Wir zeigen jetzt, dass $(M, \cdot)$ ein kommutatives Monoid ist. Dazu stellen wir fest, dass M nicht leer ist, da es die rationale Cauchyfolge (1) enthält, die aus lauter Einsen besteht. Die Assoziativität der Multiplikation $\cdot$ ergibt sich leicht aus der Assoziativität der Multiplikation rationaler Zahlen. Sind nämlich (a_n), (b_n), $(c_n) \in M$, so haben wir

$$\begin{aligned}
\big((a_n) \cdot (b_n)\big) \cdot (c_n) &= (a_n \cdot b_n) \cdot (c_n) \\
&= \big((a_n \cdot b_n) \cdot c_n\big) \\
&= \big(a_n \cdot (b_n \cdot c_n)\big) \\
&= (a_n) \cdot (b_n \cdot c_n) \\
&= (a_n) \cdot \big((b_n) \cdot (c_n)\big).
\end{aligned}$$

Die Kommutativität der Multiplikation $\cdot$ leitet man ebenso einfach aus der Kommutativität der Multiplikation rationaler Zahlen ab. Die einleitend erwähnte rationale Cauchyfolge (1), die aus lauter Einsen besteht, ist offensichtlich das neutrale Element bezüglich der multiplikativen Verknüpfung $\cdot$, denn wir haben mit $(a_n) \in M$

$$(1) \cdot (a_n) = (1 \cdot a_n) = (a_n) = (a_n \cdot 1) = (a_n) \cdot (1).$$

Damit ist $(M, \cdot)$ als kommutatives Monoid nachgewiesen.

(iii) Die Gültigkeit der Distributivgesetze für M ergibt sich leicht aus den für die rationalen Zahlen gültigen Distributivgesetzen. Beispielsweise haben wir für (a_n), (b_n), $(c_n) \in M$

$$
\begin{aligned}
(a_n) \cdot \big((b_n) + (c_n)\big) &= (a_n) \cdot (b_n + c_n) \\
&= \big(a_n \cdot (b_n + c_n)\big) \\
&= (a_n \cdot b_n + a_n \cdot c_n) \\
&= (a_n) \cdot (b_n) + (a_n) \cdot (c_n).
\end{aligned}
$$

$\square$

Bemerkung 2.6. Indem wir jeder rationalen Zahl r die rationale Cauchyfolge (r) zuordnen, für die jedes Folgenglied durch r gegeben ist, erhalten wir eine Abbildung $f : \mathbb{Q} \longrightarrow M$. Man prüft sofort nach, dass f ein Ringhomomorphismus

$$
f : (\mathbb{Q}, +, \cdot) \longrightarrow (M, +, \cdot)
$$

ist. Da offensichtlich $\ker(f) = \{0\}$ gilt, ist der Ringhomomorphismus f überdies injektiv.

Definition 2.7. Wir setzen

$$
\mathfrak{n} := \big\{ (a_n) \in M \mid (a_n) \text{ ist rationale Nullfolge} \big\}
$$

und nennen dies das *Ideal der rationalen Nullfolgen*. Diese Bezeichnung ist durch das folgende Lemma gerechtfertigt.

Lemma 2.8. *Das Ideal der rationalen Nullfolgen $\mathfrak{n}$ ist ein Ideal im kommutativen Ring $(M, +, \cdot)$.*

Beweis. (i) Wir haben zunächst zu überlegen, dass $(\mathfrak{n}, +)$ eine Untergruppe von $(M, +)$ ist. Da die rationale Cauchyfolge (0), die aus lauter Nullen besteht, eine rationale Nullfolge ist, ist $\mathfrak{n}$ nicht leer. Unter Verwendung des Untergruppenkriteriums 2.25 in Kapitel II genügt es nun zu zeigen, dass mit (a_n), $(b_n) \in \mathfrak{n}$ auch für die Differenz $(a_n) - (b_n) \in \mathfrak{n}$ gilt. Da

(a_n) bzw. (b_n) rationale Nullfolgen sind, finden sich zu $\epsilon \in \mathbb{Q}$, $\epsilon > 0$, natürliche Zahlen $N_a(\epsilon/2)$ bzw. $N_b(\epsilon/2)$ derart, dass für alle $n > N_a(\epsilon/2)$ bzw. $n > N_b(\epsilon/2)$ die Ungleichung

$$|a_n| < \frac{\epsilon}{2} \quad \text{bzw.} \quad |b_n| < \frac{\epsilon}{2}$$

besteht. Mit der Dreiecksungleichung folgt dann für $n > \max\{N_a(\epsilon/2),\, N_b(\epsilon/2)\}$

$$|a_n - b_n| < \frac{\epsilon}{2} + \frac{\epsilon}{2} = \epsilon,$$

d. h. $(a_n) - (b_n)$ ist eine rationale Nullfolge. Damit ist $(\mathfrak{n}, +)$ eine Untergruppe von $(M, +)$.

(ii) Als zweites haben wir zu zeigen, dass für jede rationale Nullfolge $(b_n) \in \mathfrak{n}$ das Produkt $(a_n) \cdot (b_n)$ mit einer rationalen Cauchyfolge $(a_n) \in M$ wieder eine rationale Nullfolge ist. Da die rationale Cauchyfolge (a_n) nach Bemerkung 2.3 (ii) beschränkt ist, findet sich ein $c \in \mathbb{Q}$, $c > 0$, so dass für alle $n \in \mathbb{N}$ die Ungleichung $|a_n| \leq c$ erfüllt ist. Zu beliebig gewähltem $\epsilon \in \mathbb{Q}$, $\epsilon > 0$, existiert nun ein $N(\epsilon/c) \in \mathbb{N}$, so dass für alle $n > N(\epsilon/c)$ die Ungleichung

$$|a_n \cdot b_n| = |a_n| \cdot |b_n| \leq c \cdot \frac{\epsilon}{c} = \epsilon$$

besteht. Damit ist $(a_n) \cdot (b_n)$ in der Tat eine rationale Nullfolge, und $\mathfrak{n}$ als Ideal von $(M, +, \cdot)$ nachgewiesen. $\qquad\square$

Bemerkung 2.9. Wir können jetzt für den kommutativen Ring $(M, +, \cdot)$ der rationalen Cauchyfolgen und das Ideal $\mathfrak{n}$ der rationalen Nullfolgen Satz 3.21 in Kapitel III anwenden und erhalten den kommutativen Faktorring $(M/\mathfrak{n}, +, \cdot)$. Die Elemente von $M/\mathfrak{n}$ sind Nebenklassen von der Form

$$\alpha = (a_n) + \mathfrak{n},$$

wobei (a_n) eine rationale Cauchyfolge ist. Eine solche Nebenklasse besteht also aus rationalen Cauchyfolgen, deren Differenzen jeweils rationale Nullfolgen bilden.

Definition 2.10. Es seien (a_n) eine rationale Zahlenfolge und $0 \leq n_0 < n_1 < n_2 < \ldots < n_k < \ldots$ eine aufsteigende Folge natürlicher Zahlen. Die Zahlenfolge (a_{n_k}) wird dann *Teilfolge der Zahlenfolge* (a_n) genannt.

Lemma 2.11. *Es seien (a_n) eine rationale Cauchyfolge und (a_{n_k}) eine Teilfolge der Zahlenfolge (a_n). Dann gilt*

$$(a_k) - (a_{n_k}) = (a_k - a_{n_k}) \in \mathfrak{n}.$$

Beweis. Es sei $\epsilon \in \mathbb{Q}$, $\epsilon > 0$. Da (a_n) eine rationale Cauchyfolge ist und $n_k \geq k$ gilt, existiert eine natürliche Zahl $N(\epsilon)$ derart, dass für alle $k > N(\epsilon)$ die Ungleichung

$$|a_k - a_{n_k}| < \epsilon$$

besteht. Dies zeigt, dass die Zahlenfolge $(a_k - a_{n_k})$ eine rationale Nullfolge ist, was die Behauptung beweist. $\square$

Satz 2.12. *Der Faktorring $(M/\mathfrak{n}, +, \cdot)$ ist ein Körper.*

Beweis. Konstruktionsgemäß sind das Nullelement bzw. Einselement von $M/\mathfrak{n}$ gegeben durch

$$(0) + \mathfrak{n} \quad \text{bzw.} \quad (1) + \mathfrak{n},$$

wobei (0) bzw. (1) die rationale Cauchyfolge bezeichnet, welche aus lauter Nullen bzw. Einsen besteht.

Da wir $(M/\mathfrak{n}, +, \cdot)$ bereits als kommutativen Ring mit Einselement $(1) + \mathfrak{n}$ erkannt haben, bleibt einzig zu zeigen, dass jede Nebenklasse $(a_n) + \mathfrak{n}$, die ungleich dem Nullelement von $M/\mathfrak{n}$ ist, d. h. für welche

$$(a_n) + \mathfrak{n} \neq (0) + \mathfrak{n} \iff (a_n) \notin \mathfrak{n}$$

gilt, ein multiplikatives Inverses besitzt. Da $(a_n) \notin \mathfrak{n}$ ist, existieren ein $\epsilon_0 \in \mathbb{Q}$, $\epsilon_0 > 0$, und ein $N(\epsilon_0) \in \mathbb{N}$ derart, dass für alle $n > N(\epsilon_0)$ die Ungleichung

$$|a_n| > \epsilon_0, \quad \text{d. h. } a_n \neq 0, \tag{4}$$

gilt. Damit definieren wir die rationale Zahlenfolge (b_n) durch

$$b_n := \begin{cases} 0, & 0 \leq n \leq N(\epsilon_0), \\ \dfrac{1}{a_n}, & n > N(\epsilon_0). \end{cases}$$

Wir zeigen zuerst, dass (b_n) eine rationale Cauchyfolge ist und danach, dass damit ein multiplikatives Inverses zu $(a_n) + \mathfrak{n}$ gebildet werden kann.

Für $m, n > N(\epsilon_0)$ erhalten wir unter Verwendung von (4)

$$|b_m - b_n| = \left| \frac{1}{a_m} - \frac{1}{a_n} \right| = \frac{|a_m - a_n|}{|a_m \cdot a_n|} < \frac{|a_m - a_n|}{\epsilon_0^2}.$$

Da (a_n) eine rationale Cauchyfolge ist, existiert zu $\epsilon \in \mathbb{Q}, \epsilon > 0$, ein $N(\epsilon_0^2 \cdot \epsilon)$ derart, dass für alle $m, n > N(\epsilon_0^2 \cdot \epsilon)$

$$|a_m - a_n| < \epsilon_0^2 \cdot \epsilon$$

gilt. Damit erhalten wir aber für alle $m, n > \max\{N(\epsilon_0), N(\epsilon_0^2 \cdot \epsilon)\}$ sofort die Ungleichung

$$|b_m - b_n| < \epsilon,$$

d. h. es gilt in der Tat $(b_n) \in M$.

Wir behaupten schließlich, dass das Element $(b_n) + \mathfrak{n}$ das multiplikative Inverse von $(a_n) + \mathfrak{n}$ ist. Dazu müssen wir lediglich zeigen, dass

$$\big((a_n) + \mathfrak{n}\big) \cdot \big((b_n) + \mathfrak{n}\big) = (1) + \mathfrak{n},$$

d. h. dass $(a_n) \cdot (b_n) - (1) \in \mathfrak{n}$ gilt. Für $n > N(\epsilon_0)$ gilt nun nach Konstruktion

$$a_n \cdot b_n = 1,$$

also besteht die rationale Cauchyfolge $(a_n) \cdot (b_n) - (1)$ abgesehen von den ersten $N(\epsilon_0)$ Folgengliedern aus lauter Nullen und ist somit eine rationale Nullfolge. $\qquad \square$

Definition 2.13. Wir nennen den Körper $(M/\mathfrak{n}, +, \cdot)$ den *Körper der reellen Zahlen* und bezeichnen diesen mit $\mathbb{R}$. Die Elemente von $\mathbb{R}$ werden im Folgenden mit griechischen Buchstaben bezeichnet; beispielsweise haben wir

$$\alpha \in \mathbb{R} \Longleftrightarrow \alpha = (a_n) + \mathfrak{n},$$

wobei $(a_n) \in M$ ist.

Lemma 2.14. *Die Abbildung, die jeder rationalen Zahl r die reelle Zahl $(r) + \mathfrak{n}$ zuordnet, wobei (r) die rationale Cauchyfolge bedeutet, für die jedes Folgenglied gleich r ist, induziert einen injektiven Ringhomomorphismus*

$$F : (\mathbb{Q}, +, \cdot) \longrightarrow (\mathbb{R}, +, \cdot).$$

Beweis. Für $r_1, r_2 \in \mathbb{Q}$ verifizieren wir sofort

$$
\begin{aligned}
F(r_1 + r_2) &= (r_1 + r_2) + \mathfrak{n} = (r_1 + \mathfrak{n}) + (r_2 + \mathfrak{n}) \\
&= F(r_1) + F(r_2),
\end{aligned}
$$

$$
\begin{aligned}
F(r_1 \cdot r_2) &= (r_1 \cdot r_2) + \mathfrak{n} = (r_1 + \mathfrak{n}) \cdot (r_2 + \mathfrak{n}) \\
&= F(r_1) \cdot F(r_2),
\end{aligned}
$$

d. h. F ist ein Ringhomomorphismus. Zum Nachweis der Injektivität von F beachten wir, dass $\ker(F)$ ein Ideal von $\mathbb{Q}$ ist. Da $(\mathbb{Q}, +, \cdot)$ aber ein Körper ist, besitzt $\mathbb{Q}$ nur das Nullideal oder das Einsideal. Nun kann aber $\ker(F)$ nicht das Einsideal sein, da sonst jede rationale Zahl $r \neq 0$ auf das Nullelement von $\mathbb{R}$ abgebildet würde, d. h. die rationale Cauchyfolge (r) wäre eine rationale Nullfolge, was ja nicht der Fall ist. Somit muss $\ker(F)$ das Nullideal sein, also ist F injektiv. $\square$

Bemerkung 2.15. Aufgrund des vorhergehenden Lemmas können wir die rationalen Zahlen $\mathbb{Q}$ mit ihrem Bild $\mathrm{im}(F)$ im Bereich der reellen Zahlen $\mathbb{R}$ identifizieren, d. h. wir setzen $r := (r) + \mathfrak{n} \; (r \in \mathbb{Q})$.

Definition 2.16. Wir erweitern die in Definition 6.5 in Kapitel III auf der Menge $\mathbb{Q}$ der rationalen Zahlen gegebene Relation „$<$" bzw. „$\leq$" auf die Menge $\mathbb{R}$ der reellen Zahlen, indem wir für zwei reelle Zahlen $\alpha = (a_n) + \mathfrak{n}$, $\beta = (b_n) + \mathfrak{n}$

$$\alpha < \beta \iff \exists q \in \mathbb{Q}, q > 0, N(q) \in \mathbb{N} :$$
$$b_n - a_n > q \; \forall n \in \mathbb{N}, n > N(q)$$

bzw.

$$\alpha \leq \beta \iff \exists q \in \mathbb{Q}, q \geq 0, N(q) \in \mathbb{N} :$$
$$b_n - a_n \geq q \; \forall n \in \mathbb{N}, n > N(q)$$

festlegen. Entsprechend lassen sich auch die Relationen „$>$" bzw. „$\geq$" auf die Menge $\mathbb{R}$ der reellen Zahlen erweitern.

Lemma 2.17. *Die in Definition 2.16 festgelegte Relation „$<$" ist sinnvoll, d. h. unabhängig von der Wahl der die reelle Zahl α bzw. β repräsentierenden rationalen Cauchyfolge (a_n) bzw. (b_n).*

Beweis. Wir überlassen den Beweis dem Leser als Übungsaufgabe. $\qquad\square$

Aufgabe 2.18. Beweisen Sie Lemma 2.17.

Bemerkung 2.19. Mit der Relation „$<$" wird die Menge der reellen Zahlen $\mathbb{R}$ eine *geordnete Menge*, d. h. es bestehen die drei folgenden Aussagen:

(i) Für je zwei Elemente $\alpha, \beta \in \mathbb{R}$ gilt entweder $\alpha < \beta$ oder $\beta < \alpha$ oder $\alpha = \beta$.

(ii) Die drei Relationen $\alpha < \beta$, $\beta < \alpha$, $\alpha = \beta$ schließen sich gegenseitig aus.

(iii) Aus $\alpha < \beta$ und $\beta < \gamma$ folgt $\alpha < \gamma$.
Entsprechendes gilt für die Relation „$>$".

Definition 2.20. Es sei $\alpha = (a_n) + \mathfrak{n} \in \mathbb{R}$ eine reelle Zahl. Dann setzen wir

$$|\alpha| := \begin{cases} \alpha, & \text{falls } \alpha \geq 0, \\ -\alpha, & \text{falls } \alpha < 0. \end{cases}$$

Wir nennen die reelle Zahl $|\alpha|$ den *Betrag der reellen Zahl* α .

Lemma 2.21. *Der Betrag reeller Zahlen hat die beiden folgenden Eigenschaften:*
(i) $|\alpha \cdot \beta| = |\alpha| \cdot |\beta|$ *für alle* α, $\beta \in \mathbb{R}$.
(ii) $|\alpha + \beta| \leq |\alpha| + |\beta|$ *für alle* α, $\beta \in \mathbb{R}$.

Beweis. Wir überlassen den Beweis dem Leser als Übungsaufgabe. $\qquad\square$

Aufgabe 2.22.   Beweisen Sie Lemma 2.21.

Wir übertragen nun den Begriff der rationalen Cauchyfolge auf den Körper $(\mathbb{R}, +, \cdot)$ der reellen Zahlen.

Definition 2.23. Eine Zahlenfolge $(\alpha_n) = (\alpha_n)_{n \geq 0}$ mit $\alpha_n \in \mathbb{R}$ für alle $n \in \mathbb{N}$ heißt *reelle Cauchyfolge*, wenn zu jedem $\varepsilon \in \mathbb{R}$, $\varepsilon > 0$, ein $N(\varepsilon) \in \mathbb{N}$ derart existiert, dass für alle $m, n \in \mathbb{N}$ mit $m, n > N(\varepsilon)$ die Ungleichung

$$|\alpha_m - \alpha_n| < \varepsilon$$

besteht.

Bemerkung 2.24. Es sei (α_n) eine reelle Cauchyfolge. Das n-te Folgenglied α_n ist dann gegeben durch $\alpha_n = (a_{n,k}) + \mathfrak{n}$, wobei $(a_{n,k})$ eine rationale Cauchyfolge ist. Desweiteren ist $\varepsilon \in \mathbb{R}$, $\varepsilon > 0$, von der Form $\varepsilon = (\epsilon_k) + \mathfrak{n}$ mit der rationalen Cauchyfolge (ϵ_k). Unter Verwendung von Definition 2.16 zur Relation „$<$" übersetzt sich Definition 2.23 in die Form, dass zu $m, n \in \mathbb{N}$ mit $m, n > N(\varepsilon)$ jeweils eine natürliche Zahl $M(m, n)$ derart existiert, dass für alle $k > M(m, n)$ die Ungleichung

$$|a_{m,k} - a_{n,k}| < \epsilon_k$$

besteht.

Aufgabe 2.25. Geben Sie Beispiele reeller Nullfolgen an, deren Folgenglieder alle irrationale, d. h. nicht rationale, Zahlen sind.

Definition 2.26. Eine reelle Zahlenfolge (α_n) besitzt einen *Grenzwert* $\alpha \in \mathbb{R}$ oder *konvergiert gegen* $\alpha \in \mathbb{R}$, wenn zu jedem $\varepsilon \in \mathbb{R}$, $\varepsilon > 0$, eine natürliche Zahl $N(\varepsilon)$ derart existiert, dass für alle $n \in \mathbb{N}$ mit $n > N(\varepsilon)$ die Ungleichung

$$|\alpha_n - \alpha| < \varepsilon$$

besteht. Wir schreiben dafür

$$\alpha = \lim_{n \to \infty} \alpha_n.$$

Satz 2.27. *Im Körper* $(\mathbb{R}, +, \cdot)$ *der reellen Zahlen besitzt jede reelle Cauchyfolge* (α_n) *einen Grenzwert* $\alpha \in \mathbb{R}$.

Beweis. Nach Bemerkung 2.24 gilt $\alpha_n = (a_{n,k}) + \mathfrak{n}$ mit der rationalen Cauchyfolge $(a_{n,k})$. Wir werden zeigen, dass
(i)   die rationale Zahlenfolge $(a_{n,n})$ eine Cauchyfolge ist,
(ii) $\lim_{n \to \infty} \alpha_n = \alpha$ gilt, wobei $\alpha := (a_{n,n}) + \mathfrak{n}$ ist.

Ad (i): Es sei $\varepsilon \in \mathbb{R}$, $\varepsilon > 0$; dabei können wir ε ohne Einschränkung rational wählen, d. h. $\varepsilon = (\epsilon)$ mit $\epsilon \in \mathbb{Q}$. Nach Bemerkung 2.24 findet sich für alle $m, n > N(\varepsilon)$ jeweils eine natürliche Zahl $M(m, n)$ derart, dass für alle $k > M(m, n)$ die Ungleichung

$$|a_{m,k} - a_{n,k}| < \epsilon$$

besteht. Wir zeigen nun, dass eine natürliche Zahl $N_0(\epsilon)$ derart existiert, dass die Ungleichung

$$|a_{m,k} - a_{n,k}| < \epsilon$$

für alle m, $n > N_0(\epsilon)$ und alle $k \in \mathbb{N}$ gilt. Dazu stellen wir zunächst fest, dass die α_n repräsentierende rationale Cauchyfolge $(a_{n,k})$ durch Übergang zu einer Teilfolge, die wir zur Vereinfachung der Scheibweise wieder mit $(a_{n,k})$ bezeichnen, so abgeändert werden kann, dass

$$|a_{n,k} - a_{n,n}| < \frac{1}{n} \tag{5}$$

für alle $k \in \mathbb{N}$ gilt. Somit folgt mit Hilfe der Dreiecksungleichung für beliebige k, $k' \in \mathbb{N}$

$$|a_{n,k} - a_{n,k'}| \leq |a_{n,k} - a_{n,n}| + |a_{n,n} - a_{n,k'}| < \frac{2}{n}.$$

Damit erhalten wir für alle m, $n > N(\epsilon/2)$, $k \in \mathbb{N}$ und $k' > M(m, n)$ die Abschätzung

$$|a_{m,k} - a_{n,k}| \leq |a_{m,k} - a_{m,k'}| + |a_{m,k'} - a_{n,k'}| + |a_{n,k'} - a_{n,k}|$$
$$< \frac{2}{m} + \frac{\epsilon}{2} + \frac{2}{n}.$$

Indem wir jetzt $N_0(\epsilon) := \max\left\{ N(\frac{\epsilon}{2}), \left[\frac{8}{\epsilon}\right] \right\}$ setzen, ergibt sich wie gewünscht für alle m, $n > N_0(\epsilon)$ und alle $k \in \mathbb{N}$ die Abschätzung

$$|a_{m,k} - a_{n,k}| < \epsilon. \tag{6}$$

Indem wir weiterhin m, $n > N_0(\epsilon)$ wählen und in der Ungleichung (6) bzw. (5) $k = m$ einsetzen, erhalten wir

$$|a_{m,m} - a_{n,n}| \leq |a_{m,m} - a_{n,m}| + |a_{n,m} - a_{n,n}|$$
$$< \epsilon + \frac{1}{n} < \epsilon + \frac{\epsilon}{8} < 2\epsilon.$$

Damit haben wir $(a_{n,n})$ als rationale Cauchyfolge erkannt, mit welcher wir die reelle Zahl α definieren, d. h. $\alpha := (a_{n,n}) + \mathfrak{n}$.

Ad (ii). Es bleibt noch $\lim_{n \to \infty} \alpha_n = \alpha$ zu zeigen. Dazu sei wiederum $\epsilon \in \mathbb{Q}$, $\epsilon > 0$. Aufgrund von Ungleichung (5) gilt für alle $n > \frac{1}{\epsilon}$ und alle $k \in \mathbb{N}$

$$|a_{n,k} - a_{n,n}| < \frac{1}{n} < \epsilon,$$

d. h.

$$|\alpha_n - \alpha| < \epsilon$$

für alle $n > \frac{1}{\epsilon}$. Dies beweist die Behauptung. $\qquad\qquad \square$

Definition 2.28. Die im vorhergehenden Satz bewiesene Tatsache, dass im Körper $(\mathbb{R}, +, \cdot)$ jede reelle Cauchyfolge einen Grenzwert besitzt, der wiederum in $\mathbb{R}$ liegt, wird als *Vollständigkeit* der reellen Zahlen bezeichnet.

Bemerkung 2.29. Es sei $\alpha = (a_n) + \mathfrak{n} \in \mathbb{R}$ eine reelle Zahl. Die rationale Cauchyfolge (a_n) ist dann insbesondere auch eine reelle Cauchyfolge, die wir aufgrund unserer Identifikation von $\mathbb{Q}$ mit der entsprechenden Teilmenge von $\mathbb{R}$ gleich bezeichnen dürfen. Der Beweis von Satz 2.27 zeigt, dass

$$\alpha = \lim_{n \to \infty} a_n$$

gilt, d. h. alle reellen Zahlen sind Grenzwerte rationaler Cauchyfolgen.

Aufgabe 2.30. Finden Sie eine rationale Cauchyfolge mit dem Grenzwert $\sqrt{2}$.

3. Dezimalbruchentwicklung reeller Zahlen

Definition 3.1. Es seien q_{-j} natürliche Zahlen mit $0 \le q_{-j} \le 9$ für $j = -\ell, \dots, 0, 1, 2, \dots$ und $\ell \in \mathbb{N}$. Dann nennen wir die formale unendliche Summe

$$\pm q_\ell \dots q_0, q_{-1} q_{-2} \dots := \pm \sum_{j=-\ell}^{\infty} q_{-j} \cdot 10^{-j}$$

(unendliche) Dezimalzahl. Wir setzen

$$\mathbb{D}' := \{ \pm q_\ell \dots q_0, q_{-1} q_{-2} \dots \mid$$
$$\pm q_\ell \dots q_0, q_{-1} q_{-2} \dots \text{ ist Dezimalzahl} \}.$$

Die Dezimalzahl $\pm q_\ell \ldots q_0, q_{-1} q_{-2} \ldots$ heißt *abbrechend*, falls ein Index $k \geq 0$ existiert, so dass $q_{-j} = 0$ für $j > k$ gilt. Der Begriff der Periodizität einer Dezimalbruchentwicklung und die damit zusammenhängenden Begriffe aus Definition 1.3 übertragen sich unmittelbar auf Dezimalzahlen.

Bemerkung 3.2. Abbrechende bzw. periodische Dezimalzahlen können wir aufgrund der vorhergehenden Überlegungen mit rationalen Zahlen identifizieren. Die übrigen Dezimalzahlen machen bis jetzt aber keinen Sinn. Mit Hilfe des nachfolgenden Lemmas werden wir sie mit reellen Zahlen identifizieren können. Dazu stellen wir eine Verbindung zwischen der Menge $\mathbb{D}'$ der Dezimalzahlen und der Menge der reellen Zahlen $\mathbb{R}$ her.

Lemma 3.3. *Indem wir der Dezimalzahl* $\pm q_\ell \ldots q_0, q_{-1} q_{-2} \ldots$ *die rationale Zahlenfolge* (a_n)*, gegeben durch*

$$a_n := \pm q_\ell \ldots q_0, q_{-1} \ldots q_{-n},$$

zuordnen, erhalten wir eine surjektive Mengenabbildung

$$\varphi : \mathbb{D}' \longrightarrow \mathbb{R}.$$

Beweis. (i) Wir haben zuerst die Wohldefiniertheit der Abbildung φ zu zeigen, d. h. zu verifizieren, dass die Zahlenfolge (a_n) eine rationale Cauchyfolge ist. Dazu sei $\epsilon \in \mathbb{Q}, \epsilon > 0$, und $N \in \mathbb{N}$ derart, dass $10^{-N} < \epsilon$ gilt. Dann gilt konstruktionsgemäß für alle $m, n > N$ mit $m \geq n$

$$|a_m - a_n| < 0, 0 \ldots 0\, q_{-(n+1)} \ldots q_{-m} < 10^{-N} < \epsilon,$$

was die Cauchyfolgen-Eigenschaft beweist.

(ii) Wir beweisen nun die Surjektvität von φ. Dabei genügt es zu zeigen, dass φ eine surjektive Abbildung der Menge aller unendlichen Dezimalzahlen

$$q_\ell \ldots q_0, q_{-1} q_{-2} \ldots \in \mathbb{D}'$$

auf die Menge der nicht-negativen reellen Zahlen liefert. Es sei also $\alpha = (a_n) + \mathfrak{n}$ eine nicht-negative reelle Zahl; wir können ohne Beschränkung der Allgemeinheit annehmen, dass die rationalen Zahlen a_n nicht-negativ sind. Die Zahl a_n besitze nun die Dezimalbruchentwicklung

$$a_n = q_\ell^{(n)} \ldots q_0^{(n)}, q_{-1}^{(n)} q_{-2}^{(n)} \ldots \tag{7}$$

Die Cauchyfolgen-Eigenschaft der Zahlenfolge (a_n) zeigt, dass zu vorgegebenem $k \in \mathbb{N}$ eine natürliche Zahl n_k derart existiert, dass für alle $m, n \geq n_k$ die Ungleichung

$$|a_m - a_n| < 10^{-k}$$

besteht, d. h. die Dezimalbruchentwicklungen (7) von a_m und a_n stimmen bis zur k-ten Dezimalstelle nach dem Komma überein. Bei der Festlegung der n_k's können wir erreichen, dass

$$0 \leq n_0 < n_1 < n_2 < \ldots < n_k < \ldots$$

gilt. Damit betrachten wir die Dezimalzahl

$$q_\ell^{(n_0)} \ldots q_0^{(n_0)}, q_{-1}^{(n_1)} \ldots q_{-k}^{(n_k)} \ldots \in \mathbb{D}'.$$

Die Definition von φ zeigt

$$\varphi\left(q_\ell^{(n_0)} \ldots q_0^{(n_0)}, q_{-1}^{(n_1)} \ldots q_{-k}^{(n_k)} \ldots\right) =: (b_k) + \mathfrak{n}$$

mit $b_k = q_\ell^{(n_0)} \ldots q_0^{(n_0)}, q_{-1}^{(n_1)} \ldots q_{-k}^{(n_k)}$. Konstruktionsgemäß gilt dabei

$$|a_{n_k} - b_k| < 10^{-k},$$

d. h. $(a_{n_k}) - (b_k) \in \mathfrak{n}$. Da gemäß Lemma 2.11 für die Teilfolge (a_{n_k}) die Beziehung $(a_k) - (a_{n_k}) \in \mathfrak{n}$ gilt, folgt

$$(b_k) + \mathfrak{n} = (a_k) + \mathfrak{n} = \alpha,$$

was die Surjektivität von φ beweist. $\qquad\square$

Bemerkung 3.4. Der Beweis von Lemma 3.3 zeigt, dass der Dezimalzahl $\pm q_\ell \ldots q_0, q_{-1} q_{-2} \ldots$ die reelle Zahl

$$\alpha = \pm \lim_{n \to \infty} \sum_{j=-\ell}^{n} q_{-j} \cdot 10^{-j} = \pm \sum_{j=-\ell}^{\infty} q_{-j} \cdot 10^{-j}$$

entspricht. Damit haben wir die im ersten Abschnitt dieses Kapitels aufgeworfene Frage nach der Sinnhaftigkeit der obigen Reihe positiv beantwortet.

Bemerkung 3.5. Wir wollen als nächstes die Abbildung $\varphi : \mathbb{D}' \longrightarrow \mathbb{R}$ aus Lemma 3.3 auf Injektivität untersuchen. Wie wir sogleich sehen werden, ist φ nicht injektiv. Also wird es unser Ziel sein, den Defekt an Injektivität zu messen. Bei den nachfolgenden Untersuchungen dürfen wir uns wieder auf den „nicht-negativen" Bereich beschränken. Es seien also

$$q_\ell \ldots q_0, q_{-1} q_{-2} \ldots \in \mathbb{D}' \text{ und } q'_{\ell'} \ldots q'_0, q'_{-1} q'_{-2} \ldots \in \mathbb{D}'$$

mit der Eigenschaft

$$\varphi(q_\ell \ldots q_0, q_{-1} q_{-2} \ldots) = \varphi(q'_{\ell'} \ldots q'_0, q'_{-1} q'_{-2} \ldots),$$

d. h.

$$\sum_{j=-\ell}^{\infty} q_{-j} \cdot 10^{-j} = \sum_{j=-\ell'}^{\infty} q'_{-j} \cdot 10^{-j}.$$

Wir können ohne Einschränkung $\ell' \geq \ell$ annehmen. Wir erhalten damit die Gleichung

$$q'_{\ell'} \cdot 10^{\ell'} + \ldots + q'_{\ell+1} \cdot 10^{\ell+1} = \sum_{j=-\ell}^{\infty} (q_{-j} - q'_{-j}) \cdot 10^{-j}.$$

Indem wir gegebenenfalls die letztere Gleichung durch $10^{\ell+1}$ dividieren, erkennen wir, dass wir ohne Beschränkung der Allgemeinheit $\ell = -1$ annehmen dürfen. Damit ergibt sich

$$q'_{\ell'} \cdot 10^{\ell'} + \ldots + q'_0 = \sum_{j=1}^{\infty} (q_{-j} - q'_{-j}) \cdot 10^{-j}. \tag{8}$$

Unter Beachtung von $0 \leq q_j, q_j' \leq 9$ schätzen wir die rechte Seite von (8) ab zu

$$0 \leq \left| \sum_{j=1}^{\infty}(q_{-j} - q_{-j}') \cdot 10^{-j} \right| \leq \sum_{j=1}^{\infty} |q_{-j} - q_{-j}'| \cdot 10^{-j}$$

$$\leq 9 \cdot \sum_{j=1}^{\infty} 10^{-j} = 1.$$

Damit finden wir für die linke Seite von (8)

$$0 \leq \left(q_{\ell'}' \cdot 10^{\ell'} + \ldots + q_0' \right) \leq 1,$$

d. h. es gilt $\ell' = 0$ und $q_0' = 1$ oder $\ell' = -1$, also $q_0' = 0$. Da der erstere Fall genau dann auftritt, wenn in der vorhergehenden Abschätzung für alle $j = 1, 2, \ldots$ das Gleichheitszeichen gilt, kann dieser Fall nur eintreten, wenn für $j = 1, 2, \ldots$ die Gleichung

$$|q_{-j} - q_{-j}'| = 9$$

besteht. Da wir im nicht-negativen Bereich argumentieren, bedeutet dies gerade

$$q_{-j} = 9 \text{ und } q_{-j}' = 0 \quad (j = 1, 2, \ldots).$$

Tritt der letztere Fall ein, so gehen wir von der Gleichheit $q_0 = q_0'$ aus und suchen einen Index $-k$ derart, dass $q_{-k} = q_{-k}'$, aber $q_{-k-1} \neq q_{-k-1}'$ gilt. Entweder findet sich kein solcher Index, d. h. dann stimmen die beiden Dezimalzahlen identisch überein, oder es findet sich ein entsprechender Index $-k$; indem wir dann wie zuvor argumentieren, stellen wir fest, dass die Dezimalzahl $0, q_{-1}q_{-2} \ldots$ ab der $(k+1)$-ten Nachkommastelle lauter Neunen besitzt.

Definition 3.6. Wir definieren nun $\mathbb{D} \subset \mathbb{D}'$ als diejenige Teilmenge, welche keine Dezimalzahlen enthält, die ab irgendeiner Nachkommastelle lauter Neunen besitzen. Wir nennen die Elemente von $\mathbb{D}$ künftig *echte Dezimalzahlen*.

Satz 3.7. *Es besteht eine Bijektion zwischen der Menge* $\mathbb{D}$ *der echten Dezimalzahlen und der Menge* $\mathbb{R}$ *der reellen Zahlen.*

Beweis. Die Behauptung folgt unmittelbar aus Lemma 3.3 und Bemerkung 3.5.   □

Bemerkung 3.8. Unter Verwendung von Satz 3.7 können wir im Folgenden von *der Dezimaldarstellung oder der Dezimalbruchentwicklung* reeller Zahlen sprechen.

Überdies können wir mit Hilfe der Bijektion zwischen $\mathbb{D}$ und $\mathbb{R}$ aus Satz 3.7 die Addition bzw. Multiplikation reeller Zahlen auf die Menge der echten Dezimalzahlen übertragen. Wir erhalten damit den Körper $(\mathbb{D}, +, \cdot)$ der echten Dezimalzahlen.

Bemerkung 3.9. Mit Hilfe der Dezimaldarstellung reeller Zahlen lässt sich zeigen, dass die Menge $\mathbb{R}$ überabzählbar ist; wir wollen auf den Beweis nicht eingehen und verweisen den Leser auf die Literatur. Da die Menge der rationalen Zahlen $\mathbb{Q}$ abzählbar ist, ist die Mengendifferenz $\mathbb{R} \setminus \mathbb{Q}$ nicht-leer. Dies führt zu der folgenden Definition.

Definition 3.10. Eine reelle Zahl $\alpha \in \mathbb{R} \setminus \mathbb{Q}$ heißt *irrational*.

Aufgabe 3.11.
(a) Überlegen Sie sich, dass die Zahl $0, 101\,001\,000\,100\,001\ldots$ (d. h. es sollen sukzessive eine, zwei, drei usw. Nullen eingefügt werden) irrational ist. Geben Sie weitere Beispiele irrationaler Dezimalzahlen an.
(b) Bestimmen Sie $\sqrt{2}$ bis auf die ersten zehn Nachkommastellen genau.

4. Äquivalente Charakterisierungen der Vollständigkeit

In diesem Abschnitt werden wir äquivalente Charakterisierungen der Vollständigkeit der reellen Zahlen geben. Dabei werden wir auf die Begriffe des Supremums und Infimums geführt.

Definition 4.1. Eine reelle Zahlenfolge (α_n) heißt *monoton wachsend* bzw. *streng monoton wachsend*, falls für alle $n \in \mathbb{N}$ die Ungleichung $\alpha_{n+1} \geq \alpha_n$ bzw. $\alpha_{n+1} > \alpha_n$ gilt.

Eine reelle Zahlenfolge (α_n) heißt *monoton fallend* bzw. *streng monoton fallend*, falls für alle $n \in \mathbb{N}$ die Ungleichung $\alpha_{n+1} \leq \alpha_n$ bzw. $\alpha_{n+1} < \alpha_n$ gilt.

Aufgabe 4.2. Überprüfen Sie, ob die Zahlenfolgen

$$\left(12^{\frac{1}{n+1}}\right)_{n \geq 0}, \quad \left(\frac{n^3 - 2}{n^2 - 2}\right)_{n \geq 0}, \quad \left(\frac{n^2 + 2}{2^n}\right)_{n \geq 0},$$

$$\left(\frac{n^3 + 3}{3^n}\right)_{n \geq 0}, \quad \left(n^{\frac{1}{n+1}}\right)_{n \geq 0}$$

(streng) monoton wachsend bzw. (streng) monoton fallend sind.

Definition 4.3. Eine nicht-leere Menge $\mathfrak{M} \subseteq \mathbb{R}$ heißt *nach oben beschränkt*, falls ein $\gamma \in \mathbb{R}$ derart existiert, dass für alle $\mu \in \mathfrak{M}$ die Beziehung $\mu \leq \gamma$ gilt. Die reelle Zahl γ nennt man *obere Schranke von* $\mathfrak{M}$.

Eine nicht-leere Menge $\mathfrak{M} \subseteq \mathbb{R}$ heißt *nach unten beschränkt*, falls ein $\gamma \in \mathbb{R}$ derart existiert, dass für alle $\mu \in \mathfrak{M}$ die Beziehung $\mu \geq \gamma$ gilt. Die reelle Zahl γ nennt man *untere Schranke von* $\mathfrak{M}$.

Eine nicht-leere Menge $\mathfrak{M} \subseteq \mathbb{R}$ heißt *beschränkt*, falls sie sowohl nach oben als auch nach unten beschränkt ist.

Satz 4.4. *Eine nicht-leere, nach oben beschränkte Menge $\mathfrak{M} \subseteq \mathbb{R}$ besitzt eine kleinste obere Schranke $\sigma \in \mathbb{R}$.*

Beweis. Wir wählen $\alpha_0 \in \mathbb{R}$ derart, dass α_0 keine obere Schranke von $\mathfrak{M}$, dass aber $\beta_0 := \alpha_0 + 1$ eine solche ist. Dann ist $\alpha_0 + \frac{1}{2}$ eine obere Schranke von $\mathfrak{M}$ oder nicht. Im ersten Fall definieren wir

$$\alpha_1 := \alpha_0 \quad \text{und} \quad \beta_1 := \alpha_0 + \frac{1}{2};$$

im zweiten Fall setzen wir

$$\alpha_1 := \alpha_0 + \frac{1}{2} \quad \text{und} \quad \beta_1 := \beta_0.$$

Indem wir so fortfahren, konstruieren wir induktiv zwei reelle Zahlenfolgen (α_n) und (β_n), welche die drei folgenden Eigenschaften erfüllen:
(1) Die Zahlenfolge (α_n) ist monoton wachsend.
(2) Die Zahlenfolge (β_n) ist monoton fallend.
(3) Für alle $m, n \in \mathbb{N}$ gilt die Ungleichung $\alpha_n \le \beta_m$.

Es sei nun $\varepsilon \in \mathbb{R}$, $\varepsilon > 0$, und $m \in \mathbb{N}$ derart, dass $2^{-m} < \varepsilon$ gilt. Dann gilt für alle $n \in \mathbb{N}$ mit $n > m$ nach unserer Konstruktion

$$|\alpha_m - \alpha_n| = \alpha_n - \alpha_m \le \beta_m - \alpha_m \le \frac{1}{2^m} < \varepsilon.$$

Damit erkennen wir (α_n) als reelle Cauchyfolge. Analog überlegt man sich, dass auch (β_n) eine reelle Cauchyfolge ist. Wir setzen

$$\alpha := \lim_{n \to \infty} \alpha_n, \quad \beta := \lim_{n \to \infty} \beta_n.$$

Wegen

$$\lim_{n \to \infty} (\beta_n - \alpha_n) = 0$$

erkennen wir $\alpha = \beta$.

Wir behaupten jetzt, dass α die gesuchte kleinste obere Schranke von $\mathfrak{M}$ ist. Da die rellen Zahlen β_n für alle $n \in \mathbb{N}$ konstruktionsgemäß obere Schranken von $\mathfrak{M}$ sind, gilt für alle $\mu \in \mathfrak{M}$ und $n \in \mathbb{N}$ die Ungleichung

$$\mu \le \beta_n,$$

also

$$\mu \le \beta = \alpha.$$

Damit ist α eine obere Schranke von $\mathfrak{M}$.

Es sei nun $\varepsilon \in \mathbb{R}$, $\varepsilon > 0$, derart, dass $\alpha' := \alpha - \varepsilon$ eine kleinere obere Schranke von $\mathfrak{M}$ ist. Aufgrund der Monotonie der Zahlenfolge (α_n) finden wir ein $N(\varepsilon) \in \mathbb{N}$ derart, dass für alle $n > N(\varepsilon)$ die Ungleichung

$$\alpha_n \geq \alpha - \varepsilon = \alpha'$$

gilt. Da nun andererseits α_n konstruktionsgemäß für kein $n \in \mathbb{N}$ obere Schranke von $\mathfrak{M}$ sein kann, existiert jeweils ein $\mu_n \in \mathfrak{M}$, so dass $\mu_n > \alpha_n$ gilt. Wählen wir jetzt $n > N(\varepsilon)$, so ergibt sich der Widerspruch $\mu_n > \alpha'$. Damit ist α die kleinste obere Schranke von $\mathfrak{M}$ und der Satz ist bewiesen. $\qquad\square$

Analog beweist man

Satz 4.5. *Eine nicht-leere, nach unten beschränkte Menge $\mathfrak{M} \subseteq \mathbb{R}$ besitzt eine größte untere Schranke $\sigma \in \mathbb{R}$.* $\qquad\square$

Aufgabe 4.6. Geben Sie ein Beispiel dafür an, dass der analoge Satz für den Bereich der rationalen Zahlen nicht gilt.

Aufgabe 4.7. Finden Sie die größte untere Schranke und die kleinste obere Schranke der Menge $\{\sqrt[x]{x} \mid x \in \mathbb{Q}, x \geq 0\}$.

Definition 4.8. Die kleinste obere Schranke der nicht-leeren, nach oben beschränkten Menge $\mathfrak{M}$ aus Satz 4.4 wird das *Supremum von* $\mathfrak{M}$ genannt und mit $\sup(\mathfrak{M})$ bezeichnet.

Die größte untere Schranke der nicht-leeren, nach unten beschränkten Menge $\mathfrak{M}$ wird das *Infimum von* $\mathfrak{M}$ genannt und mit $\inf(\mathfrak{M})$ bezeichnet.

Definition 4.9. Eine Folge von abgeschlossenen Intervallen

$$[\alpha_n, \beta_n] := \{\delta \in \mathbb{R} \mid \alpha_n \leq \delta \leq \beta_n\} \subseteq \mathbb{R} \quad (n \in \mathbb{N})$$

heißt *Intervallschachtelung*, falls die reellen Zahlenfolgen (α_n) und (β_n) die drei folgenden Eigenschaften erfüllen:

(1) Die Zahlenfolge (α_n) ist monoton wachsend.
(2) Die Zahlenfolge (β_n) ist monoton fallend.
(3) Es gilt $\lim\limits_{n\to\infty} (\beta_n - \alpha_n) = 0$.

Satz 4.10. *Die Folge der Intervalle $[\alpha_n, \beta_n] \subseteq \mathbb{R}$ für $n \in \mathbb{N}$ bilde eine Intervallschachtelung. Dann gilt*

$$\bigcap_{n=0}^{\infty} [\alpha_n, \beta_n] = \{\alpha\}$$

mit einer reellen Zahl α.

Beweis. Als erstes zeigen wir, dass der Durchschnitt

$$\bigcap_{n=0}^{\infty} [\alpha_n, \beta_n]$$

nicht-leer ist. Dazu betrachten wir die nicht-leeren Mengen

$$\mathfrak{A} := \{\alpha_n \mid n \in \mathbb{N}\} \subseteq \mathbb{R} \quad \text{und} \quad \mathfrak{B} := \{\beta_n \mid n \in \mathbb{N}\} \subseteq \mathbb{R}.$$

Definitionsgemäß ist die Menge $\mathfrak{A}$ nach oben beschränkt, nämlich durch die Elemente von $\mathfrak{B}$; entsprechend ist die Menge $\mathfrak{B}$ nach unten beschränkt. Nach Satz 4.4 bzw. Satz 4.5 können wir somit das Supremum von $\mathfrak{A}$ bzw. das Infimum von $\mathfrak{B}$ betrachten, d. h.

$$\alpha := \sup(\mathfrak{A}) \in \mathbb{R} \quad \text{bzw.} \quad \beta := \inf(\mathfrak{B}) \in \mathbb{R}.$$

Aufgrund von Eigenschaft (3) in Definition 4.9 muss $\alpha = \beta$ gelten. Da $\alpha_n \leq \alpha = \beta \leq \beta_n$ für alle $n \in \mathbb{N}$ ist, haben wir mit α ein Element gefunden, das in allen Intervallen $[\alpha_n, \beta_n]$ ($n \in \mathbb{N}$) liegt.

Als zweites zeigen wir, dass α das einzige Element im fraglichen Durchschnitt ist. Dazu sei $\gamma \in \bigcap_{n=0}^{\infty}[\alpha_n, \beta_n]$ ein beliebiges Element. Da $\alpha_n \leq \gamma \leq \beta_n$ für alle $n \in \mathbb{N}$ gilt, haben wir

$$\alpha = \lim_{n\to\infty} \alpha_n \leq \gamma \leq \lim_{n\to\infty} \beta_n = \beta.$$

Dies zeigt, dass $\alpha = \gamma$ gilt. $\square$

Bemerkung 4.11. Die Aussage von Satz 4.10 umschreibt man damit, dass in $\mathbb{R}$ das sogenannte *Intervallschachtelungsprinzip* gilt. Somit haben wir bisher eingesehen, dass die Vollständigkeit von $\mathbb{R}$, das sogenannte *Vollständigkeitsprinzip*, die Existenz eines Supremums (*Supremumsprinzip*) bzw. eines Infimums (*Infimumsprinzip*) zur Folge hat und dass letzteres das Intervallschachtelungsprinzip nach sich zieht. Wir schließen den Kreis, indem wir abschließend zeigen, dass das Intervallschachtelungsprinzip seinerseits die Vollständigkeit impliziert. Somit sind im Körper der reellen Zahlen
- Vollständigkeitsprinzip
- Supremums- bzw. Infimumsprinzip
- Intervallschachtelungsprinzip

äquivalent.

Satz 4.12. *Wir betrachten den Köper* $(\mathbb{R}, +, \cdot)$ *der reellen Zahlen mit seiner Ordnungsrelation „<" und setzen die Gültigkeit des Intervallschachtelungsprinzips voraus. Dann besitzt jede reelle Cauchyfolge* (α_n) *einen Grenzwert in* $\mathbb{R}$, *d. h. das Intervallschachtelungsprinzip impliziert das Vollständigkeitsprinzip.*

Beweis. Es sei $\varepsilon \in \mathbb{R}$, $\varepsilon > 0$. Dann existiert ein $N(\varepsilon) \in \mathbb{N}$ derart, dass für alle natürlichen Zahlen $m, n > N(\varepsilon)$ die Ungleichung

$$|\alpha_m - \alpha_n| < \varepsilon$$

besteht. Mit $n_0 := N(\varepsilon) + 1$ gilt dann für alle natürlichen Zahlen $n \geq n_0$

$$|\alpha_n - \alpha_{n_0}| < \varepsilon,$$

d. h.

$$|\alpha_n| < |\alpha_{n_0}| + \varepsilon.$$

Indem wir

$$\mu := \max\{|\alpha_0|, \ldots, |\alpha_{n_0-1}|, |\alpha_{n_0}| + \varepsilon\}$$

setzen, erkennen wir $\mathfrak{M} := \{\alpha_n \mid n \in \mathbb{N}\} \subseteq \mathbb{R}$ als beschränkte Menge, d. h. es existieren reelle Zahlen μ_0, ν_0 derart, dass für alle $n \in \mathbb{N}$ die Ungleichungen

$$\mu_0 \leq \alpha_n \leq \nu_0$$

gelten. Durch fortgesetzte Halbierung des abgeschlossenen Intervalls $[\mu_0, \nu_0]$ erhalten wir eine Intervallschachtelung $[\mu_k, \nu_k]$ ($k \in \mathbb{N}$) derart, dass in jedem der Intervalle unendlich viele Folgenglieder liegen, d. h. für unendlich viele Indizes n gilt jeweils

$$\mu_k \leq \alpha_n \leq \nu_k.$$

Die vorausgesetzte Gültigkeit des Intervallschachtelungs-prinzips führt nun zu einer reellen Zahl α, die durch

$$\bigcap_{k=0}^{\infty} [\mu_k, \nu_k] = \{\alpha\}$$

festgelegt ist. Somit existiert eine natürliche Zahl $K(\varepsilon)$ derart, dass für alle natürlichen Zahlen $k > K(\varepsilon)$ die Ungleichungen

$$\alpha - \varepsilon < \mu_k < \nu_k < \alpha + \varepsilon$$

gelten, d. h. für unendlich viele Indizes m bestehen die Un-gleichungen

$$\alpha - \varepsilon < \alpha_m < \alpha + \varepsilon \Longleftrightarrow |\alpha_m - \alpha| < \varepsilon.$$

Nach eventueller Vergrößerung von $N(\varepsilon)$ können wir einen der unendlich vielen Indizes $m = n_0$ wählen und erhalten

$$|\alpha_{n_0} - \alpha| < \varepsilon.$$

Somit folgt für alle natürlichen Zahlen $n > N(\varepsilon)$

$$|\alpha_n - \alpha| \leq |\alpha_n - \alpha_{n_0}| + |\alpha_{n_0} - \alpha| < 2\varepsilon.$$

Dies beweist die Konvergenz der reellen Cauchyfolge (α_n) und die Gleichheit

$$\lim_{n \to \infty} \alpha_n = \alpha.$$

$\square$

5. Die reellen Zahlen und die Zahlengerade

In diesem Abschnitt wollen wir eine Bijektion zwischen den Elementen der Menge der reellen Zahlen und den Punkten einer Geraden herstellen. Diese Überlegungen werden uns zum Begriff der *reellen Zahlengeraden* führen. Dazu setzen wir zunächst die klassischen Axiome der ebenen Euklidischen Geometrie voraus. Wir verwenden dabei insbesondere, dass die Ebene aus Punkten besteht, dass durch zwei Punkte in der Ebene jeweils genau eine Gerade bzw. eine Strecke festgelegt ist und dass zwei Geraden in der Ebene genau einen Schnittpunkt haben, falls sie nicht parallel sind. Weiter benötigen wir, dass wir mit Hilfe eines Zirkels Strecken auf einer Geraden abtragen können. Als wichtiges Werkzeug setzen wir die Gültigkeit der Ähnlichkeitssätze voraus. Allerdings werden wir sehen, dass die klassischen Axiome nicht ausreichen, um die angestrebte Identifikation der Menge der reellen Zahlen mit einer Geraden zu realisieren, vielmehr benötigen wir ein weiteres Axiom, das wir das *Axiom der geometrischen Vollständigkeit* nennen werden.

Wir gehen aus von der Menge $\mathbb{R}$ der reellen Zahlen einerseits und einer Geraden G in der Ebene andererseits. Ziel unserer Überlegungen ist es, eine Bijektion von der Menge $\mathbb{R}$ der reellen Zahlen auf die Menge der Punkte von G herzustellen. Als erstes zeichnen wir dazu einen Punkt P_0 auf der Geraden G aus, den wir Nullpunkt nennen. Wir betrachten den Nullpunkt $P_0 \in G$ als Bild des Nullelements $0 \in \mathbb{R}$.

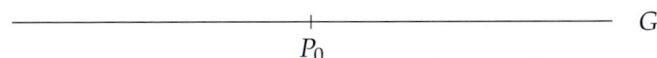

Indem wir als nächstes eine Einheitsstrecke festlegen, können wir auf der Geraden G, ausgehend vom Nullpunkt P_0, in äquidistanten Abständen nach rechts Punkte abtragen, die wir als Bilder der natürlichen Zahlen 1, 2, 3,... auffassen; wir bezeichnen diese Punkte entsprechend mit P_1, P_2, P_3,... Durch Spiegelung am Nullpunkt P_0 erhalten wir nach links abgetragen die Bilder der negativen ganzen Zahlen -1, -2,

$-3, \ldots$ auf G, die wir entsprechend mit P_{-1}, P_{-2}, $P_{-3}, \ldots$ bezeichnen.

Indem wir die Länge $\ell(\overline{P_0 P_1})$ der Einheitsstrecke $\overline{P_0 P_1}$ als 1 definieren, ergibt sich die Länge der Strecke $\overline{P_a P_b}$ (a, $b \in \mathbb{Z}$, $a \leq b$) zu

$$\ell(\overline{P_a P_b}) = b - a.$$

Wir stellen uns nun zwei nicht parallele Geraden in der Ebene vor, auf denen die ganzen Zahlen als Punkte markiert sind und die sich im Nullpunkt P_0 schneiden. Wir fixieren auf der einen Geraden die Punkte P_a bzw. P_b, die den natürlichen Zahlen a bzw. b (a, $b \neq 0$) entsprechen, und auf der anderen Geraden den Punkt P_1, der der natürlichen Zahl 1 entspricht. Indem wir die Verbindungsgerade zwischen den Punkten P_b und P_1 konstruieren und anschließend die Parallele dazu durch den Punkt P_a bilden, erhalten wir als Schnittpunkt dieser Parallelen mit der anderen Geraden einen Punkt P. Nach den Strahlensätzen besteht zwischen den Strecken $\overline{P_0 P_b}$, $\overline{P_0 P_a}$, $\overline{P_0 P_1}$ und $\overline{P_0 P}$ folgende Verhältnisgleichung

$$\overline{P_0 P_b} : \overline{P_0 P_a} = \overline{P_0 P_1} : \overline{P_0 P}.$$

Indem wir die Länge der Strecke $\overline{P_0 P}$ mit x bezeichnen, ergibt sich daraus für die Längen der entsprechenden Strecken folgende Gleichung

$$b : a = 1 : x \Longleftrightarrow a = b \cdot x \Longleftrightarrow x = \frac{a}{b}.$$

Aus diesem Grund betrachten wir den Punkt P als Bild der

positiven rationalen Zahl $\frac{a}{b}$ und bezeichnen ihn durch $P_{a/b}$.

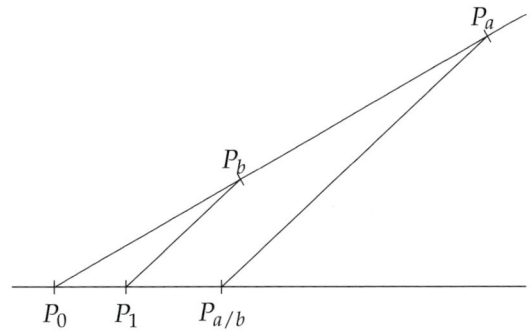

Indem wir diese Konstruktion für alle positiven rationalen Zahlen durchführen, erhalten wir für jede positive rationale Zahl r einen Bildpunkt $P_r \in G$. Wiederum durch Spiegelung am Nullpunkt erfassen wir auch die negativen rationalen Zahlen als Punkte auf G. Insgesamt erhalten wir durch die Zuordnung $r \mapsto P_r$ eine injektive Abbildung $\psi : \mathbb{Q} \longrightarrow G$.

Bevor wir die Abbildung ψ auf die Menge der reellen Zahlen fortsetzen, beachten wir noch einige wichtige Eigenschaften von ψ, die durch die Konstruktion gegeben sind. Zunächst respektiert ψ die auf $\mathbb{Q}$ gegebene Ordnungsrelation „$<$" in dem Sinne, dass für rationale Zahlen r, s mit $r < s$ der Bildpunkt P_r *links* vom Bildpunkt P_s liegt. Desweiteren respektiert die Abbildung ψ auch die Addition bzw. Multiplikation rationaler Zahlen: beispielsweise erhalten wir für zwei positive rationale Zahlen r, s den Bildpunkt P_{r+s} der Summe $r + s$ als denjenigen Punkt auf G, der durch Aneinanderfügen der Strecken $\overline{P_0 P_r}$ und $\overline{P_0 P_s}$ bestimmt ist. Entsprechend lässt sich die Differenz zweier rationaler Zahlen deuten. Der Punkt $P_{r \cdot s}$, der dem Produkt $r \cdot s$ zweier (positiver) rationaler Zahlen r, s entspricht, lässt sich durch geeignete Anwendung der Strahlensätze auf die Strecken $\overline{P_0 P_r}$, $\overline{P_0 P_s}$ konstruieren.

Wir wollen nun die Abbildung $\psi : \mathbb{Q} \longrightarrow G$ auf die Menge $\mathbb{R}$ der reellen Zahlen fortsetzen; wir werden diese Fortsetzung der Einfachheit halber auch wieder mit ψ bezeichnen. Dazu definieren wir zunächst das Bild eines Intervalls $[r, s] \subseteq \mathbb{R}$ mit *rationalen* Intervallgrenzen r, s als die Menge der Punkte der Strecke $\overline{P_r P_s} \subseteq G$, d. h. in Formeln

$$\psi([r, s]) = \overline{P_r P_s}.$$

Wir beachten, dass die Länge der Strecke $\overline{P_r P_s}$ dabei durch

$$\ell(\overline{P_r P_s}) = s - r$$

gegeben ist. Es sei nun $\alpha \in \mathbb{R}$ eine beliebige reelle Zahl. Die Konstruktion der reellen Zahlen zusammen mit dem Intervallschachtelungsprinzip zeigt, dass wir α als Durchschnitt der Intervalle $I_n = [a_n, b_n]$ $(n \in \mathbb{N})$ einer Intervallschachtelung mit *rationalen* Intervallgrenzen erhalten können. Die Intervalle $I_n = [a_n, b_n]$ $(n \in \mathbb{N})$ werden mittels ψ auf die Strecken $\overline{P_{a_n} P_{b_n}}$ abgebildet. Zur Fortsetzung von ψ von $\mathbb{Q}$ nach $\mathbb{R}$ benötigen wir an dieser Stelle das folgende weitere Axiom.

Definition 5.1. Die Gerade G erfüllt das *Axiom der geometrischen Vollständigkeit*, falls jede Folge von ineinandergeschachtelten Strecken $\overline{P_{a_n} P_{b_n}}$ $(n \in \mathbb{N})$ mit

$$\lim_{n \to \infty} \ell\left(\overline{P_{a_n} P_{b_n}}\right) = 0$$

einen nicht-leeren Durchschnitt besitzt, d. h. wenn

$$\bigcap_{n=0}^{\infty} \overline{P_{a_n} P_{b_n}} \neq \varnothing \tag{9}$$

gilt.

Bemerkung 5.2. Wir stellen fest, dass der Durchschnitt (9) in der vorhergehenden Definition 5.1 aus genau einem Punkt $P \in G$ besteht: Zunächst ist der Durchschnitt (9) aufgrund der Gültigkeit des Axioms der geometrischen Vollständigkeit nicht leer. Im Gegensatz zur Behauptung nehmen wir nun an, dass der Durchschnitt (9) mindestens die beiden Punkte P, Q

enthält; zwischen diesen besteht der positive Abstand $d > 0$. Wählen wir andererseits n groß genug, so wird die Länge der Strecke $\overline{P_{a_n} P_{b_n}}$ kleiner als d. Dies führt zu einem Widerspruch, da unter diesen Umständen nicht beide Punkte P, Q dem Durchschnitt (9) angehören können.

Mit Hilfe des Axioms der geometrischen Vollständigkeit und unter Beachtung der vorhergehenden Bemerkung setzen wir jetzt

$$\psi(\alpha) := \bigcap_{n=0}^{\infty} \overline{P_{a_n} P_{b_n}} = \{P\}.$$

Man überlegt sich leicht, dass diese Definition unabhängig von der Wahl der Intervallschachtelung ist. Somit erhalten wir eine Abbildung ψ von der Menge $\mathbb{R}$ der reellen Zahlen in die Menge der Punkte der Geraden G. Wie für die rationalen Zahlen gilt auch jetzt, dass die Abbildung ψ die Ordnungsrelation „$<$" respektiert; wir nennen dies die *Ordnungstreue von* ψ. Daraus entnehmen wir sofort die Injektivität von ψ.

Wir überlegen uns schließlich, dass die Abbildung ψ auch surjektiv ist. Dazu sei $P \in G$ ein Punkt. Wir betrachten die Menge

$$\mathfrak{M} := \{r \in \mathbb{Q} \mid \psi(r) \text{ liegt links von } P\}.$$

Da sich eine natürliche Zahl a findet, deren Bildpunkt P_a rechts von P liegt, ist die nicht-leere Menge $\mathfrak{M}$ nach oben beschränkt. Somit existiert das Supremum von $\mathfrak{M}$; wir setzen $\alpha := \sup(\mathfrak{M}) \in \mathbb{R}$ und behaupten, dass $P = \psi(\alpha)$ gilt. Wäre $P \neq \psi(\alpha)$, müsste $\psi(\alpha)$ aufgrund der Ordnungstreue von ψ echt links von P liegen, d. h. die Strecke von $\psi(\alpha)$ zu P hätte positive Länge. Indem wir jetzt eine monoton fallende Folge (c_n) rationaler Zahlen wählen, die gegen α konvergiert, finden wir ein Folgenglied c_{n_0} derart, dass $c_{n_0} > \alpha$ gilt und dass das Bild $\psi(c_{n_0})$ links von P liegt. Damit gilt $c_{n_0} \in \mathfrak{M}$, also $c_{n_0} \leq \alpha$. Dies ist aber ein Widerspruch. Damit ist unsere Annahme falsch, und die Surjektivität von ψ bewiesen.

Aufgabe 5.3. Beweisen Sie die Unabhängigkeit von $\psi(\alpha)$ von der Wahl einer Intervallschachtelung zu $\alpha \in \mathbb{R}$.

Zusammengenommen haben wir die Menge $\mathbb{R}$ der reellen Zahlen mit der Geraden G identifiziert. Wir nennen diese Gerade künftig die *reelle Zahlengerade*. Ein Punkt P auf der reellen Zahlengeraden legt eine Strecke fest, nämlich die (gerichtete) Strecke vom Nullpunkt P_0 zu P. Die Addition bzw. Multiplikation reeller Zahlen übersetzt sich analog zur Diskussion bei den rationalen Zahlen in eine „Addition" bzw. „Multiplikation" entsprechender Strecken. Wir können die reelle Zahlengerade mit diesen beiden Operationen als Modell für den Körper der reellen Zahlen $\mathbb{R}$ betrachten.

Wir schließen diesen Abschnitt mit dem folgenden historischen Hinweis. Die in der vorhergehenden Diskussion erforderliche Hinzunahme des Axioms der geometrischen Vollständigkeit charakterisierte R. Dedekind in § 3 seiner Ausführungen über „Stetigkeit und Irrationale Zahlen" aus dem Jahr 1887, in denen er die sogenannten *Dedekindschen Schnitte* einführte, mit den folgenden Worten:

> [...] Die obige Vergleichung des Gebietes R der rationalen Zahlen mit einer Geraden hat zu der Erkenntnis der Lückenhaftigkeit, Unvollständigkeit oder Unstetigkeit des ersteren geführt, während wir Geraden Vollständigkeit, Lückenlosigkeit oder Stetigkeit zuschreiben. Worin besteht denn nun eigentlich diese Stetigkeit? In der Beantwortung dieser Frage muß alles enthalten sein, und nur durch sie wird man eine wissenschaftliche Grundlage für die Untersuchung aller stetigen Gebiete gewinnen. Mit vagen Reden über den ununterbrochenen Zusammenhang in den kleinsten Teilen ist natürlich nichts erreicht; es kommt darauf an, ein präzises Merkmal der Stetigkeit anzugeben, welches als Basis für wirkliche Deduktionen gebraucht werden kann. Lange Zeit habe ich vergeblich darüber nachgedacht, aber endlich fand ich, was ich suchte. Dieser Fund wird von verschiedenen Personen vielleicht verschieden beurteilt werden, doch glaube ich, daß die meisten seinen Inhalt sehr trivial finden werden. Er besteht im

Folgenden. Im vorigen Paragraphen ist darauf aufmerksam gemacht, daß jeder Punkt p der Geraden eine Zerlegung derselben
in zwei Stücke von der Art hervorbringt, daß jeder Punkt des
einen Stückes links von jedem Punkte des anderen liegt. Ich fin-
de nun das Wesen der Stetigkeit in der Umkehrung, also in dem
folgenden Prinzip: ‚Zerfallen alle Punkte der Geraden in zwei
Klassen von der Art, daß jeder Punkt der ersten Klasse links von
jedem Punkte der zweiten Klasse liegt, so existiert ein und nur
ein Punkt, welcher diese Einteilung aller Punkte in zwei Klassen, diese Zerschneidung der Geraden in zwei Stücke hervorbringt.' [. . .]

6. Der axiomatische Standpunkt

Definition 6.1. Ein Körper $(K, +, \cdot)$ heißt *angeordnet*, falls für
alle $\alpha \in K$ eine Relation $\alpha > 0$ mit den beiden folgenden Eigenschaften existiert:

(i)   Es gilt genau eine der drei Möglichkeiten $\alpha > 0$, $\alpha = 0$
        oder $\alpha < 0$ (d. h. $-\alpha > 0$).

(ii)   Sind $\alpha, \beta \in K$ mit $\alpha, \beta > 0$, so gilt $\alpha + \beta > 0$ und $\alpha \cdot \beta >$
        0.

Bemerkung 6.2. Ist $(K, +, \cdot)$ ein angeordneter Körper, so lässt
sich mit Hilfe der Anordnung sofort ein Betrag für die Elemente von K definieren. Damit kann auch der Begriff einer
Cauchyfolge $(\alpha_n) \subseteq K$ eingeführt werden.

Definition 6.3. Ein angeordneter Körper $(K, +, \cdot)$ heißt *vollständig*, wenn jede Cauchyfolge $(\alpha_n) \subseteq K$ einen Grenzwert in
K besitzt.

Bemerkung 6.4. Der Körper $\mathbb{R}$ der reellen Zahlen ist ein angeordneter und vollständiger Körper. Wie im Falle des Körpers
der reellen Zahlen lässt sich die Vollständigkeit auch mit Hilfe

des Supremums- bzw. Infimumsprinzips oder des Intervall-schachtelungsprinzips charakterisieren.

Zum Abschluss dieses Kapitels skizzieren wir einen Beweis des folgenden, auf D. Hilbert zurückgehenden Satzes.

Satz 6.5. *Ein angeordneter und vollständiger Körper* $(K, +, \cdot)$ *ist bis auf ordnungserhaltende Ringisomorphie eindeutig bestimmt, d. h. ist* $(K', +, \cdot)$ *ein weiterer angeordneter und vollständiger Körper, so gibt es einen Ringisomorphismus*

$$\varphi : (K, +, \cdot) \longrightarrow (K', +, \cdot),$$

der die Eigenschaft

$$\alpha > 0 \Longrightarrow \varphi(\alpha) > 0 \quad (\alpha \in K)$$

besitzt.

Bemerkung 6.6. Ohne Beweis bemerken wir, dass ein ange-ordneter und vollständiger Körper K einen zum Ring der gan-zen Zahlen $\mathbb{Z}$ isomorphen Unterring und somit auch einen zum Körper der rationalen Zahlen $\mathbb{Q}$ isomorphen Unterkör-per besitzt. Wir identifizieren im Folgenden $\mathbb{Z}$ bzw. $\mathbb{Q}$ mit diesem Unterring bzw. Unterkörper. Damit zeigt man, dass der angeordnete und vollständige Körper K *archimedisch an-geordnet* ist, d. h. die Eigenschaft besitzt, dass zu $\alpha, \beta \in K$ mit $0 < \alpha < \beta$ ein $n \in \mathbb{N}$ mit $n \cdot \alpha > \beta$ existiert. Dies wiederum führt zu der Erkenntnis, dass die rationalen Zahlen $\mathbb{Q}$ dicht in K liegen, d. h. in jeder ε-Umgebung

$$U_\varepsilon = \{\beta \in K \mid \alpha - \varepsilon < \beta < \alpha + \varepsilon\}$$

von $\alpha \in K$ befindet sich eine rationale Zahl r.

Beweis. Wir kommen nun zu der Beweisskizze von Satz 6.5. Der Beweis wird in drei Schritte aufgeteilt.

Schritt 1: Wir haben zunächst eine Abbildung $\varphi : K \longrightarrow K'$ zu definieren. Dazu betrachten wir zu $\alpha \in K$ die Menge

$$\mathfrak{M}_\alpha := \{r \in \mathbb{Q} \,|\, r < \alpha\} \subseteq K.$$

Da $\mathbb{Q}$ dicht in K liegt, ist die Menge $\mathfrak{M}_\alpha$ nicht-leer. Sie ist offensichtlich nach oben beschränkt, also existiert aufgrund der Vollständigkeit von K das Supremum von $\mathfrak{M}_\alpha$, und man überlegt sich leicht, dass

$$\sup(\mathfrak{M}_\alpha) = \alpha$$

gilt. Aufgrund der zuvor vereinbarten Identifikationen bestehen auch die Inklusionen

$$\mathfrak{M}_\alpha \subseteq \mathbb{Q} \subseteq K'.$$

Da K' ebenfalls vollständig ist, existiert auch das Supremum der nicht-leeren, nach oben beschränkten Menge $\mathfrak{M}_\alpha$ in K', welches wir mit $\sup'(\mathfrak{M}_\alpha)$ bezeichnen. Damit definieren wir die Abbildung $\varphi : K \longrightarrow K'$ durch

$$\varphi(\alpha) := \sup{}'(\mathfrak{M}_\alpha).$$

Man verifiziert leicht, dass für $r \in \mathbb{Q}$ die Beziehung $\varphi(r) = r$ gilt. Damit erkennen wir die Ordnungstreue von φ wie folgt: Sind $\alpha, \beta \in K$ mit $\alpha < \beta$, so existiert aufgrund der Dichtheit von $\mathbb{Q}$ in K ein $r \in \mathbb{Q}$ mit $\alpha < r < \beta$; es folgt

$$\sup{}'(\mathfrak{M}_\alpha) < r < \sup{}'(\mathfrak{M}_\beta),$$

d. h. es ist $\varphi(\alpha) < \varphi(\beta)$, was die Ordnungstreue von φ beweist.

Schritt 2: Wir zeigen hier, dass die Abbildung φ bijektiv ist; wir beginnen mit dem Injektivitätsnachweis. Sind $\alpha, \beta \in K$ mit $\alpha \neq \beta$, so können wir ohne Einschränkung $\alpha < \beta$ annehmen. Aufgrund der Ordnungstreue von φ gilt nun auch $\varphi(\alpha) < \varphi(\beta)$, also $\varphi(\alpha) \neq \varphi(\beta)$, was die Injektivität von φ beweist.

Um die Surjektivität von φ zu zeigen, wählen wir $\alpha' \in K'$ und betrachten dazu die Menge $\mathfrak{M}_{\alpha'} \subseteq K'$, welche wir natürlich auch als Teilmenge von K betrachten können. Wir setzen $\alpha := \sup(\mathfrak{M}_{\alpha'}) \in K$. Aufgrund der Gleichheit

$$\sup(\mathfrak{M}_\alpha) = \alpha = \sup(\mathfrak{M}_{\alpha'}),$$

erkennt man die Gleichheit der Mengen $\mathfrak{M}_\alpha$ und $\mathfrak{M}_{\alpha'}$, woraus

$$\varphi(\alpha) = \sup{}'(\mathfrak{M}_\alpha) = \sup{}'(\mathfrak{M}_{\alpha'}) = \alpha'$$

folgt. Dies bestätigt die Surjektivität von φ.

Schritt 3: Wir zeigen als drittes, dass φ ein Ringhomomorphismus ist; wir beginnen mit dem Beweis der Additivität von φ. Dazu betrachten wir zu $\alpha, \beta \in K$ die Menge

$$\mathfrak{N}_{\alpha,\beta} := \{r + s \,|\, r, s \in \mathbb{Q}, r < \alpha, s < \beta\}$$

und zeigen zunächst, dass $\mathfrak{N}_{\alpha,\beta} = \mathfrak{M}_{\alpha+\beta}$ gilt. Ist nämlich $t := r + s \in \mathfrak{N}_{\alpha,\beta}$, d.h. $t = r + s$ mit $r, s \in \mathbb{Q}$ und $r < \alpha, s < \beta$, so ist $t \in \mathbb{Q}$ und $t < \alpha + \beta$, also $t \in \mathfrak{M}_{\alpha+\beta}$, d.h. es besteht die Inklusion $\mathfrak{N}_{\alpha,\beta} \subseteq \mathfrak{M}_{\alpha+\beta}$. Ist umgekehrt $t \in \mathfrak{M}_{\alpha+\beta}$, d.h. $t \in \mathbb{Q}$ und $t < \alpha + \beta$, so können wir unter Verwendung der Dichtheit von $\mathbb{Q}$ in K ein $r \in \mathbb{Q}$ finden, welches

$$t - \beta < r < \alpha$$

erfüllt. Indem wir $s := t - r$ setzen, erhalten wir rationale Zahlen r, s mit $r < \alpha$ und $s < \beta$. Da nun $t = r + s$ mit $r, s \in \mathbb{Q}$ und $r < \alpha, s < \beta$ gilt, erkennen wir $t \in \mathfrak{N}_{\alpha,\beta}$, woraus die Inklusion $\mathfrak{M}_{\alpha+\beta} \subseteq \mathfrak{N}_{\alpha,\beta}$ folgt.

Aufgrund der Mengengleichheit $\mathfrak{N}_{\alpha,\beta} = \mathfrak{M}_{\alpha+\beta}$ folgt jetzt

$$\varphi(\alpha + \beta) = \sup{}'(\mathfrak{M}_{\alpha+\beta}) = \sup{}'(\mathfrak{N}_{\alpha,\beta}). \tag{10}$$

Es bleibt zu zeigen, dass $\sup{}'(\mathfrak{N}_{\alpha,\beta}) = \varphi(\alpha) + \varphi(\beta)$ gilt. Dazu behaupten wir zunächst, dass $\varphi(\alpha) + \varphi(\beta)$ eine obere Schranke von $\mathfrak{N}_{\alpha,\beta}$ ist. Ist nämlich $t := r + s \in \mathfrak{N}_{\alpha,\beta}$, d.h. $t = r + s$ mit $r, s \in \mathbb{Q}$ und $r < \alpha, s < \beta$, so haben wir

$$t = r + s = \varphi(r) + \varphi(s) < \varphi(\alpha) + \varphi(\beta),$$

woraus diese Behauptung folgt. Es bleibt zu zeigen, dass $\varphi(\alpha)$ + $\varphi(\beta)$ die kleinste obere Schranke von $\mathfrak{N}_{\alpha,\beta}$ ist. Dazu sei $K' \ni \gamma < \varphi(\alpha) + \varphi(\beta)$ eine kleinere obere Schranke von $\mathfrak{N}_{\alpha,\beta}$. Aufgrund der Dichtheit von $\mathbb{Q}$ in K' finden sich $t, r \in \mathbb{Q}$ mit

$$\gamma < t < \varphi(\alpha) + \varphi(\beta),$$
$$t - \varphi(\beta) < r < \varphi(\alpha).$$

Indem wir $s := t - r$ setzen, erhalten wir rationale Zahlen r, s mit $r < \alpha$ und $s < \beta$. Da nun $t = r + s$ mit $r, s \in \mathbb{Q}$ und $r < \alpha, s < \beta$ gilt, erkennen wir $t \in \mathfrak{N}_{\alpha,\beta}$. Da aber überdies $\gamma < t$ gilt, kann γ keine obere Schranke von $\mathfrak{N}_{\alpha,\beta}$ sein. Damit gilt

$$\varphi(\alpha) + \varphi(\beta) = \sup{}'(\mathfrak{N}_{\alpha,\beta}).$$

Die Additivität von φ ergibt sich jetzt aus Gleichung (10). Gilt $\alpha > 0$, so erhalten wir aufgrund der Ordnungstreue und der Additivität von φ insbesondere

$$\varphi(\alpha) > \varphi(0) = 0.$$

Zum Nachweis der Multiplikativität von φ verfährt man analog; wir wollen hier nicht näher darauf eingehen. Damit ist die Beweisskizze von Satz 6.5 abgeschlossen. $\square$

Aufgabe 6.7. Vervollständigen Sie die offen gebliebenen Stellen in der vorhergehenden Beweisskizze.

Bemerkung 6.8. Geht man vom axiomatischen Standpunkt aus, so ist es a priori nicht klar, dass ein angeordneter und vollständiger Körper K überhaupt existiert. Mit Hilfe der Konstruktion der reellen Zahlen $\mathbb{R}$ in Abschnitt 2 haben wir ein konkretes Modell eines solchen Körpers angegeben. Ein alternatives Modell wird durch die reelle Zahlengerade geliefert.

V Komplexe Zahlen und Quaternionen, Algebraizität und Transzendenz

1. Komplexe Zahlen

Durch die Erweiterung des Bereichs der natürlichen Zahlen über den Bereich der ganzen Zahlen zum Körper der rationalen Zahlen ist es uns gelungen, die lineare Gleichung

$$a \cdot x + b = c \qquad (a, b, c \in \mathbb{Q}; \ a \neq 0)$$

zu lösen. Als nächstes erhebt sich in natürlicher Weise die Frage nach der Lösbarkeit quadratischer Gleichungen, insbesondere der reinquadratischen Gleichung

$$x^2 = a \tag{1}$$

für $a \in \mathbb{Q}$. Gilt $a < 0$, so ist die Gleichung a priori nicht mit einem $x \in \mathbb{Q}$ lösbar, da ein Quadrat immer nicht-negativ ist. Darüber hinaus braucht die Gleichung aber auch für $a > 0$ im Bereich der rationalen Zahlen nicht lösbar zu sein, wie das Beispiel $a = 2$ zeigt: Wäre dies nämlich möglich, so fänden sich positive natürliche Zahlen m, n mit

$$\frac{m^2}{n^2} = 2 \iff m^2 = 2 \cdot n^2;$$

zieht man jetzt die Primfaktorzerlegungen von m und n heran, so erkennt man, dass in der letzten Gleichung linker Hand alle Primzahlen in gerader Vielfachheit vorkommen, währenddem die Primzahl 2 auf der rechten Seite in ungerader Vielfachheit auftritt, was einen Widerspruch zur Eindeutigkeit der Primfaktorzerlegung darstellt.

Mit Hilfe der Zahlbereichserweiterung von $\mathbb{Q}$ nach $\mathbb{R}$ lässt sich die Gleichung (1) für $a > 0$, ja sogar für positives reelles α, lösen. Ist nämlich $\alpha \in \mathbb{R}$, $\alpha > 0$, so erkennen wir wie folgt, dass die reinquadratische Gleichung

$$x^2 = \alpha$$

eine reelle Lösung besitzt: Wir wählen zunächst eine reelle Zahl β_0 mit $0 < \beta_0^2 \leq \alpha$ und definieren dann für $n \in \mathbb{N}$ rekursiv

$$\beta_{n+1} = \frac{\alpha + \beta_n^2}{2\beta_n}. \qquad (2)$$

Man verifiziert schnell, dass damit eine monoton wachsende, nach oben beschränkte Zahlenfolge (β_n) definiert wird. Aufgrund der Vollständigkeit von $\mathbb{R}$ besitzt die reelle Zahlenfolge einen Grenzwert, nämlich

$$\beta := \lim_{n \to \infty} \beta_n = \sup_{n \in \mathbb{N}} \{\beta_n\}.$$

Indem wir jetzt auf beiden Seiten der Gleichung (2) zum Grenzwert übergehen, erkennen wir, dass $\beta^2 = \alpha$ gilt. Wir schreiben dafür $\beta = \sqrt{\alpha}$ und beachten, dass mit $\beta = -\sqrt{\alpha}$ eine weitere Lösung vorliegt.

Leider ist die quadratische Gleichung $x^2 = \alpha$ für $\alpha < 0$ im Bereich der reellen Zahlen nachwievor unlösbar, insbesondere die Gleichung $x^2 = -1$. Deshalb nehmen wir im Folgenden eine Zahlbereichserweiterung von $\mathbb{R}$ derart vor, dass die quadratische Gleichung $x^2 = -1$ eine Lösung besitzt; natürlich werden wir dabei dafür Sorge tragen, dass der neue Zahlbereich weiterhin ein Körper ist.

Aufgabe 1.1. Berechnen Sie mit Hilfe des obigen Verfahrens $\sqrt{3}$ und $\sqrt{5}$ bis auf die ersten zehn Nachkommastellen genau.

Definition 1.2. Wir setzen $i := \sqrt{-1}$, d. h. es gilt $i^2 = -1$. Wir bezeichnen i als *imaginäre Einheit*.

Mit Hilfe der imaginären Einheit i definieren wir weiter

Definition 1.3. Die Menge der *komplexen Zahlen* $\mathbb{C}$ ist gegeben als die Menge aller reellen Linearkombinationen des Einselements 1 von $\mathbb{R}$ und der imaginären Einheit i, d. h. es ist

$$\mathbb{C} := \{\alpha = \alpha_1 \cdot 1 + \alpha_2 \cdot i \mid \alpha_1, \alpha_2 \in \mathbb{R}\}.$$

Für $\alpha = \alpha_1 \cdot 1 + \alpha_2 \cdot i \in \mathbb{C}$ schreiben wir im Folgenden kurz $\alpha_1 + \alpha_2 i$.

Bemerkung 1.4. Man kann $\mathbb{C}$ als einen reellen 2-dimensionalen Vektorraum mit der Basis $\{1, i\}$ auffassen. Als solchen kann man $\mathbb{C}$ mit einer reellen Ebene, der sogenannten *Gaußschen Zahlenebene*, identifizieren.

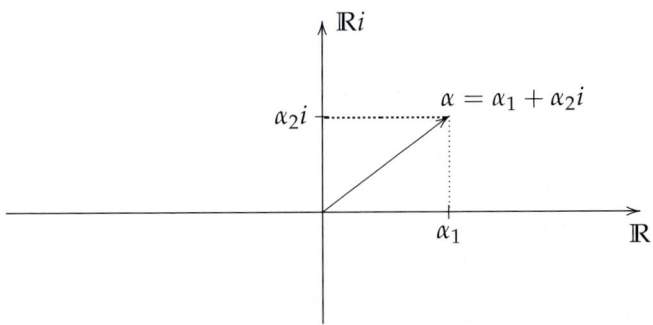

Abbildung 1. Die Gaußsche Zahlenebene

Bemerkung 1.5. Als $\mathbb{R}$-Vektorraum besitzt $\mathbb{C}$ insbesondere die Struktur einer abelschen Gruppe. Sind nämlich $\alpha = \alpha_1 + \alpha_2 i$, $\beta = \beta_1 + \beta_2 i \in \mathbb{C}$, so gilt

$$\alpha + \beta = (\alpha_1 + \alpha_2 i) + (\beta_1 + \beta_2 i) = (\alpha_1 + \beta_1) + (\alpha_2 + \beta_2)i.$$

Diese Addition ist assoziativ und kommutativ. Das neutrale Element, d. h. das Nullelement von $\mathbb{C}$, ist durch $0 := 0 + 0i$

gegeben. Ist $\alpha = \alpha_1 + \alpha_2 i \in \mathbb{C}$, so wird das additive Inverse zu α durch

$$-\alpha := (-\alpha_1) + (-\alpha_2)i = -\alpha_1 - \alpha_2 i$$

geliefert.

Definition 1.6. Die Multiplikation zweier komplexer Zahlen $\alpha = \alpha_1 + \alpha_2 i$ und $\beta = \beta_1 + \beta_2 i$ wird durch

$$\alpha \cdot \beta = (\alpha_1 + \alpha_2 i) \cdot (\beta_1 + \beta_2 i) :=$$
$$(\alpha_1 \cdot \beta_1 - \alpha_2 \cdot \beta_2) + (\alpha_1 \cdot \beta_2 + \alpha_2 \cdot \beta_1)i$$

definiert.

Satz 1.7. *Die Struktur $(\mathbb{C}, +, \cdot)$ ist ein Körper mit dem Einselement $1 := 1 + 0i$, welcher den Körper der reellen Zahlen $(\mathbb{R}, +, \cdot)$ als Unterkörper enthält.*

Darüber hinaus besitzt die quadratische Gleichung

$$\alpha \cdot x^2 + \beta \cdot x + \gamma = 0 \tag{3}$$

mit α, β, $\gamma \in \mathbb{R}$ jeweils Lösungen in $\mathbb{C}$.

Beweis.   Wir haben bereits festgestellt, dass die Struktur $(\mathbb{C}, +)$ eine abelsche Gruppe mit dem neutralen Element 0 ist. In einem zweiten Schritt verifiziert man leicht, dass die soeben definierte Multiplikation komplexer Zahlen assoziativ und kommutativ ist und dass das Einselement 1 neutrales Element bezüglich der Multiplikation ist. Indem man noch die beiden Distributivgesetze

$$\alpha \cdot (\beta + \gamma) = \alpha \cdot \beta + \alpha \cdot \gamma, \ (\beta + \gamma) \cdot \alpha = \beta \cdot \alpha + \gamma \cdot \alpha$$

für α, β, $\gamma \in \mathbb{C}$ nachprüft, erkennen wir $(\mathbb{C}, +, \cdot)$ als kommutativen Ring mit Einselement 1. Zum Nachweis der Körpereigenschaft von $\mathbb{C}$ bleibt zu zeigen, dass jedes $\alpha = \alpha_1 + \alpha_2 i \neq 0$

ein multiplikatives Inverses in $\mathbb{C}$ hat. Da $\alpha \neq 0$ ist, gilt entweder $\alpha_1 \neq 0$ oder $\alpha_2 \neq 0$, also gilt immer $\alpha_1^2 + \alpha_2^2 \neq 0$; unter Berücksichtigung dieser Tatsache rechnet man leicht nach, dass die komplexe Zahl

$$\beta = \frac{\alpha_1}{\alpha_1^2 + \alpha_2^2} - \frac{\alpha_2}{\alpha_1^2 + \alpha_2^2} i$$

multiplikativ invers zu α ist.

Mit Hilfe der Abbildung

$$\psi : (\mathbb{R}, +, \cdot) \longrightarrow (\mathbb{C}, +, \cdot),$$

gegeben durch die Zuordnung $\alpha_1 \mapsto \alpha_1 + 0i$, erhalten wir einen injektiven Ringhomomorphismus von $(\mathbb{R}, +, \cdot)$ nach $(\mathbb{C}, +, \cdot)$; daraus erkennen wir den Körper der reellen Zahlen als Unterkörper des Körpers der komplexen Zahlen.

Die quadratische Gleichung (3) hat die beiden Lösungen

$$x_{1,2} = \frac{-\beta \pm \sqrt{\beta^2 - 4\alpha\gamma}}{2\alpha},$$

wobei $\sqrt{\beta^2 - 4\alpha\gamma} = \sqrt{|\beta^2 - 4\alpha\gamma|}\, i$ ist, falls $\beta^2 - 4\alpha\gamma < 0$ gilt. Damit ist der Satz bewiesen. $\square$

Aufgabe 1.8. Komplettieren Sie den Beweis von Satz 1.7.

Bemerkung 1.9. In Verallgemeinerung des vorhergehenden Satzes lässt sich zeigen, dass die quadratische Gleichung (3) mit *komplexen* Koeffizienten α, β, γ ebenfalls immer im Körper der komplexen Zahlen lösbar ist. Dies ist eine erstaunliche Erkenntnis: Man erweitert den Bereich der reellen Zahlen durch Hinzunahme einer Quadratwurzel aus -1 zum Bereich der komplexen Zahlen und erreicht damit, dass *jede* quadratische Gleichung mit komplexen Koeffizienten wiederum in $\mathbb{C}$ lösbar ist.

Aufgabe 1.10.   Leiten Sie eine allgemeine Lösungsformel zur Berechnung der Quadratwurzel $\sqrt{\alpha}$ mit $\alpha = \alpha_1 + \alpha_2 i \in \mathbb{C}$ her. Berechnen Sie damit $\sqrt{\alpha}$ für $\alpha = i$, $\alpha = 2 + i$ und $\alpha = 3 - 2i$.

Aufgabe 1.11.   Berechnen Sie alle Lösungen der quadratischen Gleichungen $x^2 + (1 + i) \cdot x + i = 0$ sowie $x^2 + (2 - i) \cdot x - 2i = 0$.

Definition 1.12.   Ist $\alpha = \alpha_1 + \alpha_2 i \in \mathbb{C}$, so definieren wir die zu α *konjugiert komplexe Zahl* $\overline{\alpha}$ durch

$$\overline{\alpha} := \alpha_1 - \alpha_2 i.$$

Der *Betrag* $|\alpha|$ von α ist dann gegeben durch

$$|\alpha| := \sqrt{\alpha \cdot \overline{\alpha}} = \sqrt{\alpha_1^2 + \alpha_2^2}.$$

Bemerkung 1.13.   Mit Hilfe der vorhergehenden Definition kann das multiplikative Inverse von $0 \neq \alpha \in \mathbb{C}$ in der Form

$$\alpha^{-1} = \frac{\overline{\alpha}}{|\alpha|^2}$$

angegeben werden.

Desweiteren prüft man leicht nach, dass die Betragsfunktion $| \cdot |$ die Eigenschaften einer Norm hat. Es stellt sich heraus, dass der Körper $(\mathbb{C}, +, \cdot)$ bezüglich dieser Norm vollständig ist.

Wir beenden diesen Abschnitt mit dem Fundamentalsatz der Algebra, den wir ohne Beweis zitieren.

Satz 1.14 (Fundamentalsatz der Algebra).   *Jedes Polynom*

$$f(X) = \alpha_n X^n + \alpha_{n-1} X^{n-1} + \ldots + \alpha_1 X + \alpha_0$$

vom Grad $n > 0$ mit komplexen Koeffizienten $\alpha_0, \ldots, \alpha_n$ hat mindestens eine Nullstelle im Körper $\mathbb{C}$. Somit zerfällt das Polynom f

über dem Körper $\mathbb{C}$ *in Linearfaktoren, d. h. es existieren komplexe Zahlen* $\zeta_1, \ldots, \zeta_n$ *mit der Eigenschaft*

$$f(X) = \alpha_n \cdot (X - \zeta_1) \cdot \ldots \cdot (X - \zeta_n).$$

$\square$

Bemerkung 1.15. Man nennt einen Körper K, für den ein Analogon zum Fundamentalsatz der Algebra besteht, *algebraisch abgeschlossen*. Mithin ist der Körper $\mathbb{C}$ der komplexen Zahlen algebraisch abgeschlossen.

2. Hamiltonsche Quaternionen

Von eher akademischer Natur ist die Frage, ob sich der Körper $\mathbb{C}$ der komplexen Zahlen zu einem noch größeren Körper erweitern lässt, der – wie der Körper $\mathbb{C}$ – ein endlich dimensionaler reeller Vektorraum ist. Es zeigt sich, dass dies nicht möglich ist. Allerdings findet sich ein $\mathbb{C}$ umfassender Zahlbereich, wenn man bereit ist, auf die Kommutativität zu verzichten. Dies führt uns zu dem Schiefkörper der *Hamiltonschen Quaternionen* $\mathbb{H}$, welche wir in diesem Abschnitt kurz vorstellen wollen.

Dazu wählen wir neben i zwei weitere imaginäre Einheiten j, k, so dass die Elemente 1, i, j, k über $\mathbb{R}$ linear unabhängig sind. Damit bilden wir den 4-dimensionalen reellen Vektorraum

$$\mathbb{H} := \{ \alpha = \alpha_1 \cdot 1 + \alpha_2 \cdot i + \alpha_3 \cdot j + \alpha_4 \cdot k \mid \alpha_1, \alpha_2, \alpha_3, \alpha_4 \in \mathbb{R} \}.$$

Definition 2.1. Wir nennen

$$\alpha = \alpha_1 \cdot 1 + \alpha_2 \cdot i + \alpha_3 \cdot j + \alpha_4 \cdot k = \alpha_1 + \alpha_2 i + \alpha_3 j + \alpha_4 k$$

ein *Quaternion* und $\mathbb{H}$ die Menge der *Hamiltonschen Quaternionen*.

Bemerkung 2.2. Konstruktionsgemäß ist die Addition zweier Quaternionen $\alpha = \alpha_1 + \alpha_2 i + \alpha_3 j + \alpha_4 k$ und $\beta = \beta_1 + \beta_2 i + \beta_3 j + \beta_4 k$ gegeben durch

$$\alpha + \beta := (\alpha_1 + \beta_1) + (\alpha_2 + \beta_2)i + (\alpha_3 + \beta_3)j + (\alpha_4 + \beta_4)k.$$

Diese Addition ist offensichtlich assoziativ und kommutativ. Das neutrale Element bezüglich der Addition ist das Nullelement $0 = 0 + 0i + 0j + 0k$; das additive Inverse von α ist gegeben durch

$$\begin{aligned}
- \alpha := (-\alpha_1) + (-\alpha_2)i + (-\alpha_3)j + (-\alpha_4)k \\
= -\alpha_1 - \alpha_2 i - \alpha_3 j - \alpha_4 k.
\end{aligned}$$

Definition 2.3.   Die Multiplikation zweier Quaternionen $\alpha = \alpha_1 + \alpha_2 i + \alpha_3 j + \alpha_4 k$ und $\beta = \beta_1 + \beta_2 i + \beta_3 j + \beta_4 k$ wird durch

$$\begin{aligned}
\alpha \cdot \beta := &(\alpha_1 \beta_1 - \alpha_2 \beta_2 - \alpha_3 \beta_3 - \alpha_4 \beta_4) \\
&+ (\alpha_1 \beta_2 + \alpha_2 \beta_1 + \alpha_3 \beta_4 - \alpha_4 \beta_3)i \\
&+ (\alpha_1 \beta_3 - \alpha_2 \beta_4 + \alpha_3 \beta_1 + \alpha_4 \beta_2)j \\
&+ (\alpha_1 \beta_4 + \alpha_2 \beta_3 - \alpha_3 \beta_2 + \alpha_4 \beta_1)k
\end{aligned}$$

definiert.

Bemerkung 2.4. Wir beachten, dass diese Multiplikation zwar assoziativ, aber nicht mehr kommutativ ist, insbesondere beachten wir die Multiplikationstafel

$$i^2 = j^2 = k^2 = -1,$$
$$1 \cdot i = i = i \cdot 1, \; 1 \cdot j = j = j \cdot 1, \; 1 \cdot k = k = k \cdot 1,$$
$$i \cdot j = k = -j \cdot i, \; j \cdot k = i = -k \cdot j, \; k \cdot i = j = -i \cdot k.$$

Das neutrale Element bezüglich der Multiplikation ist das Einselement $1 = 1 + 0i + 0j + 0k$. Die Gültigkeit der beiden Distributivgesetze prüft man ohne viel Mühe nach.

Definition 2.5. In Analogie zur komplexen Konjugation definieren wir das zu $\alpha = \alpha_1 + \alpha_2 i + \alpha_3 j + \alpha_4 k \in \mathbb{H}$ *konjugierte Quaternion* $\overline{\alpha}$ durch

$$\overline{\alpha} := \alpha_1 - \alpha_2 i - \alpha_3 j - \alpha_4 k.$$

Der *Betrag* $|\alpha|$ von α ist jetzt gegeben durch

$$|\alpha| := \sqrt{\alpha \cdot \overline{\alpha}} = \sqrt{\alpha_1^2 + \alpha_2^2 + \alpha_3^2 + \alpha_4^2}.$$

Aufgabe 2.6.

(a) Beweisen Sie, dass für alle $\alpha, \beta \in \mathbb{H}$ die Gleichung $|\alpha \cdot \beta| = |\alpha| \cdot |\beta|$ gilt.

(b) Überlegen Sie sich, dass man mit Hilfe von Teilaufgabe (a) folgende Aussage beweisen kann: Wenn zwei natürliche Zahlen als Summe von vier Quadraten natürlicher Zahlen darstellbar sind, dann ist auch das Produkt dieser beiden Zahlen als Summe von vier Quadraten natürlicher Zahlen darstellbar.

Bemerkung 2.7. Mit Hilfe der vorhergehenden Überlegung kann der Beweis des berühmten Vier-Quadrate-Satzes von Lagrange, dass nämlich jede natürliche Zahl als Summe von höchstens vier Quadraten natürlicher Zahlen darstellbar ist, auf die entsprechende Aussage für Primzahlen reduziert werden.

Satz 2.8. *Die Struktur* $(\mathbb{H}, +, \cdot)$ *ist ein Schiefkörper mit dem Einselement* $1 = 1 + 0i + 0j + 0k$, *welcher die Körper der reellen und komplexen Zahlen enthält.*

Beweis. Es ist lediglich noch nachzuweisen, dass jedes von Null verschiedene Quaternion α ein multiplikatives Inverses besitzt. Dieses ermittelt man leicht in Analogie zum komplexen Fall durch

$$\alpha^{-1} = \frac{\overline{\alpha}}{|\alpha|^2}.$$

Die restlichen Behauptungen sind einfach zu beweisen. $\qquad\square$

Aufgabe 2.9.   Komplettieren Sie den Beweis von Satz 2.8.

Wir schließen diesen Abschnitt mit der Bemerkung, dass sich der Schiefkörper der Hamiltonschen Quaternionen zu einem noch größeren Bereich erweitern lässt, wenn man schließlich auch noch auf die Assoziativität verzichtet. Man wird so auf den Bereich der *Cayleyschen Octionen* geführt, welche einen 8-dimensionalen reellen Vektorraum bilden, der $\mathbb{R}$, $\mathbb{C}$ und $\mathbb{H}$ enthält.

3.   Algebraische und transzendente Zahlen

Definition 3.1.   Eine komplexe Zahl α heißt *algebraisch vom Grad n*, wenn sie Nullstelle eines Polynoms

$$f(X) = a_n X^n + a_{n-1} X^{n-1} + \ldots + a_1 X + a_0 \qquad (4)$$

vom Grad $n > 0$ mit ganzzahligen Koeffizienten $a_0, \ldots, a_n$ ist, aber keiner polynomialen Gleichung kleineren Grades dieser Art genügt.

Wir bezeichnen die Menge der algebraischen Zahlen mit $\overline{\mathbb{Q}}$.

Bemerkung 3.2.   Die Menge der algebraischen Zahlen $\overline{\mathbb{Q}}$ enthält alle rationalen Zahlen, denn jede rationale Zahl $r = m/n$ ($m, n \in \mathbb{Z}$; $n > 0$) ist algebraisch vom Grad 1, da sie Nullstelle des Polynoms

$$f(X) = nX - m$$

ist. Daher kann eine algebraische Zahl vom Grad $n > 1$ nicht rational sein.

Beispiel 3.3.   Die Quadratwurzel $\sqrt{2}$ ist algebraisch vom Grad 2, da sie Nullstelle des Polynoms $f(X) = X^2 - 2$ ist.

Aufgabe 3.4. Es sei p eine Primzahl. Zeigen Sie, dass $\sqrt{p}$ algebraisch vom Grad 2 ist.

Satz 3.5. *Die Menge der algebraischen Zahlen $\overline{\mathbb{Q}}$ ist abzählbar.*

Beweis. Um die Menge der algebraischen Zahlen als abzählbar nachzuweisen, genügt es, die Menge der Polynome (4) mit ganzzahligen Koeffizienten als abzählbar zu erkennen, da jedes Polynom höchstens endlich viele Nullstellen hat. Für einen fixierten Grad $n > 0$ gibt es nun für jeden der Koeffizienten $a_0, \ldots, a_n$ jeweils abzählbar viele Möglichkeiten, insgesamt gibt es also abzählbar viele Polynome vom Grad n mit ganzzahligen Koeffizienten. Da nun für den Grad n wiederum auch nur abzählbar viele Möglichkeiten bestehen, gibt es abzählbar viele Polynome positiven Grades mit ganzzahligen Koeffizienten. Damit ist der Satz bewiesen. $\square$

Bemerkung 3.6. Da die Menge $\mathbb{C}$ der komplexen Zahlen überabzählbar ist, muss die Differenz $\mathbb{T} := \mathbb{C} \setminus \overline{\mathbb{Q}}$, welche aus lauter nicht-algebraischen Zahlen besteht, ebenfalls überabzählbar sein. Ebenso verhält es sich mit der Menge der reellen Zahlen $\mathbb{R}$: Da $\mathbb{R}$ überabzählbar ist, der Durchschnitt $\mathbb{R} \cap \overline{\mathbb{Q}}$ aber abzählbar ist, muss die Differenz $\mathbb{R} \setminus (\mathbb{R} \cap \overline{\mathbb{Q}}) = \mathbb{R} \cap \mathbb{T}$ ebenfalls überabzählbar sein.

Definition 3.7. Eine komplexe Zahl $\alpha \in \mathbb{T}$ nennen wir *transzendent*. Eine transzendente Zahl ist also eine komplexe Zahl α derart, dass kein Polynom $f \in \mathbb{Z}[X]$ mit $f(\alpha) = 0$ existiert.

Bemerkung 3.8. Die in Bemerkung 3.6 gemachte Feststellung bestätigt die Existenz transzendenter Zahlen; die Bemerkung zeigt sogar, dass diese offenbar deutlich häufiger als algebraische Zahlen auftreten. Auf der anderen Seite scheint es nicht so einfach zu sein, eine reelle oder komplexe Zahl als transzendent nachzuweisen, muss man doch zeigen, dass eine solche Zahl niemals Nullstelle eines Polynoms mit ganzzahligen

Koeffizienten sein kann. Deshalb sind uns mehrheitlich nur algebraische Zahlen bekannt, weil wir diese (mehr oder weniger) leicht als Nullstellen von Polynomen mit ganzzahligen Koeffizienten kennen. Den verbleibenden Teil dieses Kapitels wollen wir der Suche und dem Finden reeller transzendenter Zahlen widmen. Wir stellen dazu als erstes den Satz von Liouville bereit, der eine Charakterisierung reeller algebraischer Zahlen mit Hilfe der Approximation durch rationale Zahlen gibt.

Satz 3.9 (Satz von Liouville). *Es sei α eine reelle algebraische Zahl vom Grad $n > 1$. Dann besteht für alle $p \in \mathbb{Z}$ und hinreichend große $q \in \mathbb{N}$ die Ungleichung*

$$\left| \alpha - \frac{p}{q} \right| > \frac{1}{q^{n+1}}. \tag{5}$$

Diese Abschätzung besagt, dass sich algebraische Zahlen „schlecht" durch rationale Zahlen approximieren lassen.

Beweis. Die reelle algebraische Zahl α sei Nullstelle des Polynoms

$$f(X) = a_n X^n + a_{n-1} X^{n-1} + \ldots + a_1 X + a_0 \in \mathbb{Z}[X].$$

Weiter sei (r_m) eine Folge rationaler Zahlen mit $\lim_{m \to \infty} r_m = \alpha$; solche rationale Zahlenfolgen existieren, da α reell ist. Wir nehmen für das Folgende an, dass

$$r_m = \frac{p_m}{q_m}$$

mit $p_m \in \mathbb{Z}$, $q_m \in \mathbb{N}$, $q_m \neq 0$ ($m \in \mathbb{N}$) gilt. Da α Nullstelle von f ist, haben wir

$$\begin{aligned}
f(r_m) &= f(r_m) - f(\alpha) \\
&= a_n(r_m^n - \alpha^n) + a_{n-1}(r_m^{n-1} - \alpha^{n-1}) \\
&\quad + \ldots + a_2(r_m^2 - \alpha^2) + a_1(r_m - \alpha).
\end{aligned}$$

Nach Division durch $(r_m - \alpha)$ ergibt sich daraus

$$\frac{f(r_m)}{r_m - \alpha} = a_n(r_m^{n-1} + r_m^{n-2}\alpha + \ldots + r_m\alpha^{n-2} + \alpha^{n-1})$$

$$+ \ldots + a_3(r_m^2 + r_m\alpha + \alpha^2) + a_2(r_m + \alpha) + a_1.$$

Da $\lim_{m\to\infty} r_m = \alpha$ gilt, gibt es ein $N \in \mathbb{N}$ mit der Eigenschaft

$$|r_m - \alpha| < 1$$

für alle $m \geq N$. Daraus ergibt sich $|r_m| < |\alpha| + 1$ für alle $m \geq N$. Somit erhalten wir mit der Dreiecksungleichung für hinreichend große m die Abschätzung

$$\left|\frac{f(r_m)}{r_m - \alpha}\right| < n \cdot |a_n| \cdot (|\alpha| + 1)^{n-1} + \ldots + 3 \cdot |a_3| \cdot (|\alpha| + 1)^2$$

$$+ 2 \cdot |a_2| \cdot (|\alpha| + 1) + |a_1| =: M.$$

Wir beachten dabei, dass die positive reelle Zahl M allein durch α festgelegt ist; sie ist insbesondere unabhängig von m. Wir wählen nun den Folgenindex m so groß, dass für die Nenner q_m der Näherungsbrüche $r_m = p_m/q_m$ die Beziehung $q_m > M$ gilt. Dies führt zu

$$\left|\frac{f(r_m)}{r_m - \alpha}\right| < q_m \Longleftrightarrow |\alpha - r_m| > \frac{|f(r_m)|}{q_m}. \tag{6}$$

Nun können die rationalen Zahlen r_m nicht Nullstellen des Polynoms f sein, da wir andernfalls den Linearfaktor $(X - r_m)$ von f abspalten könnten und somit α Nullstelle eines Polynoms vom Grad kleiner als n wäre, was nicht sein kann. Mit anderen Worten gilt also

$$|f(r_m)| = \left|\frac{a_n p_m^n + a_{n-1} p_m^{n-1} q_m + \ldots + a_1 p_m q_m^{n-1} + a_0 q_m^n}{q_m^n}\right|$$

$$\neq 0. \tag{7}$$

Da der Zähler in (7) ganzzahlig und ungleich Null ist, muss er betragsmäßig mindestens gleich Eins sein. Unter Verwendung der Abschätzungen (6) und (7) ergibt sich schließlich

$$\left| \alpha - \frac{p_m}{q_m} \right| > \frac{|f(r_m)|}{q_m} \geq \frac{1}{q_m^n} \cdot \frac{1}{q_m} = \frac{1}{q_m^{n+1}}.$$

Damit ist der Satz von Liouville vollständig bewiesen. □

Bemerkung 3.10. Mit Hilfe des Satzes von Liouville lassen sich transzendente Zahlen wie folgt finden: Man nimmt an, dass eine vorgegebene reelle Zahl α algebraisch vom Grad $n > 0$ ist. Indem man nun zeigt, dass die Ungleichung (5) verletzt ist, weist man die Zahl α als transzendent nach. Standardbeispiele für solche Zahlen sind reelle Zahlen, die in ihrer Dezimalbruchentwicklung rapide anwachsende Abschnitte von Nullen enthalten. Man nennt solche Zahlen *Liouvillesche Zahlen*. Als Beispiel betrachten wir die Liouvillesche Zahl

$$\alpha_L := \sum_{j=1}^{\infty} 10^{-j!} = 0,110\,001\,000\,000\,000\,000\,000\,001\,000\ldots$$

Wir beweisen nun

Proposition 3.11. *Die Liouvillesche Zahl α_L ist transzendent.*

Beweis. Für $m \in \mathbb{N}$ setzen wir

$$p_m := 10^{m!} \cdot \sum_{j=1}^{m} 10^{-j!}, \quad q_m := 10^{m!}, \quad r_m := \frac{p_m}{q_m}.$$

Damit erhalten wir

$$\alpha_L - r_m = \sum_{j=1}^{\infty} 10^{-j!} - \sum_{j=1}^{m} 10^{-j!} = \sum_{j=m+1}^{\infty} 10^{-j!},$$

und es folgt einerseits

$$|\alpha_L - r_m| = \sum_{j=m+1}^{\infty} 10^{-j!} < 10^{-(m+1)!} \cdot \sum_{j=0}^{\infty} 10^{-j}$$

$$= 10^{-(m+1)!} \cdot \frac{1}{1 - \frac{1}{10}}$$

$$= 10^{-(m+1)!} \cdot \frac{10}{9} < 10 \cdot 10^{-(m+1)!}.$$

Wäre nun α_L algebraisch vom Grad n, beliebig, so würde nach dem Satz von Liouville für hinreichend große m andererseits gelten

$$|\alpha_L - r_m| > \frac{1}{q_m^{n+1}} = \frac{1}{10^{(n+1)m!}}.$$

Zusammengenommen ergeben sich die äquivalenten Ungleichungen

$$\frac{1}{10^{(n+1)m!}} < \frac{1}{10^{(m+1)!-1}} \iff (n+1)m! > (m+1)! - 1$$

$$\iff n > m - \frac{1}{m!},$$

was auf die Ungleichung $m < n + 1$ führt. Da n beliebig, aber fest ist, und m beliebig groß gewählt werden kann, erhalten wir einen Widerspruch zur Annahme der Algebraizität von α_L, d. h. α_L ist transzendent. $\square$

Aufgabe 3.12. Finden Sie nach dem Muster der Liouvilleschen Zahl weitere transzendente Zahlen.

Wesentlich populärer als die Transzendenz der Liouvilleschen Zahlen ist die Transzendenz der Eulerschen Zahl e, welche wir im nächsten Abschnitt beweisen wollen.

4. Transzendenz von e

Definition 4.1. Die *Eulersche Zahl* e ist definiert durch die unendliche Reihe

$$\sum_{j=0}^{\infty} \frac{1}{j!}.$$

Bemerkung 4.2. Es ist $e = 2,718\,281\,828\,459\ldots$ Mit Hilfe der Eulerschen Zahl e wird die *Exponentialfunktion* durch

$$e^X := \sum_{j=0}^{\infty} \frac{X^j}{j!}$$

definiert. Für reelle Werte von X ist die Exponentialfunktion streng monoton wachsend und nimmt nur positive Funktionswerte an. Als reellwertige Funktion ist sie beliebig oft differenzierbar und stimmt überall mit ihren Ableitungen überein.

Bevor wir uns dem Transzendenzbeweis der Eulerschen Zahl e widmen, überlegen wir uns zunächst, dass e nicht rational sein kann.

Lemma 4.3. *Die Eulersche Zahl e ist irrational.*

Beweis. Wir führen einen indirekten Beweis. Wir nehmen also an, dass e rational ist, d.h. dass $e = \frac{m}{n}$ mit $m, n \in \mathbb{N}$ und $n > 0$ gilt. Wir wählen jetzt $k > 2$ und betrachten folgende Zerlegung der Reihenentwicklung von e

$$\frac{m}{n} = e = s_k + r_k \quad \text{mit} \quad s_k := \sum_{j=0}^{k} \frac{1}{j!}, \quad r_k := \sum_{j=k+1}^{\infty} \frac{1}{j!}. \quad (8)$$

Nun schätzen wir ab

$$r_k = \frac{1}{(k+1)!} \left(1 + \frac{1}{k+2} + \frac{1}{(k+2)(k+3)} + \dots\right)$$

$$< \frac{1}{(k+1)!} \sum_{j=0}^{\infty} \frac{1}{(k+2)^j} = \frac{1}{(k+1)!} \cdot \frac{1}{1 - \frac{1}{k+2}}$$

$$< \frac{2}{(k+1)!}.$$

Multipliziert man Gleichung (8) mit $k!$, so erhält man

$$\frac{m}{n} \cdot k! = e \cdot k! = s_k \cdot k! + r_k \cdot k!,$$

also

$$\frac{m}{n} \cdot k! - s_k \cdot k! = r_k \cdot k!.$$

Für $k > n$ steht auf der linken Seite der letzten Gleichung eine ganze Zahl, währenddem auf der rechten Seite wegen $k > 2$ die Abschätzung

$$0 < r_k \cdot k! < \frac{2k!}{(k+1)!} = \frac{2}{k+1} < 1$$

besteht. Dies ergibt einen Widerspruch, d. h. unsere Annahme der Rationalität von e ist falsch. $\qquad\square$

Bemerkung 4.4. Im nachfolgenden Beweis der Transzendenz von e werden wir versuchen, die Exponentialfunktion durch ein Polynom zu approximieren. Dazu verwenden wir, dass die Exponentialfunktion eindeutig als diejenige differenzierbare Funktion $g : \mathbb{R} \longrightarrow \mathbb{R}$ charakterisiert ist, welche die beiden Eigenschaften
(1) $g'(X) = g(X)$ $(X \in \mathbb{R})$,
(2) $g(0) = 1$
erfüllt. Dies sieht man wie folgt ein: Wir betrachten die differenzierbare Funktion $e^{-X}g(X)$, deren Ableitung durch

$$\left(e^{-X}g(X)\right)' = e^{-X}g'(X) - e^{-X}g(X) = 0$$

gegeben ist. Damit erkennen wir, dass die Funktion $e^{-X}g(X)$ auf ganz $\mathbb{R}$ konstant ist. Da nun $e^{-0}g(0) = 1$ ist, muss diese Konstante gleich Eins sein, woraus $g(X) = e^X$ folgt. Zur Approximation der Exponentialfunktion werden wir also ein Polynom zu konstruieren versuchen, dessen Ableitung ungefähr mit sich selbst übereinstimmt und dessen Wert an der Stelle $X = 0$ gleich Eins ist.

Satz 4.5. *Die Eulersche Zahl e ist transzendent.*

Beweis. Wir führen den Beweis in sechs Schritten.

1. Schritt (Beweisstrategie): Im Gegensatz zur Behauptung nehmen wir an, dass e algebraisch vom Grad m ist, d. h. es existieren $a_0, \ldots, a_m \in \mathbb{Z}$ mit $a_0 \neq 0$ und $a_m \neq 0$, so dass

$$a_m e^m + a_{m-1} e^{m-1} + \ldots + a_1 e + a_0 = 0$$

gilt. Wir skizzieren in diesem ersten Schritt, wie wir einen Widerspruch zu dieser Annahme herstellen können. Dazu nehmen wir an, dass es ein Polynom $H \in \mathbb{Q}[X]$ mit den folgenden vier Eigenschaften gibt:

(i) $H(0) \neq 0$,

(ii) $H(j) \in \mathbb{Z} \quad (j = 0, \ldots, m)$,

(iii) $\displaystyle\sum_{j=0}^{m} a_j H(j) \neq 0$,

(iv) $\left| \displaystyle\sum_{j=1}^{m} a_j \left(H(0)e^j - H(j) \right) \right| < 1$.

In den nachfolgenden Schritten werden wir ein solches Polynom konstruieren. Damit setzen wir dann

$$c := \sum_{j=0}^{m} a_j H(j), \tag{9}$$

$$\varepsilon_j := H(0)e^j - H(j) \quad (j = 0, \ldots, m), \tag{10}$$

$$\sigma := \sum_{j=1}^{m} a_j \varepsilon_j. \tag{11}$$

Eigenschaften (ii) und (iii) von H zeigen, dass c aus (9) eine von Null verschiedene ganze Zahl ist. Unter Beachtung von Eigenschaft (i) von H können wir (10) umformen zu

$$e^j = \frac{H(j)}{H(0)} + \frac{\varepsilon_j}{H(0)} \quad (j = 0, \ldots, m);$$

dies kann als Approximation der Potenzen e^j von e ($j = 0, \ldots, m$) durch das Polynom $H(X)/H(0)$ aufgefasst werden. Unter Verwendung von Eigenschaft (iv) von H erkennt man für σ aus (11) das Bestehen der Ungleichung $|\sigma| < 1$. Zusammengenommen berechnen wir damit

$$
\begin{aligned}
0 &= \sum_{j=0}^{m} a_j e^j \\
&= \sum_{j=0}^{m} a_j \left(\frac{H(j)}{H(0)} + \frac{\varepsilon_j}{H(0)} \right) \\
&= \frac{1}{H(0)} \sum_{j=0}^{m} a_j H(j) + \frac{1}{H(0)} \sum_{j=0}^{m} a_j \varepsilon_j \\
&= \frac{c}{H(0)} + \frac{\sigma}{H(0)}.
\end{aligned}
$$

Nach beidseitiger Multiplikation der letzten Gleichung mit $H(0)$ und Umstellung ergibt sich die Gleichung

$$c = -\sigma, \quad \text{d.h.} \quad |c| = |\sigma|. \tag{12}$$

Nun ist aber $c \in \mathbb{Z}$ und $c \neq 0$, d.h. es ist $|c| \geq 1$; auf der anderen Seite gilt $|\sigma| < 1$. Damit kann Gleichung (12) nicht bestehen. Dies stellt den gesuchten Widerspruch zur Annahme der Algebraizität von e dar, d.h. die Eulersche Zahl e muss transzendent sein.

2. Schritt (Definition von H): Wir wählen eine beliebige Primzahl p, die wir im weiteren Verlauf des Beweises präzisieren werden. Weiter definieren wir das Hilfspolynom

$$f(X) := X^{p-1}(X-1)^p(X-2)^p \cdot \ldots \cdot (X-m)^p,$$

welches den Grad $N = p - 1 + m \cdot p$ hat. Damit bilden wir das weitere Hilfspolynom

$$F(X) := f(X) + f'(X) + \ldots + f^{(N)}(X).$$

Da die $(N + 1)$-te Ableitung von f identisch verschwindet, ergibt sich die Beziehung

$$F'(X) = f'(X) + f''(X) + \ldots + f^{(N)}(X) = F(X) - f(X).$$

Die Ableitung des Polynoms F würde nun auf dem Intervall $[0, m]$ ungefähr mit F übereinstimmen, falls f dort „klein" wäre. Um dies zu überblicken, müssen wir das Hilfspolynom f auf dem Intervall $[0, m]$ abschätzen. Zunächst stellen wir dazu fest, dass

$$|X(X - 1) \cdot \ldots \cdot (X - m)| \le m^{m+1} \quad (X \in [0, m])$$

gilt. Mit $M := m^{m+1}$ ergibt sich somit die Abschätzung

$$\max_{0 \le X \le m} |f(X)| \le M^p.$$

Wir erkennen also, dass das Hilfspolynom f auf dem Intervall $[0, m]$ nicht „klein" ist. Aus diesem Grund betrachten wir anstelle von F das Polynom

$$H(X) := \frac{F(X)}{(p - 1)!}.$$

Aufgrund der vorhergehenden Überlegungen besteht die Gleichung

$$H'(X) = H(X) - \frac{f(X)}{(p - 1)!};$$

dabei gilt

$$\max_{0 \le X \le m} \left| \frac{f(X)}{(p - 1)!} \right| \le \frac{M^p}{(p - 1)!}.$$

Da nun die Größe $M^p / (p - 1)!$ beliebig klein wird, falls die Primzahl p hinreichend groß gewählt wird, erkennen wir, dass das normierte Polynom $H(X)/H(0)$ die Exponential-funktion e^X auf dem Intervall $[0, m]$ gut approximiert, wenn p genügend groß gewählt wird.

3. Schritt (H erfüllt Eigenschaft (i)): Wir haben

$$f(X) = \sum_{k=0}^{N} b_k X^k$$

mit $b_0, \ldots, b_N \in \mathbb{Z}$ sowie $b_0, \ldots, b_{p-2} = 0$ und $b_{p-1} = \left((-1)^m \cdot m!\right)^p$. Da nun andererseits für $k = 0, \ldots, N$ die Beziehung $f^{(k)}(0) = b_k \cdot k!$ gilt, finden wir

$$F(0) = f(0) + f'(0) + \ldots + f^{(N-1)}(0) + f^{(N)}(0)$$
$$= 0 + \ldots + 0 + \left((-1)^m \cdot m!\right)^p \cdot (p-1)!$$
$$+ b_p \cdot p! + \ldots + b_N \cdot N!,$$

also

$$H(0) = \left((-1)^m \cdot m!\right)^p + b_p \cdot p + \ldots + b_N \cdot \frac{N!}{(p-1)!} \in \mathbb{Z}.$$

Wählen wir nun überdies $p > m$, so teilt die Primzahl p den ersten Summanden in obiger Summe nicht, wohl aber alle übrigen. Damit haben wir $H(0) \neq 0$.

4. Schritt (H erfüllt Eigenschaft (ii)): Im vorhergehenden Schritt haben wir insbesondere gezeigt, dass $H(0) \in \mathbb{Z}$ ist; wir haben also noch nachzuweisen, dass die Eigenschaft $H(j) \in \mathbb{Z}$ auch für $j = 1, \ldots, m$ gilt. Dazu schreiben wir für $j = 1, \ldots, m$

$$f(X) = \sum_{k=0}^{N} c_k (X - j)^k$$

mit $c_0, \ldots, c_N \in \mathbb{Z}$ und beachten, dass $c_0, \ldots, c_{p-1} = 0$ gilt, da in der Definition von $f(X)$ der Faktor $(X - j)$ mit dem Exponenten p auftritt. Aufgrund der für $k = 0, \ldots, N$ gültigen Beziehung $f^{(k)}(j) = c_k \cdot k!$ berechnen wir

$$F(j) = f(j) + f'(j) + \ldots + f^{(N-1)}(j) + f^{(N)}(j)$$
$$= 0 + \ldots + 0 + c_p \cdot p! + \ldots + c_N \cdot N!.$$

Damit ergibt sich für $j = 1, \ldots, m$ wie behauptet

$$H(j) = c_p \cdot p + \ldots + c_N \cdot \frac{N!}{(p-1)!} \in \mathbb{Z},$$

da $N > p - 1$ ist. Wir beachten an dieser Stelle, dass die Primzahl p jeweils $H(j)$ $(j = 1, \ldots, m)$ teilt.

5. *Schritt (H erfüllt Eigenschaft (iii)):* Zunächst stellen wir aufgrund von Eigenschaft (ii) von H fest, dass

$$c = \sum_{j=0}^{m} a_j H(j)$$

ganzzahlig ist. Nun zeigen die Ausführungen zu den Beweisschritten 3 und 4 insbesondere
- $p \nmid H(0)$,
- $p \mid H(j)$ $(j = 1, \ldots, m)$.

Indem wir die Primzahl p gegebenenfalls noch weiter vergrößern, können wir sogar erreichen, dass $p \nmid a_0 H(0)$ gilt. Damit erkennen wir

$$p \nmid \big(a_0 H(0) + a_1 H(1) + \ldots + a_m H(m)\big) \iff p \nmid c.$$

Somit ist c eine ganze Zahl, die nicht durch p teilbar ist, d.h. es gilt $c \neq 0$.

6. *Schritt (H erfüllt Eigenschaft (iv)):* Für $t \in \mathbb{R}$ besteht die Differentialgleichung

$$\begin{aligned}
\frac{d}{dt}\big(F(0) - F(t)e^{-t}\big) &= F(t)e^{-t} - F'(t)e^{-t} \\
&= \big(F(t) - F'(t)\big)e^{-t} \\
&= f(t)e^{-t}.
\end{aligned}$$

Nach Anwendung des Hauptsatzes der Differential- und Integralrechnung folgt hieraus für $X \in \mathbb{R}$

$$F(0) - F(X)e^{-X} = \int_0^X f(t)e^{-t}\,dt.$$

Nach Division durch $(p-1)!$ ergibt sich an der Stelle $X = j \in \{1, \ldots, m\}$ die Gleichung

$$H(0) - H(j)e^{-j} = \frac{1}{(p-1)!} \int_0^j f(t)e^{-t}\,dt.$$

Daraus gewinnen wir die Abschätzung

$$\left|H(0) - H(j)e^{-j}\right| \leq \frac{1}{(p-1)!} \max_{0 \leq X \leq m} |f(X)| \int_0^j e^{-t}\,dt$$

$$\leq \frac{M^p}{(p-1)!}(1 - e^{-j})$$

$$\leq \frac{M^p}{(p-1)!}.$$

Nach Multiplikation mit e^j finden wir

$$\left|H(0)e^j - H(j)\right| \leq \frac{M^p}{(p-1)!}e^j,$$

also

$$\left|\sum_{j=1}^m a_j \varepsilon_j\right| = \left|\sum_{j=1}^m a_j \left(H(0)e^j - H(j)\right)\right| \leq \frac{M^p}{(p-1)!}\sum_{j=1}^m |a_j|e^j.$$

Da nun die Summe $\sum_{j=1}^m |a_j|e^j$ unabhängig von p ist und die Größe $M^p/(p-1)!$ beliebig klein gemacht werden kann, falls p hinreichend groß gewählt wird, erhalten wir für eine geeignete Wahl der Primzahl p die Abschätzung

$$|\sigma| = \left|\sum_{j=1}^m a_j \varepsilon_j\right| < 1.$$

Damit haben wir schließlich gezeigt, dass das Polynom H auch die Eigenschaft (iv) erfüllt. Somit ist die Existenz des im

ersten Schritt postulierten Polynoms H mit den Eigenschaften
(i)–(iv) gesichert, womit der dort gegebene Beweis zur Transzendenz von e vollständig wird. $\square$

Bemerkung 4.6.   Noch spektakulärer als der Beweis der Transzendenz der Eulerschen Zahl e ist der Nachweis der Transzendenz der Kreiszahl π. Dieses Resultat zeigt insbesondere, dass π nicht mit Zirkel und Lineal konstruierbar ist, weil nur eine gewisse Klasse algebraischer Zahlen mit Zirkel und Lineal konstruierbar ist. Dies wiederum beweist die Unmöglichkeit der Quadratur des Kreises. Der Transzendenzbeweis von π lässt sich über weite Strecken analog zum hier gegebenen Beweis des Transzendenz von e führen, allerdings kommt man an einer Stelle nicht umhin, Elemente der Funktionentheorie einer komplexen Veränderlichen (Stichwort: Cauchyscher Integralsatz) heranzuziehen, was den Rahmen dieses Buches sprengen würde.

Beispiel 4.7.   Anhand zweier Beispiele wollen wir zum Abschluss dieses Kapitels illustrieren, dass sich das im Beweis von Satz 4.5 konstruierte Polynom H sehr gut eignet, um e approximativ zu berechnen. Dazu erinnern wir mit den Bezeichungen von Satz 4.5 daran, dass

$$H(X) = \frac{F(X)}{(p-1)!}$$

gilt und $H(X)/H(0) = F(X)/F(0)$ die Exponentialfunktion e^X auf dem Intervall $[0, m]$ „gut" approximiert. Um die Zahl e selbst approximativ zu erhalten, haben wir dann den Quotienten $F(1)/F(0)$ zu betrachten.

(i) Wir wählen $m = 1$, $p = 3$ und berechnen:

$$f(X) = X^2 (X-1)^3,$$
$$F(X) = X^5 + 2X^4 + 11X^3 + 32X^2 + 64X + 64,$$
$$F(0) = 64, \, F(1) = 174.$$

Damit erhalten wir

$$\frac{F(1)}{F(0)} = 2,71875,$$

was bereits eine gute Approximation für e darstellt.

(ii) Wir wählen $m = 2$, $p = 5$ und berechnen:

$$f(X) = X^4(X-1)^5(X-2)^5,$$
$$F(X) = X^{14} - X^{13} + 87X^{12} + 654X^{11} + \ldots + 29\,141\,344\,128,$$
$$F(0) = 29\,141\,344\,128, \ F(1) = 79\,214\,386\,200.$$

Damit erhalten wir jetzt

$$\frac{F(1)}{F(0)} = 2,718\,281\,828\,458\,561\ldots,$$

was bereits eine Approximation liefert, die bis zur zehnten Nachkommastelle mit e übereinstimmt.

Aufgabe 4.8. Berechnen Sie nach diesem Muster weitere, noch bessere Approximationen von e.

VI   Kongruenzen

1.   Restklassenringe

In diesem Abschnitt stellen wir einen alternativen Zugang zu dem Faktorring $(\mathbb{Z}/m\mathbb{Z}, \oplus, \odot)$ von $\mathbb{Z}$ nach dem Ideal $m\mathbb{Z}$ vor, der durch das sogenannte Rechnen mit Kongruenzen motiviert ist. Dazu machen wir folgende

Definition 1.1.   Es sei $m \in \mathbb{N}$ und $m > 0$. Für a, $b \in \mathbb{Z}$ definieren wir

$$a \equiv b \bmod m \iff m \mid (a - b) \tag{1}$$

und nennen *a kongruent b modulo m*. Die Relation (1) heißt *Kongruenz modulo m*, die natürliche Zahl m wird *Modul* der Kongruenz (1) genannt.

Bemerkung 1.2.   Es lässt sich leicht nachprüfen, dass die Relation „$\equiv$" eine Äquivalenzrelation auf der Menge der ganzen Zahlen $\mathbb{Z}$ definiert. Die Äquivalenzklasse von $a \in \mathbb{Z}$ wird *Restklasse von a modulo m* genannt und mit $\bar{a}$ oder mit $a \bmod m$ bezeichnet. Die Restklassen modulo m sind gegeben durch die Menge

$$\mathcal{K}_m = \left\{ \bar{0}, \bar{1}, \ldots, \overline{m-1} \right\},$$

welche in natürlicher Bijektion zur Menge $\mathcal{R}_m$ aus Beispiel 1.2 (iii) in Kapitel II bzw. zur Menge der Nebenklassen $\mathbb{Z}/m\mathbb{Z}$ von $\mathbb{Z}$ nach der Untergruppe $m\mathbb{Z}$ aus Definition 4.10 in Kapitel II steht.

Definition 1.3. Wir definieren auf $\mathcal{K}_m$ wie folgt eine Addition bzw. Multiplikation; dazu seien $\overline{a}$, $\overline{b} \in \mathcal{K}_m$:

$$\overline{a} \oplus \overline{b} := \overline{a + b} \text{ bzw.}$$
$$\overline{a} \odot \overline{b} := \overline{a \cdot b}.$$

Man verifiziert leicht die Repräsentantenunabhängigkeit dieser beiden Definitionen.

Aufgabe 1.4. Überprüfen Sie, dass die Relation „$\equiv$" eine Äquivalenzrelation ist und dass die Addition $\oplus$ bzw. Multiplikation $\odot$ repräsentantenunabhängig ist.

Bemerkung 1.5. Man erkennt jetzt sofort, dass $(\mathcal{K}_m, \oplus)$ eine kommutative Gruppe mit neutralem Element $\overline{0}$ ist. Überdies erkennt man leicht, dass $(\mathcal{K}_m, \oplus, \odot)$ einen kommutativen Ring mit Einselement $\overline{1}$ bildet, den sogenannten *Restklassenring modulo m*.

Lemma 1.6. *Der Restklassenring* $(\mathcal{K}_m, \oplus, \odot)$ *modulo m ist isomorph zum Faktorring* $(\mathbb{Z}/m\mathbb{Z}, \oplus, \odot)$ *bzw. zum Ring* $(\mathcal{R}_m, \oplus, \odot)$.

Beweis. Wir betrachten die Abbildung $f : (\mathbb{Z}, +, \cdot) \longrightarrow (\mathcal{K}_m, \oplus, \odot)$, gegeben durch die Zuordnung $f(a) := \overline{a}$. Diese Abbildung ist ein surjektiver Ringhomomorphismus mit Kern $m\mathbb{Z}$. Die Behauptung folgt nun nach dem Korollar zum Homomorphiesatz 3.24 in Kapitel III für Ringe. Da wir bereits wissen, dass die Ringisomorphie $(\mathbb{Z}/m\mathbb{Z}, \oplus, \odot) \cong (\mathcal{R}_m, \oplus, \odot)$ besteht, ergibt sich auch die zweite behauptete Isomorphie zwischen $(\mathcal{K}_m, \oplus, \odot)$ und $(\mathcal{R}_m, \oplus, \odot)$. $\qquad\square$

Bemerkung 1.7. Wir identifizieren ab jetzt den Restklassenring $(\mathcal{K}_m, \oplus, \odot)$ modulo *m* mit dem Ring $(\mathbb{Z}/m\mathbb{Z}, \oplus, \odot)$ bzw. $(\mathcal{R}_m, \oplus, \odot)$ und verwenden dafür die einfachere Bezeichnung $(\mathbb{Z}/m\mathbb{Z}, +, \cdot)$ bzw. einfach $\mathbb{Z}/m\mathbb{Z}$.

Proposition 1.8. *Es seien m_1, m_2 positive natürliche Zahlen mit $m_1 \mid m_2$. Dann induziert die Zuordnung $a \bmod m_2 \mapsto a \bmod m_1$ einen surjektiven Ringhomomorphismus*

$$f : \mathbb{Z}/m_2\mathbb{Z} \longrightarrow \mathbb{Z}/m_1\mathbb{Z}$$

mit der Eigenschaft

$$\#f^{-1}(a \bmod m_1) = \# \left\{ \overline{b} \in \mathbb{Z}/m_2\mathbb{Z} \mid f(\overline{b}) = a \bmod m_1 \right\}$$
$$= m_2/m_1.$$

Beweis. Als erstes überlegen wir uns die Wohldefiniertheit der Abbildung f. Dazu sei neben a auch a' ein Repräsentant der Restklasse $a \bmod m_2$, d. h. es gilt $m_2 \mid (a - a')$; aufgrund der Voraussetzung $m_1 \mid m_2$ folgt damit auch $m_1 \mid (a - a')$. Somit ist

$$a \bmod m_1 = a' \bmod m_1,$$

und die Repräsentantenunabhängigkeit von f ist geklärt.

In einem zweiten Schritt verifiziert man leicht, dass die Abbildung f ein Ringhomomorphismus ist.

Somit bleibt zu zeigen, dass der Ringhomomorphismus f surjektiv ist und die Anzahl der Urbilder einer Restklasse $a \bmod m_1 \in \mathbb{Z}/m_1\mathbb{Z}$ bezüglich f gleich m_2/m_1 ist. Dazu setzen wir $d := m_2/m_1$ und ordnen die Elemente von $\mathbb{Z}/m_2\mathbb{Z}$ wie folgt in d Zeilen an:

$$
\begin{array}{cccc}
0 \bmod m_2, & 1 \bmod m_2, & \ldots, & (m_1 - 1) \bmod m_2, \\
m_1 \bmod m_2, & (m_1 + 1) \bmod m_2, & \ldots, & (2m_1 - 1) \bmod m_2, \\
\vdots & \vdots & \vdots & \vdots \\
(d-1)m_1 & ((d-1)m_1 + 1) & & (dm_1 - 1) \\
\bmod m_2, & \bmod m_2, & \ldots, & \bmod m_2
\end{array}
$$

Wir beachten nun, dass die m_1 Elemente einer jeden Zeile vermöge f jeweils auf die m_1 Elemente

$$0 \bmod m_1, 1 \bmod m_1, \ldots, (m_1 - 1) \bmod m_1$$

abgebildet werden. Daraus entnehmen wir einerseits die Surjektivität von f und andererseits die Behauptung, dass jede Restklasse a mod m_1 aus $\mathbb{Z}/m_1\mathbb{Z}$ genau $d = m_2/m_1$ Urbilder in $\mathbb{Z}/m_2\mathbb{Z}$ besitzt. □

Aufgabe 1.9. Vervollständigen Sie den Beweis von Proposition 1.8, indem Sie die Ringhomomorphie von f nachweisen.

2. Lösen linearer Kongruenzen

In diesem Abschnitt beschäftigen wir uns mit der Lösbarkeit linearer Gleichungen über dem Restklassenring $\mathbb{Z}/m\mathbb{Z}$. Vom Rechnen mit reellen Zahlen wissen wir, dass die lineare Gleichung $a \cdot x = b$ ($a, b \in \mathbb{R}$) entweder genau eine Lösung, keine Lösung oder mehrere (d. h. unendlich viele) Lösungen besitzt. Die Lösungsfindung der *linearen Kongruenz*

$$\overline{a} \cdot \overline{x} = \overline{b} \Longleftrightarrow a \cdot x \equiv b \bmod m \qquad (\overline{a}, \overline{b} \in \mathbb{Z}/m\mathbb{Z}) \qquad (2)$$

wird sich ganz analog gestalten: es werden sich entweder genau eine Restklasse $\overline{x}$, keine Restklasse oder mehrere Restklassen modulo m finden, die die lineare Kongruenz (2) lösen.

Bei der Analyse der Lösungsmannigfaltigkeit der linearen Kongruenz (2) ist die Problematik zu berücksichtigen, dass der Restklassenring $\mathbb{Z}/m\mathbb{Z}$ im allgemeinen kein Integritätsbereich ist. Ist nämlich $m = m_1 \cdot m_2$ mit natürlichen Zahlen $1 < m_1, m_2 < m$, so gilt einerseits $\overline{m}_1, \overline{m}_2 \neq \overline{0}$, andererseits ist aber $\overline{m}_1 \cdot \overline{m}_2 = \overline{0}$. Aus diesem Grund ist die lineare Kongruenz

$$\overline{m}_2 \cdot \overline{x} = \overline{1} \qquad (3)$$

nicht durch eine Restklasse $\overline{x} \in \mathbb{Z}/m\mathbb{Z}$ lösbar, denn multiplizieren wir die Kongruenz (3) mit $\overline{m}_1$, so erhalten wir

$$\overline{0} = (\overline{m}_1 \cdot \overline{m}_2) \cdot \overline{x} = \overline{m}_1 \cdot (\overline{m}_2 \cdot \overline{x}) = \overline{m}_1 \cdot \overline{1} = \overline{m}_1,$$

was einen Widerspruch darstellt. Dies ist ein neues Phänomen, welches bei den nachfolgenden Untersuchungen zur Lösbarkeit der linearen Kongruenz (2) zu berücksichtigen ist.

Aufgabe 2.1.   Bestimmen Sie (z.B. durch Ausprobieren) die Lösungsmengen folgender linearer Kongruenzen:

$$5 \cdot x \equiv 1 \bmod 7, \quad 10 \cdot x \equiv 2 \bmod 14, \quad 10 \cdot x \equiv 1 \bmod 14.$$

Lemma 2.2. *Es sei $\bar{a} \in \mathbb{Z}/m\mathbb{Z}$ gegeben. Dann gilt für alle Repräsentanten $a' \in \bar{a}$, dass die Gleichheit der größten gemeinsamen Teiler*

$$(a', m) = (a, m)$$

besteht.

Beweis. Wir setzen $d := (a, m)$ und $d' := (a', m)$. Da $a' \in \bar{a}$ ist, existiert eine ganze Zahl q mit der Eigenschaft $a' = a + m \cdot q$. Wegen $d \mid a$ und $d \mid m$ ist d somit auch ein Teiler von a'. Damit ist d ein gemeinsamer Teiler von a' und m, was $d \mid d'$ nach sich zieht. Analog zeigt man, dass d' ein gemeinsamer Teiler von a und m ist und somit $d' \mid d$ gilt. Somit haben wir

$$d \mid d' \quad \text{und zugleich} \quad d' \mid d,$$

woraus sich sofort die behauptete Gleichheit $d' = d$ ergibt. $\square$

Definition 2.3. Das vorhergehende Lemma erlaubt es, einer Restklasse $a \bmod m$ in wohldefinierter Weise die natürliche Zahl $d = (a, m)$ zuzuordnen. Wir nennen d den *Teiler der Restklasse* $\bar{a} = a \bmod m$.

Wir nennen die Restklasse $\bar{a} = a \bmod m$ *prime Restklasse modulo* m, falls $(a, m) = 1$ gilt; die Restklasse $\bar{a}$ besteht in diesem Fall aus lauter zu m teilerfremden Zahlen.

Satz 2.4. *Die Kongruenz*

$$\bar{a} \cdot \bar{x} = \bar{b} \Longleftrightarrow a \cdot x \equiv b \bmod m \qquad (\bar{a}, \bar{b} \in \mathbb{Z}/m\mathbb{Z}) \qquad (4)$$

ist genau dann lösbar, wenn der Teiler $d := (a, m)$ der Restklasse $\bar{a}$ auch in b aufgeht, d. h. $d \mid b$ erfüllt.

Ist dies der Fall, so wird die obige Kongruenz durch genau d Restklassen modulo m gelöst.

Beweis. Die Lösbarkeit der Kongruenz (4) durch eine Restklasse $\bar{x} = x \bmod m$ ist gleichbedeutend mit der Lösbarkeit der Gleichung

$$a \cdot x + m \cdot q = b$$

durch ein $x \in \mathbb{Z}$ (mit einem $q \in \mathbb{Z}$). Da d ein gemeinsamer Teiler von a und m ist, muss notwendigerweise die Teilbarkeitsbeziehung $d \mid b$ gelten.

Als nächstes zeigen wir, dass diese Bedingung auch hinreichend ist. Dazu sei also $d = (a, m)$ ein Teiler von b. Unter dieser Voraussetzung werden wir nun eine Lösung der Kongruenz (4) konstruieren. Wir führen die ganzen Zahlen

$$a_0 := \frac{a}{d}, \quad b_0 := \frac{b}{d}, \quad m_0 := \frac{m}{d}$$

ein und beachten, dass a_0, m_0 zueinander teilerfremd sind. Wir lösen zunächst die Kongruenz

$$\bar{a}_0 \cdot \bar{x}_0 = \bar{b}_0 \iff a_0 \cdot x_0 \equiv b_0 \bmod m_0 \tag{5}$$

durch eine Restklasse $\bar{x}_0 = x_0 \bmod m_0$. Da $(a_0, m_0) = 1$ und $\mathbb{Z}$ ein Hauptidealring ist, existieren $x_1, y_1 \in \mathbb{Z}$ mit der Eigenschaft

$$a_0 \cdot x_1 + m_0 \cdot y_1 = 1.$$

Nach Multiplikation dieser Gleichung mit b_0 erhalten wir

$$a_0 \cdot (x_1 \cdot b_0) + m_0 \cdot (y_1 \cdot b_0) = b_0.$$

Dies bedeutet aber, dass für $x_0 := x_1 \cdot b_0$ und $y_0 := y_1 \cdot b_0$ die Relationen

$$a_0 \cdot x_0 + m_0 \cdot y_0 = b_0 \iff a_0 \cdot x_0 \equiv b_0 \bmod m_0 \tag{6}$$

bestehen. Somit ist $\bar{x}_0 = x_0 \bmod m_0$ eine Lösung der Kongruenz (5).

Für jede weitere Lösung $\overline{x}_0'$ der Kongruenz (5) gilt

$$\overline{a}_0 \cdot (\overline{x}_0 - \overline{x}_0') = \overline{0} \iff a_0 \cdot (x_0 - x_0') \equiv 0 \bmod m_0.$$

Aufgrund der Teilerfremdheit von a_0 und m_0 muss m_0 die Differenz $x_0 - x_0'$ teilen, d. h. es gilt

$$\overline{x}_0 = \overline{x}_0' \iff x_0 \equiv x_0' \bmod m_0,$$

also ist die Restklasse $\overline{x}_0 = x_0 \bmod m_0$ eindeutig festgelegt.

Wir wenden uns endlich der Lösung der Ausgangskongruenz (4) zu. Dazu multiplizieren wir die Kongruenz (6) mit d und erhalten

$$(a_0 \cdot d) \cdot x_0 + (m_0 \cdot d) \cdot y_0 = b_0 \cdot d \iff a \cdot x_0 + m \cdot y_0 = b$$
$$\iff a \cdot x_0 \equiv b \bmod m,$$

d. h. die Restklasse $\overline{x}_0 = x_0 \bmod m$ ist eine Lösung der Kongruenz (4).

Da die Lösung $x_0 \bmod m$ aus der eindeutig bestimmten Lösung $x_0 \bmod m_0$ hervorgeht, erhalten wir die Gesamtheit aller Lösungen der Kongruenz (4) als Urbild von $x_0 \bmod m_0$ unter dem Ringhomomorphismus

$$f : \mathbb{Z}/m\mathbb{Z} \longrightarrow \mathbb{Z}/m_0\mathbb{Z}.$$

Gemäß Proposition 1.8 besitzt die Kongruenz (4) somit genau $d = m/m_0$ Lösungen. Damit ist der Satz vollständig bewiesen. $\square$

Beispiel 2.5. Wir betrachten das Beispiel $m = 5$ und $a = 3$, $b = 2$, d. h. die lineare Kongruenz

$$3 \cdot x \equiv 2 \bmod 5.$$

Da $d = (a, m) = (3, 5) = 1$ ist und $1 \mid 2$ gilt, zeigt Satz 2.4, dass die vorliegende Kongruenz genau eine Lösung besitzt. Diese erhalten wir wie folgt: Wir haben zunächst ganze Zahlen x_1, y_1 zu finden, welche die Gleichung

$$3 \cdot x_1 + 5 \cdot y_1 = 1$$

erfüllen; man erkennt leicht, dass beispielsweise $x_1 = -3$ und $y_1 = 2$ gewählt werden kann. Indem wir jetzt das Produkt $x_0 = x_1 \cdot b = (-3) \cdot 2$ bilden, finden wir die Lösung $\overline{x} = \overline{x}_0 = -6 \bmod 5$, d. h. $\overline{x} = 4 \bmod 5$.

Aufgabe 2.6. Lösen Sie die linearen Kongruenzen aus Aufgabe 2.1 mit Hilfe von Satz 2.4 nach dem Muster des vorhergehenden Beispiels noch einmal.

Korollar 2.7. *Es sei $a \bmod m$ eine prime Restklasse modulo m. Dann besitzt die lineare Kongruenz*

$$\overline{a} \cdot \overline{x} = \overline{b} \Longleftrightarrow a \cdot x \equiv b \bmod m \qquad (\overline{a}, \overline{b} \in \mathbb{Z}/m\mathbb{Z})$$

genau eine Lösung.

Die Einheiten $(\mathbb{Z}/m\mathbb{Z})^{\times}$ des Restklassenrings $\mathbb{Z}/m\mathbb{Z}$ modulo m entsprechen den primen Restklassen modulo m.

Beweis. Der erste Teil der Behauptung folgt unmittelbar aus Satz 2.4.

Ist $\overline{a} \in (\mathbb{Z}/m\mathbb{Z})^{\times}$, so existiert $\overline{x} \in (\mathbb{Z}/m\mathbb{Z})^{\times}$ mit der Eigenschaft $\overline{a} \cdot \overline{x} = \overline{1}$, was sofort die Gleichheit $(a, m) = 1$ nach sich zieht, d. h. $\overline{a}$ ist eine prime Restklasse modulo m. Ist umgekehrt $\overline{a}$ eine prime Restklasse modulo m, so besitzt die Gleichung $\overline{a} \cdot \overline{x} = \overline{1}$ nach dem bereits bewiesenen Teil des Satzes genau eine Lösung $\overline{x} \in \mathbb{Z}/m\mathbb{Z}$, womit $\overline{a}$ als Einheit erkannt ist. $\qquad\qquad\qquad\qquad\qquad\qquad\qquad\qquad\qquad\qquad\qquad\qquad$ $\square$

Bemerkung 2.8. Aufgrund des vorhergehenden Korollars nennen wir die Einheitengruppe $(\mathbb{Z}/m\mathbb{Z})^{\times}$ des Restklassenrings $\mathbb{Z}/m\mathbb{Z}$ modulo m auch die *prime Restklassengruppe modulo m*.

Aufgabe 2.9. Geben Sie die Gruppentafeln der Gruppen $(\mathbb{Z}/m\mathbb{Z})^{\times}$ für $m = 5, 8, 10, 12$ an und vergleichen Sie diese miteinander.

Definition 2.10. Wir bezeichnen die Ordnung der primen Restklassengruppe $(\mathbb{Z}/m\mathbb{Z})^\times$ modulo m mit $\varphi(m)$. Die damit definierte zahlentheoretische Funktion

$$\varphi : \mathbb{N} \longrightarrow \mathbb{N}$$

heißt die *Eulersche φ-Funktion*.

Beispiel 2.11. Ist $m = p$ eine Primzahl, so erkennen wir sofort, dass

$$(\mathbb{Z}/p\mathbb{Z})^\times = \{\overline{1}, \ldots, \overline{p-1}\}$$

gilt, d. h. $\varphi(p) = p - 1$. In diesem Spezialfall gilt also

$$(\mathbb{Z}/p\mathbb{Z})^\times = (\mathbb{Z}/p\mathbb{Z}) \setminus \{\overline{0}\},$$

d. h. $\mathbb{Z}/p\mathbb{Z}$ ist ein Körper. Wir bezeichnen diesen mit $\mathbb{F}_p$ und nennen ihn den *Körper mit p Elementen*.

Aufgabe 2.12. Es seien p eine Primzahl und k eine positive natürliche Zahl. Geben Sie eine Formel für den Funktionswert $\varphi(p^k)$ an.

Satz 2.13 (Chinesischer Restsatz). *Es seien $m_1, \ldots, m_r$ paarweise teilerfremde natürliche Zahlen und $m = m_1 \cdot \ldots \cdot m_r$. Dann ist das System linearer Kongruenzen*

$$x \equiv a_1 \bmod m_1, \ldots, x \equiv a_r \bmod m_r \qquad (7)$$

für beliebige $a_1, \ldots, a_r \in \mathbb{Z}$ durch genau eine Restklasse x mod m lösbar.

Beweis. Wir haben einen Existenz- und einen Eindeutigkeitsbeweis zu führen. Wir beginnen mit dem Existenzbeweis.

Existenz: Wir führen eine vollständige Induktion nach r durch. Es bietet sich an, die Induktion mit $r = 1$ zu beginnen, da die Existenz der Lösung in diesem Fall trivialerweise gesichert ist. Wir ziehen es allerdings vor, die Induktion mit $r = 2$ zu beginnen.

Da $(m_1, m_2) = 1$ gilt, existieren ganze Zahlen x_1, x_2 mit der Eigenschaft

$$m_1 \cdot x_1 + m_2 \cdot x_2 = 1. \tag{8}$$

Setzen wir weiter $e_1 := m_2 \cdot x_2$ und $e_2 := m_1 \cdot x_1$, so ergeben sich unter Beachtung von (8) die Kongruenzen

$$e_1 \equiv 1 \bmod m_1, \quad e_1 \equiv 0 \bmod m_2,$$
$$e_2 \equiv 0 \bmod m_1, \quad e_2 \equiv 1 \bmod m_2.$$

Wir definieren jetzt

$$a := a_1 \cdot e_1 + a_2 \cdot e_2$$

und behaupten, dass die Restklasse $x \equiv a \bmod m$ die gesuchte Lösung ist. In der Tat finden wir

$$a \equiv a_1 \cdot e_1 + a_2 \cdot e_2 \equiv a_1 \cdot 1 + a_2 \cdot 0 \equiv a_1 \bmod m_1,$$
$$a \equiv a_1 \cdot e_1 + a_2 \cdot e_2 \equiv a_1 \cdot 0 + a_2 \cdot 1 \equiv a_2 \bmod m_2.$$

Damit ist der Induktionsanfang für $r = 2$ geschafft, und wir machen die Voraussetzung, dass das System linearer Kongruenzen (7) eine Lösung $x \bmod m$ ($m = m_1 \cdot \ldots \cdot m_r$) besitzt. Um den Induktionsschritt zu vollziehen, sei m_{r+1} eine weitere, zu $m_1, \ldots, m_r$ teilerfremde natürliche Zahl sowie a_{r+1} eine beliebige ganze Zahl. Mit Hilfe der soeben entwickelten Methode finden wir nun eine Lösung $x' \bmod m'$ ($m' = m_1 \cdot \ldots \cdot m_{r+1}$) der beiden Kongruenzen

$$x' \equiv x \bmod m, \, x' \equiv a_{r+1} \bmod m_{r+1}.$$

Da offensichtlich

$$x' \equiv a_1 \bmod m_1, \ldots, x' \equiv a_r \bmod m_r$$

gilt, ist der Induktionsbeweis abgeschlossen und somit die Existenzfrage geklärt.

Eindeutigkeit: Für den Eindeutigkeitsbeweis nehmen wir an, dass y mod m eine weitere Lösung des Systems linearer Kongruenzen (7) sei. Es gilt dann

$$y - x \equiv 0 \bmod m_1, \ldots, y - x \equiv 0 \bmod m_r \Longleftrightarrow$$
$$m_1 \mid (y - x), \ldots, m_r \mid (y - x).$$

Da $m_1, \ldots, m_r$ paarweise teilerfremd sind, ergibt sich daraus sofort die Teilbarkeit $m \mid (y - x)$, welche die Kongruenz

$$y \equiv x \bmod m$$

zur Folge hat, was die Eindeutigkeit beweist. $\square$

Beispiel 2.14.   Das folgende System linearer Kongruenzen ist zu lösen:
$$x \equiv 1 \bmod 4, \quad x \equiv 2 \bmod 5.$$

Da die Zahlen 4 und 5 zueinander teilerfremd sind, können wir Satz 2.13 anwenden. Mit den dort verwendeten Bezeichnungen haben wir $m_1 = 4$, $m_2 = 5$ und $a_1 = 1$, $a_2 = 2$. Mit $x_1 = -1, x_2 = 1$ erhalten wir

$$m_1 \cdot x_1 + m_2 \cdot x_2 = 4 \cdot (-1) + 5 \cdot 1 = 1,$$

also

$$e_1 = m_2 \cdot x_2 = 5, \quad e_2 = m_1 \cdot x_1 = -4.$$

Damit finden wir die Lösung

$$x = a = a_1 \cdot e_1 + a_2 \cdot e_2 = -3 \equiv 17 \bmod 20.$$

Aufgabe 2.15.   Lösen Sie das folgende System linearer Kongruenzen:

$$x \equiv 3 \bmod 7, \quad x \equiv 7 \bmod 13, \quad x \equiv 2 \bmod 17.$$

Bemerkung 2.16.   Es seien $(G_1, \circ_1), \ldots, (G_r, \circ_r)$ Gruppen. Auf dem kartesischen Produkt

$$G_1 \times \ldots \times G_r = \{(g_1, \ldots, g_r) \mid g_1 \in G_1, \ldots, g_r \in G_r\}$$

wird durch

$$(g_1, \ldots, g_r) \circ (g_1', \ldots, g_r') := (g_1 \circ_1 g_1', \ldots, g_r \circ_r g_r')$$

eine assoziative Struktur definiert, welche $G_1 \times \ldots \times G_r$ zu einer Gruppe macht. Wir nennen die Gruppe $(G_1 \times \ldots \times G_r, \circ)$ das *direkte Produkt von* $G_1, \ldots, G_r$.

Falls $G_1, \ldots, G_r$ abelsche Gruppen sind, deren Strukturen wir additiv schreiben, so bezeichnen wir das direkte Produkt von $G_1, \ldots, G_r$ mit $G_1 \oplus \ldots \oplus G_r$ und sprechen von der *direkten Summe von* $G_1, \ldots, G_r$.

Korollar 2.17. *Es seien* $m_1, \ldots, m_r$ *paarweise teilerfremde natürliche Zahlen und* $m = m_1 \cdot \ldots \cdot m_r$. *Dann induziert die natürliche Abbildung*

$$f : \mathbb{Z}/m\mathbb{Z} \longrightarrow \mathbb{Z}/m_1\mathbb{Z} \oplus \ldots \oplus \mathbb{Z}/m_r\mathbb{Z}, \qquad (9)$$

gegeben durch die Zuordnung

$$a \bmod m \mapsto (a \bmod m_1, \ldots, a \bmod m_r),$$

einen Gruppenisomorphismus

$$(\mathbb{Z}/m\mathbb{Z}, +) \cong (\mathbb{Z}/m_1\mathbb{Z} \oplus \ldots \oplus \mathbb{Z}/m_r\mathbb{Z}, +).$$

Beweis. Zunächst verifiziert man leicht, dass die Abbildung f ein Gruppenhomomorphismus ist. Um die Bijektivität von f einzusehen, hat man zu einem vorgegebenen r-Tupel $(a_1 \bmod m_1, \ldots, a_r \bmod m_r)$ von Restklassen genau eine Restklasse $a \bmod m$ zu konstruieren, welche

$$f(a \bmod m) = (a_1 \bmod m_1, \ldots, a_r \bmod m_r) \Longleftrightarrow$$
$$a \bmod m_1 = a_1 \bmod m_1, \ldots, a \bmod m_r = a_r \bmod m_r \Longleftrightarrow$$
$$a \equiv a_1 \bmod m_1, \ldots, a \equiv a_r \bmod m_r$$

erfüllt. Dass es genau eine solche Restklasse $a \bmod m$ gibt, folgt unmittelbar aus dem Chinesischen Restsatz 2.13. $\square$

Bemerkung 2.18. Alternativ zum hier gewählten Vorgehen könnte man zuerst das Resultat von Korollar 2.17 beweisen, indem man mit Hilfe der Teilerfremdheit von $m_1, \ldots, m_r$ direkt die Injektivität des Gruppenhomomorphismus f nachweist. Da nun die beiden in Frage stehenden Gruppen dieselbe Ordnung haben, es gilt ja

$$|\mathbb{Z}/m\mathbb{Z}| = m = m_1 \cdot \ldots \cdot m_r = |\mathbb{Z}/m_1\mathbb{Z} \oplus \ldots \oplus \mathbb{Z}/m_r\mathbb{Z}|,$$

muss die Abbildung f automatisch auch surjektiv sein. Mit Hilfe der damit gezeigten Bijektivität von f erhält man nun sofort den Chinesischen Restsatz 2.13 als Folgerung. Der Nachteil dieses Vorgehens gegenüber dem von uns gewählten besteht darin, dass die Konstruktion eines Urbilds von f, d. h. das simultane Lösen von Kongruenzen, nicht konstruktiv ist.

Aufgabe 2.19. Bestimmen Sie explizit eine Umkehrabbildung des Gruppenisomorphismus

$$f : \mathbb{Z}/3\,599\mathbb{Z} \longrightarrow \mathbb{Z}/59\mathbb{Z} \oplus \mathbb{Z}/61\mathbb{Z},$$

der durch die Zuordnung

$$a \bmod 3\,599 \mapsto (a \bmod 59, a \bmod 61)$$

gegeben ist.

Korollar 2.20. *Es seien $m_1, \ldots, m_r$ paarweise teilerfremde natürliche Zahlen und $m = m_1 \cdot \ldots \cdot m_r$. Dann induziert die natürliche Abbildung*

$$g : (\mathbb{Z}/m\mathbb{Z})^\times \longrightarrow (\mathbb{Z}/m_1\mathbb{Z})^\times \times \ldots \times (\mathbb{Z}/m_r\mathbb{Z})^\times, \qquad (10)$$

gegeben durch die Zuordnung

$$a \bmod m \mapsto (a \bmod m_1, \ldots, a \bmod m_r),$$

einen Gruppenisomorphismus

$$\left((\mathbb{Z}/m\mathbb{Z})^\times, \cdot\right) \cong \left((\mathbb{Z}/m_1\mathbb{Z})^\times \times \ldots \times (\mathbb{Z}/m_r\mathbb{Z})^\times, \cdot\right).$$

Beweis. In einem ersten Schritt haben wir uns die Wohldefiniertheit der Abbildung g zu überlegen. Es sei also a mod m eine prime Restklasse modulo m, d. h. es gilt $(a, m) = 1$. Dann gilt für die Teiler m_j von m erst recht $(a, m_j) = 1$, d. h. die Restklassen a mod m_j sind für $j = 1, \ldots, r$ ebenfalls prim. Somit ist die Abbildung g wohldefiniert.

Als nächstes überlassen wir es dem Leser nachzuprüfen, dass die Abbildung g ein Gruppenhomomorphismus ist. Die Injektivität von g ergibt sich unmittelbar aus der Teilerfremdheit von $m_1, \ldots, m_r$.

Es bleibt, die Surjektivität von g nachzuweisen. Dazu sei ein r-Tupel

$$(a_1 \bmod m_1, \ldots, a_r \bmod m_r) \in (\mathbb{Z}/m_1\mathbb{Z})^\times \times \ldots \times (\mathbb{Z}/m_r\mathbb{Z})^\times$$

von primen Restklassen vorgelegt, zu welchem wir ein Urbild a mod $m \in (\mathbb{Z}/m\mathbb{Z})^\times$ bezüglich g zu konstruieren haben. Indem wir zunächst die Primalität des r-Tupels $(a_1 \bmod m_1, \ldots, a_r \bmod m_r)$ ignorieren, können wir mit Hilfe des Chinesischen Restsatzes 2.13 eine Restklasse a mod $m \in \mathbb{Z}/m\mathbb{Z}$ konstruieren, welche

$$a \bmod m_1 = a_1 \bmod m_1, \ldots, a \bmod m_r = a_r \bmod m_r \quad (11)$$

erfüllt. Es bleibt noch zu zeigen, dass sogar a mod $m \in (\mathbb{Z}/m\mathbb{Z})^\times$ gilt. Aufgrund der Gleichungen (11) erhalten wir unter Verwendung von Lemma 2.2

$$(a, m_1) = (a_1, m_1) = 1, \ldots, (a, m_r) = (a_r, m_r) = 1,$$

d. h. die ganze Zahl a ist teilerfremd zu $m_1, \ldots, m_r$ und somit auch zu m. Wir haben damit eine Restklasse a mod $m \in (\mathbb{Z}/m\mathbb{Z})^\times$ konstruiert, welche wie gewünscht

$$g(a \bmod m) = (a_1 \bmod m_1, \ldots, a_r \bmod m_r)$$

erfüllt. Damit ist die Abbildung g als Gruppenisomorphismus nachgewiesen.

$\square$

Aufgabe 2.21. Beweisen Sie, dass die Abbildung g im Beweis von Korollar 2.20 ein Gruppenhomomorphismus ist.

Das Korollar 2.20 erlaubt es nun, eine geschlossene Formel für die Eulersche φ-Funktion zu geben.

Satz 2.22. *Es sei m eine positive natürliche Zahl. Der Wert der Eulerschen φ-Funktion an der Stelle m ist dann gegeben durch die Formel*

$$\varphi(m) = m \cdot \prod_{\substack{p \mid m \\ p \text{ prim}}} \left(1 - \frac{1}{p}\right).$$

Beweis. Die natürliche Zahl m besitze die Primfaktorzerlegung $m = p_1^{k_1} \cdot \ldots \cdot p_r^{k_r}$. Nach Korollar 2.20 besteht die Isomorphie

$$\left((\mathbb{Z}/m\mathbb{Z})^{\times}, \cdot\right) \cong \left((\mathbb{Z}/p_1^{k_1}\mathbb{Z})^{\times} \times \ldots \times (\mathbb{Z}/p_r^{k_r}\mathbb{Z})^{\times}, \cdot\right),$$

welche die Gleichheit

$$\varphi(m) = \varphi(p_1^{k_1}) \cdot \ldots \cdot \varphi(p_r^{k_r})$$

nach sich zieht. Indem man nun $\varphi(p_j^{k_j}) = p_j^{k_j} - p_j^{k_j-1}$ ($j = 1, \ldots, r$) verifiziert, berechnet man

$$\varphi(m) = \left(p_1^{k_1} - p_1^{k_1-1}\right) \cdot \ldots \cdot \left(p_r^{k_r} - p_r^{k_r-1}\right)$$

$$= m \cdot \prod_{j=1}^{r} \left(1 - \frac{1}{p_j}\right).$$

Dies beweist die Behauptung. $\qquad\qquad\qquad\qquad\qquad\qquad\square$

Aufgabe 2.23. Bestimmen Sie $\varphi(m)$ für $m = 120$, $m = 9\,797$ und $m = 2^{2\,007}$.

Aufgabe 2.24. Geben Sie ein Kriterium dafür an, wann m und $\varphi(m)$ teilerfremd sind.

Satz 2.25 (Satz von Euler). *Für eine prime Restklasse* $\overline{a} \in (\mathbb{Z}/m\mathbb{Z})^{\times}$ *gilt*

$$\overline{a}^{\varphi(m)} = \overline{1} \iff a^{\varphi(m)} \equiv 1 \bmod m.$$

Beweis. Es sei

$$(\mathbb{Z}/m\mathbb{Z})^{\times} = \{\overline{b}_1, \ldots, \overline{b}_{\varphi(m)}\}$$

und $\overline{a} \in (\mathbb{Z}/m\mathbb{Z})^{\times}$ ein beliebiges Element. Wir betrachten die Abbildung

$$f_a : (\mathbb{Z}/m\mathbb{Z})^{\times} \longrightarrow (\mathbb{Z}/m\mathbb{Z})^{\times},$$

gegeben durch die Zuordnung $\overline{b} \mapsto \overline{a} \cdot \overline{b}$ $(\overline{b} \in (\mathbb{Z}/m\mathbb{Z})^{\times})$. Wir behaupten, dass die Abbildung f_a bijektiv ist: Gilt nämlich $f_a(\overline{b}_j) = f_a(\overline{b}_k)$ $(j, k = 1, \ldots, \varphi(m))$, d.h.

$$\overline{a} \cdot \overline{b}_j = \overline{a} \cdot \overline{b}_k, \tag{12}$$

so ergibt sich nach Multiplikation von (12) mit dem multiplikativen Inversen der primen Restklasse $\overline{a}$ die Gleichheit $\overline{b}_j = \overline{b}_k$, was die Injektivität von f_a bestätigt. Da der Bildbereich von f_a die gleiche Mächtigkeit wie der Definitionsbereich hat, muss die Abbildung f_a auch surjektiv sein, was die behauptete Bijektivität beweist.

Somit ist das Produkt aller Elemente von $(\mathbb{Z}/m\mathbb{Z})^{\times}$ und ihrer Bilder unter f_a gleich, d.h. wir haben

$$\overline{b}_1 \cdot \ldots \cdot \overline{b}_{\varphi(m)} = f_a(\overline{b}_1) \cdot \ldots \cdot f_a(\overline{b}_{\varphi(m)}) \iff$$
$$\overline{b}_1 \cdot \ldots \cdot \overline{b}_{\varphi(m)} = \overline{a}^{\varphi(m)} \cdot (\overline{b}_1 \cdot \ldots \cdot \overline{b}_{\varphi(m)}). \tag{13}$$

Setzen wir $\overline{b} := \overline{b}_1 \cdot \ldots \cdot \overline{b}_{\varphi(m)}$, so erhalten wir nach Multiplikation beider Seiten von (13) mit dem multiplikativen Inversen von $\overline{b}$ die Gleichheit

$$\overline{a}^{\varphi(m)} = \overline{1}.$$

Damit ist der Satz von Euler bewiesen. ☐

Aufgabe 2.26. Bestimmen Sie mit Hilfe des Satzes von Euler die Lösungen der Kongruenz $x^{11} \equiv 2 \bmod 77$.

Korollar 2.27 (Der kleine Satz von Fermat). *Es sei p eine Primzahl und a eine zu p teilerfremde ganze Zahl. Dann gilt die Kongruenz*

$$a^{p-1} \equiv 1 \bmod p.$$

Beweis. Die durch a festgelegte Restklasse $\bar{a} \in \mathbb{Z}/p\mathbb{Z}$ ist voraussetzungsgemäß prim. Da nun $\varphi(p) = p - 1$ gilt, ergibt sich aus dem Satz von Euler sofort die Beziehung

$$\bar{a}^{p-1} = \bar{1} \Longleftrightarrow a^{p-1} \equiv 1 \bmod p,$$

womit der kleine Satz von Fermat bewiesen ist. ☐

Aufgabe 2.28. Es sei q eine positive natürliche Zahl. Untersuchen Sie anhand von Beispielen, ob umgekehrt aus dem Bestehen der Kongruenz $a^{q-1} \equiv 1 \bmod q$ für alle zu q teilerfremden ganzen Zahlen a folgt, dass q eine Primzahl ist. (Hinweis: Betrachten Sie Produkte dreier ungerader Primzahlen.)

3. Quadratische Reste

Im vorhergehenden Abschnitt haben wir uns eine vollständige Übersicht über das Lösen linearer Kongruenzen verschafft. In diesem Abschnitt wenden wir uns nun dem Studium quadratischer Kongruenzen zu. Es handelt sich dabei darum, bei vorgegebenen Restklassen $\bar{a}, \bar{b}, \bar{c}$ modulo m Lösungen für die quadratische Kongruenz

$$\bar{a} \cdot \bar{x}^2 + \bar{b} \cdot \bar{x} + \bar{c} = \bar{0} \Longleftrightarrow a \cdot x^2 + b \cdot x + c \equiv 0 \bmod m \quad (14)$$

zu finden. Wir werden diese Aufgabe nicht in voller Allgemeinheit behandeln, sondern einige (nicht allzu stark einschränkende) Voraussetzungen machen, um den Lösungsweg zu vereinfachen. Um die quadratische Kongruenz (14) wie üblich mit Hilfe einer quadratischen Ergänzung in eine reinquadratische Kongruenz umformen zu können, machen wir ab jetzt die Voraussetzung, dass die Restklassen $\bar{a}$ und $\bar{2}$ prim modulo m sind, d. h. sie besitzen multiplikative Inverse in $\mathbb{Z}/m\mathbb{Z}$, welche wir mit $\bar{a}^{-1}$ bzw. $\bar{2}^{-1}$ bezeichnen. Indem wir die quadratische Kongruenz (14) mit $\bar{a}^{-1}$ multiplizieren, erhalten wir zunächst die Kongruenz

$$\bar{x}^2 + \bar{b}' \cdot \bar{x} + \bar{c}' = \bar{0} \tag{15}$$

mit $\bar{b}' := \bar{a}^{-1} \cdot \bar{b}$ und $\bar{c}' := \bar{a}^{-1} \cdot \bar{c}$. Indem wir die Restklassen

$$\bar{b}'' := \bar{2}^{-1} \cdot \bar{b}', \quad \bar{c}'' := \bar{c}' - \bar{b}''^2$$

einführen, gelangen wir von (15) zu der reinquadratischen Kongruenz

$$(\bar{x} + \bar{b}'')^2 + \bar{c}'' = \bar{0}. \tag{16}$$

Indem wir die Restklassen $\bar{X} := \bar{x} + \bar{b}''$ und $\bar{A} := -\bar{c}''$ einführen, haben wir das Lösen der quadratischen Kongruenz (14) auf das Lösen der einfachen quadratischen Kongruenz

$$\bar{X}^2 = \bar{A} \Longleftrightarrow X^2 \equiv A \bmod m \tag{17}$$

reduziert, d. h., wie bei dem uns vertrauten Lösen quadratischer Gleichungen im Bereich der reellen Zahlen, haben wir das Problem auf das „Quadratwurzelziehen" zurückgeführt.

Wir wenden uns jetzt der Lösung der quadratischen Kongruenz (17) zu, welche wir der Einfachheit halber in der Form

$$\bar{x}^2 = \bar{a} \Longleftrightarrow x^2 \equiv a \bmod m \tag{18}$$

schreiben, wobei wir die zusätzliche Voraussetzung treffen, dass $\bar{a}$ eine prime Restklasse modulo m ist. Wir werden unser Augenmerk im Folgenden nicht in erster Linie auf die

Konstruktion der Lösungen der Kongruenz (18) legen, sondern primär die Frage nach der Lösbarkeit der Kongruenz (18) vollständig klären. In diesem Zusammenhang gilt es zu entscheiden, welche Elemente $\bar{a} = a \bmod m$ Quadrate in der primen Restklassengruppe $(\mathbb{Z}/m\mathbb{Z})^\times$ sind und welche nicht. Dies führt unmittelbar zu der folgenden Definition.

Definition 3.1. Eine zu m teilerfremde Zahl a heißt *quadratischer Rest (modulo m)*, falls die Kongruenz (18) lösbar ist. Andernfalls wird die ganze Zahl a *quadratischer Nichtrest (modulo m)* genannt.

Beispiel 3.2. Es sei $m = 5$. Dann ist die prime Restklassengruppe $(\mathbb{Z}/5\mathbb{Z})^\times$ gegeben durch

$$\{\bar{1}, \bar{2}, \bar{3}, \bar{4}\}.$$

Man erkennt sofort, dass die Zahlen 1 und 4 quadratische Reste modulo 5 sind, da $\bar{1}^2 = \bar{1}$ und $\bar{2}^2 = \bar{4}$ gilt. Die Zahlen 2 und 3 sind hingegen quadratische Nichtreste modulo 5.

Aufgabe 3.3. Bestimmen Sie die quadratischen Reste bzw. Nichtreste modulo 7 und modulo 11.

Bemerkung 3.4. (i) Mit der Primfaktorzerlegung $m = p_1^{k_1} \cdot \ldots \cdot p_r^{k_r}$ von m erhalten wir aus Korollar 2.20 die Gruppenisomorphie

$$(\mathbb{Z}/m\mathbb{Z})^\times \cong (\mathbb{Z}/p_1^{k_1}\mathbb{Z})^\times \times \ldots \times (\mathbb{Z}/p_r^{k_r}\mathbb{Z})^\times.$$

Damit erkennen wir, dass eine zu m teilerfremde Zahl a genau dann quadratischer Rest modulo m ist, wenn a für alle $j = 1, \ldots, r$ quadratischer Rest modulo $p_j^{k_j}$ ist. Damit ist die Frage nach der Lösbarkeit der Kongruenz (18) auf den Fall $m = p^k$ (p Primzahl; $k \in \mathbb{N}$, $k > 0$) zurückgeführt.

(ii) Ist p eine ungerade Primzahl, so zeigt eine Analyse der Struktur der primen Restklassengruppe $(\mathbb{Z}/p^k\mathbb{Z})^\times$ ($k \in \mathbb{N}$,

$k > 0$), welche den Rahmen dieses Buches sprengen würde, dass eine zu p teilerfremde Zahl a genau dann quadratischer Rest modulo p^k ist, wenn a quadratischer Rest modulo p ist. Damit ist die Frage nach der Lösbarkeit der Kongruenz (18) im Wesentlichen auf den Primzahlfall $m = p$ reduziert. Die entsprechenden Untersuchungen für Potenzen der Primzahl 2 erfordern eine gesonderte Behandlung, auf die hier auch nicht weiter eingegangen werden soll.

Aufgrund der vorhergehenden Bemerkung konzentrieren wir uns ab jetzt auf die Frage nach der Lösbarkeit der quadratischen Kongruenz

$$\overline{x}^2 = \overline{a} \iff x^2 \equiv a \bmod p \tag{19}$$

für Primzahlmoduln p und zu p teilerfremde Zahlen a. In einem nächsten Schritt werden wir deshalb die Struktur der primen Restklassengruppe $(\mathbb{Z}/p\mathbb{Z})^{\times}$, d. h. der multiplikativen Gruppe $\mathbb{F}_p^{\times}$ des Körpers $\mathbb{F}_p$, genauer untersuchen.

Lemma 3.5. *Für jede positive natürliche Zahl n besteht die Relation*

$$\sum_{\substack{d \mid n \\ d > 0}} \varphi(d) = n.$$

Beweis. Wir nehmen zunächst an, dass n das Produkt zweier teilerfremder Zahlen n_1 und n_2 ist. Dann berechnen wir unter Verwendung der Multiplikativität der Eulerschen φ-Funktion

$$\sum_{\substack{d \mid n \\ d > 0}} \varphi(d) = \sum_{\substack{d_1 \mid n_1, d_1 > 0 \\ d_2 \mid n_2, d_2 > 0}} \varphi(d_1 \cdot d_2)$$

$$= \sum_{\substack{d_1 \mid n_1, d_1 > 0 \\ d_2 \mid n_2, d_2 > 0}} \varphi(d_1) \cdot \varphi(d_2)$$

$$= \sum_{\substack{d_1 \mid n_1 \\ d_1 > 0}} \varphi(d_1) \cdot \sum_{\substack{d_2 \mid n_2 \\ d_2 > 0}} \varphi(d_2).$$

Mit der Primfaktorzerlegung $n = p_1^{k_1} \cdot \ldots \cdot p_r^{k_r}$ erhalten wir somit

$$\sum_{\substack{d \mid n \\ d>0}} \varphi(d) = \sum_{\substack{d_1 \mid p_1^{k_1} \\ d_1>0}} \varphi(d_1) \cdot \ldots \cdot \sum_{\substack{d_r \mid p_r^{k_r} \\ d_r>0}} \varphi(d_r)$$

$$= \prod_{j=1}^{r} \sum_{\substack{d_j \mid p_j^{k_j} \\ d_j>0}} \varphi(d_j). \tag{20}$$

Da nun die positiven Teiler d_j von $p_j^{k_j}$ $(j = 1, \ldots, r)$ durch

$$p_j^0 = 1, \, p_j^1 = p_j, \ldots, \, p_j^{k_j-1}, \, p_j^{k_j}$$

gegeben sind, erhalten wir für den j-ten Faktor von (20)

$$\sum_{\substack{d_j \mid p_j^{k_j} \\ d_j>0}} \varphi(d_j) = \varphi(p_j^0) + \varphi(p_j^1) + \varphi(p_j^2) + \ldots + \varphi(p_j^{k_j})$$

$$= 1 + (p_j - 1) + (p_j^2 - p_j) + \ldots + (p_j^{k_j} - p_j^{k_j-1})$$
$$= p_j^{k_j}.$$

Zusammengenommen ergibt sich somit

$$\sum_{\substack{d \mid n \\ d>0}} \varphi(d) = \prod_{j=1}^{r} \sum_{\substack{d_j \mid p_j^{k_j} \\ d_j>0}} \varphi(d_j) = \prod_{j=1}^{r} p_j^{k_j} = n,$$

wie behauptet. $\qquad\qquad\qquad\qquad\qquad\qquad\qquad\qquad\square$

Lemma 3.6. *Es sei $(H, \circ)$ eine zyklische Gruppe der Ordnung d, d.h. $H = \langle h \rangle$, wobei h ein Element der Ordnung d ist. Für $j = 1, \ldots, d-1$ besteht dann die Äquivalenz*

$$\operatorname{ord}(h^j) = d \Longleftrightarrow (j, d) = 1.$$

Beweis. Es sei $j \in \{1, \dots, d-1\}$ und es gelte $\operatorname{ord}(h^j) = d$. Im Gegensatz zur Behauptung nehmen wir an, dass $(j, d) = q > 1$ gilt. Mit den natürlichen Zahlen $j/q, d/q$ berechnen wir jetzt

$$(h^j)^{\frac{d}{q}} = (h^d)^{\frac{j}{q}} = e^{\frac{j}{q}} = e;$$

hierbei bezeichnet e das neutrale Element von H. Damit erkennen wir, dass $\operatorname{ord}(h^j) \leq d/q < d$ ist, was unserer Voraussetzung widerspricht.

Es sei wiederum $j \in \{1, \dots, d-1\}$ und es gelte umgekehrt $(j, d) = 1$. Wir betrachten die d Elemente

$$h^{0 \cdot j} = e, \; h^{1 \cdot j} = h^j, \; h^{2 \cdot j}, \dots, h^{(d-1) \cdot j}. \tag{21}$$

Für zwei Elemente $h^{k \cdot j}$ und $h^{\ell \cdot j}$ ($k, \ell \in \{0, 1, \dots, d-1\}$, wobei wir ohne Einschränkung $k \geq \ell$ annehmen können) gilt

$$h^{k \cdot j} = h^{\ell \cdot j} \iff h^{(k-\ell) \cdot j} = e.$$

Da $\operatorname{ord}(h) = d$ gilt, muss d ein Teiler von $(k - \ell) \cdot j$ sein. Da wir aber $(j, d) = 1$ vorausgesetzt haben, muss d sogar ein Teiler von $k - \ell$ sein. Wegen $0 \leq k - \ell < d$ ist dies aber nur möglich, wenn $k = \ell$ ist. Somit sind die d Elemente in (21) paarweise voneinander verschieden, d.h. die durch h^j erzeugte zyklische Gruppe

$$\langle h^j \rangle = \{e, h^j, h^{2 \cdot j}, \dots, h^{(d-1) \cdot j}\}$$

enthält genau d Elemente. Dies impliziert aber, dass, wie behauptet, $\operatorname{ord}(h^j) = d$ gilt. $\qquad \Box$

Satz 3.7. *Es sei $(G, \circ)$ eine endliche Gruppe der Ordnung n mit neutralem Element e. Weiter gelte für alle positiven Teiler d von n die Ungleichung*

$$\big|\{g \in G \mid g^d = e\}\big| \leq d.$$

Dann ist G zyklisch.

Beweis. Es sei also d ein positiver Teiler der Gruppenordnung n. Dann können die beiden folgenden Fälle auftreten:

(i)   Es existiert ein $h \in G$ mit $\operatorname{ord}(h) = d$.

(ii)   Es existiert kein $h \in G$ mit $\operatorname{ord}(h) = d$.

Die Strategie des Beweises besteht darin, den Fall (ii) auszuschließen; dies hat zur Folge, dass für jeden positiven Teiler d von n, insbesondere für $d = n$, der Fall (i) gilt, was dann die Behauptung beweist.

Um diese Strategie zu verfolgen, untersuchen wir zuerst den Fall (i) genauer. Es sei zunächst $h \in G$ mit $\operatorname{ord}(h) = d$. Wir betrachten dann die durch h erzeugte zyklische Untergruppe

$$H := \langle h \rangle = \{h^0 = e,\, h^1 = h,\, h^2, \ldots, h^{d-1}\}$$

von G. Da $\operatorname{ord}(h) = d$ gilt, genügen alle d Elemente h^j ($j = 0, \ldots, d-1$) von H der Gleichung

$$(h^j)^d = (h^d)^j = e^j = e.$$

Da es nach Voraussetzung höchstens d Elemente $g \in G$ mit $g^d = e$ geben darf, muss

$$H = \{g \in G \mid g^d = e\}$$

gelten. Unter Verwendung von Lemma 3.6 stellen wir somit fest, dass die Elemente der Ordnung d in G durch die Elemente h^j mit $(j, d) = 1$ gegeben sind, d. h. es gibt genau $\varphi(d)$ Elemente der Ordnung d in G.

Wir können nun die Elemente von G wie folgt abzählen: Ist d ein positiver Teiler von n und gibt es ein Element der Ordnung d, so wissen wir aufgrund der vorhergehenden Überlegungen, dass es genau $\varphi(d)$ Elemente dieser Art gibt. Indem wir mit d alle positiven Teiler von n durchlaufen, listen wir auf diese Weise alle Elemente von G genau einmal. Somit besteht die Gleichung

$$\sum_{\substack{d \mid n,\, d > 0 \\ \exists h \in G:\, \operatorname{ord}(h) = d}} \varphi(d) = n. \tag{22}$$

Da nach Lemma 3.5 andererseits die Gleichung

$$\sum_{\substack{d \mid n \\ d > 0}} \varphi(d) = n$$

besteht, erkennen wir durch Vergleich mit (22), dass die Bedingung „$\exists h \in G : \operatorname{ord}(h) = d$" jeweils automatisch erfüllt sein muss. Damit haben wir, wie beabsichtigt, zeigen können, dass der Fall (i) immer eintritt und der Fall (ii) ausgeschlossen ist. Indem wir nun speziell den Teiler $d = n$ wählen, wissen wir, dass es ein Element der Ordnung n in G gibt, welches die Gruppe G dann notwendigerweise erzeugt. Damit ist der Satz vollständig bewiesen. $\qquad\square$

Korollar 3.8. *Es sei p eine Primzahl. Dann ist die multiplikative Gruppe $\mathbb{F}_p^\times$ des Körpers $\mathbb{F}_p$ zyklisch.*

Beweis. Wir wollen zum Beweis Satz 3.7 auf die Gruppe $\mathbb{F}_p^\times$ der Ordnung $\varphi(p) = p - 1$ anwenden. Dazu müssen wir zeigen, dass für jeden positiven Teiler d von $p - 1$ die Ungleichung

$$\left| \{ \overline{x} \in \mathbb{F}_p^\times \mid \overline{x}^d = \overline{1} \} \right| \leq d$$

gilt. Dazu betrachten wir das Polynom $f_d \in \mathbb{F}_p[X]$, welches durch

$$f_d(X) := X^d - \overline{1}$$

gegeben ist. Da das Polynom f_d höchstens d Nullstellen in $\mathbb{F}_p$ haben kann, erhalten wir die Abschätzung

$$\left| \{ \overline{x} \in \mathbb{F}_p^\times \mid \overline{x}^d = \overline{1} \} \right| = \left| \{ \overline{x} \in \mathbb{F}_p^\times \mid \overline{x}^d - \overline{1} = \overline{0} \} \right|$$
$$= \left| \{ \overline{x} \in \mathbb{F}_p^\times \mid f_d(\overline{x}) = \overline{0} \} \right| \leq d.$$

Damit sind wir in der Lage, Satz 3.7 anzuwenden. Es ergibt sich die behauptete Zyklizität von $\mathbb{F}_p^\times$. $\qquad\square$

Aufgabe 3.9. Beweisen Sie den Satz von Wilson: Die natürliche Zahl p ist genau dann eine Primzahl, wenn $(p - 1)! \equiv -1 \bmod p$ gilt.

Definition 3.10. Eine Restklasse $\overline{w} = w \bmod p$, welche die zyklische Gruppe $\mathbb{F}_p^\times$ erzeugt, heißt *Primitivwurzel modulo p*.

Bemerkung 3.11. Für eine Primitivwurzel $\overline{w}$ modulo p gilt

$$\mathbb{F}_p^\times = \{\overline{w}^0, \overline{w}^1, \ldots, \overline{w}^{p-2}\}.$$

Insbesondere beachten wir, dass es keine natürliche Zahl d mit $0 < d < p - 1$ gibt, welche $\overline{w}^d = \overline{1}$ erfüllt.

Der Beweis von Lemma 3.6 zeigt weiter, dass es genau $\varphi(p - 1)$ Primitivwurzeln modulo p gibt. Ist nämlich $\overline{w} \in \mathbb{F}_p^\times$ eine Primitivwurzel modulo p, so sind auch $\overline{w}^j$ für die zu $p - 1$ teilerfremden $j \in \{1, \ldots, p - 1\}$ Primitivwurzeln modulo p.

Beispiel 3.12. Wir wollen für $p = 7$ eine Primitivwurzel modulo p bestimmen. Wir haben

$$\mathbb{F}_7^\times = \{\overline{1}, \overline{2}, \overline{3}, \overline{4}, \overline{5}, \overline{6}\}.$$

Da die Restklasse $\overline{1}$ nicht Primitivwurzel sein kann, untersuchen wir als erstes, ob die Restklasse $\overline{2}$ Primitivwurzel modulo 7 ist; da aber $\overline{2}^3 = \overline{1}$ gilt, kann $\overline{2}$ nicht Primitivwurzel modulo 7 sein. Wir wenden uns der Restklasse $\overline{3}$ zu; wir berechnen

$$\{\overline{3}^0 = \overline{1}, \overline{3}^1 = \overline{3}, \overline{3}^2 = \overline{2}, \overline{3}^3 = \overline{6}, \overline{3}^4 = \overline{4}, \overline{3}^5 = \overline{5}\} = \mathbb{F}_7^\times.$$

Damit ist $\overline{w} = \overline{3}$ eine Primitivwurzel modulo 7.

Wir nehmen dieses Beipiel zum Anlass, den Zusammenhang mit der Suche nach den quadratischen Resten in $\mathbb{F}_7^\times$ herzustellen. Mit Hilfe der Primitivwurzel $\overline{w} = \overline{3}$ erkennen wir sofort, dass die Menge

$$\{\overline{3}^0 = \overline{1}, \overline{3}^2 = \overline{2}, \overline{3}^4 = \overline{4}\} \quad \text{bzw.} \quad \{\overline{3}^1 = \overline{3}, \overline{3}^3 = \overline{6}, \overline{3}^5 = \overline{5}\}$$

aus lauter Quadraten bzw. lauter Nicht-Quadraten besteht, d. h. die Zahlen 1, 2, 4 sind quadratische Reste modulo 7 und 3, 5, 6 sind quadratische Nichtreste modulo 7.

Aufgabe 3.13.
(a) Weisen Sie nach, dass 2 eine Primitivwurzel modulo 13 ist.
(b) Bestimmen Sie die Lösungen der Gleichung $2^x \equiv 9 \bmod 13$.

Aufgabe 3.14. Es seien p eine Primzahl und $\overline{w}$ eine Primitivwurzel modulo p. Zu einem $\overline{a} \in \mathbb{F}_p^\times$ gibt es dann ein $n \in \{0, \ldots, p-2\}$ mit $\overline{w}^n = \overline{a}$. Damit definieren wir den *diskreten Logarithmus* durch

$$\log_{\overline{w}}(\overline{a}) := n.$$

Zeigen Sie, dass die bekannten Logarithmengesetze auch für den diskreten Logarithmus gelten.

Bemerkung 3.15. Es seien p eine ungerade Primzahl und $\overline{w}$ eine Primitivwurzel modulo p. Aufgrund des kleinen Satzes von Fermat bestehen die äquivalenten Aussagen

$$\overline{w}^{p-1} = \overline{1} \iff \overline{w}^{p-1} - \overline{1} = \overline{0}$$
$$\iff \left(\overline{w}^{\frac{p-1}{2}} + \overline{1} \right) \cdot \left(\overline{w}^{\frac{p-1}{2}} - \overline{1} \right) = \overline{0}.$$

Da $\mathbb{F}_p$ ein Körper ist, gibt es keine Nullteiler, also bestehen die beiden Lösungsmöglichkeiten

$$\overline{w}^{\frac{p-1}{2}} + \overline{1} = \overline{0} \iff \overline{w}^{\frac{p-1}{2}} = -\overline{1},$$
$$\overline{w}^{\frac{p-1}{2}} - \overline{1} = \overline{0} \iff \overline{w}^{\frac{p-1}{2}} = \overline{1}.$$

Da nun aber $\overline{w}$ eine Primitivwurzel modulo p ist, also $\operatorname{ord}(\overline{w}) = p - 1 > (p-1)/2$ gilt, muss die Option

$$\overline{w}^{\frac{p-1}{2}} = \overline{1}$$

ausgeschlossen werden. Somit erfüllt eine Primitivwurzel $\overline{w}$ jeweils die Gleichung

$$\overline{w}^{\frac{p-1}{2}} = -\overline{1}. \tag{23}$$

Die Behandlung des Falls $p = 2$ ist sehr einfach: In diesem Fall gilt $\mathbb{F}_2^\times = \{\overline{1}\}$ und $\overline{w} = \overline{1}$ ist die einzige Primitivwurzel modulo 2.

Satz 3.16. *Es seien p eine ungerade Primzahl und $\overline{w}$ eine Primitiv-wurzel modulo p. Dann sind die Quadrate $(\mathbb{F}_p^{\times})^2$ von $\mathbb{F}_p^{\times}$ gegeben durch die Menge*

$$\left\{ \overline{w}^0, \overline{w}^2, \overline{w}^4, \ldots, \overline{w}^{p-3} \right\}.$$

Die Menge $(\mathbb{F}_p^{\times})^2$ bildet somit eine Untergruppe vom Index 2 in $\mathbb{F}_p^{\times}$.

Beweis. Offensichtlich besteht die Inklusionsbeziehung

$$\left\{ \overline{w}^0, \overline{w}^2, \overline{w}^4, \ldots, \overline{w}^{p-3} \right\} \subseteq \left(\mathbb{F}_p^{\times} \right)^2.$$

Um die umgekehrte Inklusion nachzuweisen, zeigen wir, dass

$$\left\{ \overline{w}^1, \overline{w}^3, \overline{w}^5, \ldots, \overline{w}^{p-2} \right\} \subseteq \mathbb{F}_p^{\times} \setminus \left(\mathbb{F}_p^{\times} \right)^2.$$

Im Gegensatz dazu nehmen wir an, dass für ein $j \in \{0, \ldots, (p-3)/2\}$ die Beziehung $\overline{w}^{2j+1} \in (\mathbb{F}_p^{\times})^2$ gilt. Somit gäbe es ein $\overline{v} \in \mathbb{F}_p^{\times}$ mit der Eigenschaft

$$\overline{w}^{2j+1} = \overline{v}^2.$$

Indem wir diese Gleichung in die $(p-1)/2$-te Potenz erhe-ben, erhalten wir mit dem kleinen Satz von Fermat

$$\left(\overline{w}^{2j+1} \right)^{\frac{p-1}{2}} = \left(\overline{v}^2 \right)^{\frac{p-1}{2}} = \overline{v}^{p-1} = \overline{1}.$$

Unter Verwendung von Gleichung (23) erhalten wir anderer-seits

$$\left(\overline{w}^{2j+1} \right)^{\frac{p-1}{2}} = \left(\overline{w}^{\frac{p-1}{2}} \right)^{2j+1} = (-\overline{1})^{2j+1} = -\overline{1};$$

dies ist aber ein Widerspruch. Damit ist die behauptete Gleich-heit

$$\left(\mathbb{F}_p^{\times} \right)^2 = \left\{ \overline{w}^0, \overline{w}^2, \overline{w}^4, \ldots, \overline{w}^{p-3} \right\}$$

bewiesen.

Der Leser prüft leicht nach, dass $\left((\mathbb{F}_p^\times)^2, \cdot\right)$ eine Untergruppe von $(\mathbb{F}_p^\times, \cdot)$ ist; da $(\mathbb{F}_p^\times)^2$ die Hälfte der Elemente von $\mathbb{F}_p^\times$ enthält, hat $(\mathbb{F}_p^\times)^2$ Index 2 in $\mathbb{F}_p^\times$. □

Aufgabe 3.17. Vervollständigen Sie den Schluss des Beweises von Satz 3.16.

Definition 3.18. Es seien p eine ungerade Primzahl und a eine zu p teilerfremde Zahl. Das *Legendre-Symbol* $\left(\frac{a}{p}\right)$ *von a über p* ist dann definiert durch

$$\left(\frac{a}{p}\right) := \begin{cases} +1, & \text{falls die Kongruenz } \overline{x}^2 = \overline{a} \text{ lösbar ist;} \\ -1, & \text{falls die Kongruenz } \overline{x}^2 = \overline{a} \text{ nicht lösbar ist.} \end{cases}$$

Bemerkung 3.19. Das Legendre-Symbol entscheidet also darüber, ob eine prime Restklasse $\overline{a} = a \bmod p$ quadratischer Rest oder quadratischer Nichtrest modulo p ist. Wir bemerken, dass die Entscheidung über das Lösen der quadratischen Gleichung $x^2 = a$ ($a \in \mathbb{R}$, $a \neq 0$) im Bereich der reellen Zahlen ganz analog verläuft: gilt $\operatorname{sgn}(a) = +1$, so besitzt a eine reelle Quadratwurzel, ist hingegen $\operatorname{sgn}(a) = -1$, so ist die Gleichung nicht lösbar.

Bemerkung 3.20. Es seien p eine ungerade Primzahl und $\overline{w}$ eine Primitivwurzel modulo p. Zu einem $\overline{a} \in \mathbb{F}_p^\times$ existiert dann eine natürliche Zahl $0 \leq n \leq p-2$ mit $\overline{a} = \overline{w}^n$. Unter Berücksichtigung von Satz 3.16 berechnet sich das Legendre-Symbol von a über p zu

$$\left(\frac{a}{p}\right) = (-1)^n. \tag{24}$$

Aufgabe 3.21. Bestimmen Sie mit Hilfe der Formel (24) noch einmal die quadratischen Reste bzw. Nichtreste modulo 11.

Proposition 3.22. *Das Legendre-Symbol $\left(\frac{\cdot}{p}\right)$ definiert einen Gruppenhomomorphismus*

$$\chi_p : (\mathbb{F}_p^{\times}, \cdot) \longrightarrow (\{\pm 1\}, \cdot),$$

welcher $\chi_p^2 = 1$ erfüllt.

Beweis. Die Abbildung

$$\chi_p : (\mathbb{F}_p^{\times}, \cdot) \longrightarrow (\{\pm 1\}, \cdot)$$

ist definitionsgemäß gegeben durch

$$\chi_p(\overline{a}) = \left(\frac{a}{p}\right),$$

wobei $\overline{a} \in \mathbb{F}_p^{\times}$ ist. Diese Definition hängt nicht von der Wahl eines Repräsentanten $a' \in \overline{a}$ ab, da a genau dann quadratischer Rest modulo p ist, wenn a' quadratischer Rest modulo p ist.

Wir weisen nun die Strukturtreue der Abbildung χ_p nach. Dazu seien $\overline{a}, \overline{b} \in \mathbb{F}_p^{\times}$. Indem wir eine Primitivwurzel $\overline{w}$ modulo p wählen, finden sich natürliche Zahlen $0 \leq n, m \leq p - 2$, so dass

$$\overline{a} = \overline{w}^n, \overline{b} = \overline{w}^m, \text{ also } \overline{a} \cdot \overline{b} = \overline{w}^{n+m}$$

gilt. Unter Berücksichtigung von Bemerkung 3.20 erhalten wir jetzt

$$\chi_p(\overline{a} \cdot \overline{b}) = \left(\frac{a \cdot b}{p}\right) = (-1)^{n+m} = (-1)^n \cdot (-1)^m$$

$$= \left(\frac{a}{p}\right) \cdot \left(\frac{b}{p}\right) = \chi_p(\overline{a}) \cdot \chi_p(\overline{b}).$$

Damit ist die Abbildung χ_p als Gruppenhomomorphismus nachgewiesen.

Die Eigenschaft $\chi_p^2 = 1$ ist offensichtlich erfüllt, da für alle $\overline{a} \in \mathbb{F}_p^\times$ die Gleichheit

$$\chi_p(\overline{a})^2 = \left(\frac{a}{p}\right)^2 = 1$$

gilt. $\square$

Definition 3.23. Der Gruppenhomomorphismus χ_p aus Proposition 3.22 wird *quadratischer Charakter modulo p* genannt.

Bemerkung 3.24. Sind p eine ungerade Primzahl und a eine zu p teilerfremde Zahl mit der Primfaktorzerlegung

$$a = \pm p_1^{k_1} \cdot \ldots \cdot p_r^{k_r},$$

so zeigt Proposition 3.22

$$\chi_p(\overline{a}) = \chi_p(\pm\overline{1}) \cdot \chi_p(\overline{p}_1)^{k_1} \cdot \ldots \cdot \chi_p(\overline{p}_r)^{k_r} \iff$$
$$\left(\frac{a}{p}\right) = \left(\frac{\pm 1}{p}\right) \cdot \left(\frac{p_1}{p}\right)^{k_1} \cdot \ldots \cdot \left(\frac{p_r}{p}\right)^{k_r}.$$

Somit reduziert Proposition 3.22 die Berechnung des Legendre-Symbols $\left(\frac{a}{p}\right)$ auf die Berechnung der Legendre-Symbole

$$\left(\frac{-1}{p}\right), \quad \left(\frac{2}{p}\right), \quad \left(\frac{q}{p}\right),$$

wobei q eine von p verschiedene ungerade Primzahl ist.

Satz 3.25 (Euler-Kriterium). *Es seien p eine ungerade Primzahl und a eine zu p teilerfremde Zahl. Dann gilt:*

$$\left(\frac{a}{p}\right) \equiv a^{\frac{p-1}{2}} \bmod p.$$

Beweis. Mit einer Primitivwurzel $\overline{w} = w \bmod p$ findet sich eine natürliche Zahl $0 \leq n \leq p - 2$, so dass

$$\overline{a} = \overline{w}^n \Longleftrightarrow a \equiv w^n \bmod p$$

gilt. Unter Verwendung der Bemerkung 3.20 und der Gleichung (23) erhalten wir

$$\left(\frac{a}{p}\right) = (-1)^n \equiv \left(w^{\frac{p-1}{2}}\right)^n$$

$$\equiv (w^n)^{\frac{p-1}{2}} \equiv a^{\frac{p-1}{2}} \bmod p,$$

was die Behauptung beweist. □

Beispiel 3.26. Es seien $p = 11$ und $a = 2$. Wir berechnen das Legendre-Symbol $\left(\frac{2}{11}\right)$ mit Hilfe des Euler-Kriteriums 3.25. Wir erhalten

$$\left(\frac{2}{11}\right) \equiv 2^{\frac{11-1}{2}} \equiv 32 \equiv -1 \bmod 11.$$

Damit folgt $\left(\frac{2}{11}\right) = -1$, d. h. 2 ist quadratischer Nichtrest modulo 11.

Aufgabe 3.27. Bestimmen Sie mit Hilfe des Euler-Kriteriums $\left(\frac{2}{p}\right)$ für kleine Primzahlen p und versuchen Sie, eine Gesetzmäßigkeit zu finden.

Aufgabe 3.28. Wir können das Legendre-Symbol folgendermaßen für positive natürliche Zahlen n zum *Jacobi-Symbol* erweitern: Es sei $n = \prod_{j=1}^{r} p_j^{a_j}$ die Primfaktorzerlegung von n. Damit definieren wir

$$\left(\frac{a}{n}\right) := \prod_{j=1}^{r} \left(\frac{a}{p_j}\right).$$

Zeigen Sie: Wenn n keine Primzahl ist, dann gibt es eine prime Restklasse $a \bmod n$, so dass

$$\left(\frac{a}{n}\right) \not\equiv a^{\frac{n-1}{2}} \bmod n$$

gilt.

Satz 3.29 (Erster Ergänzungssatz). *Für eine ungerade Primzahl p gilt*

$$\left(\frac{-1}{p}\right) = (-1)^{\frac{p-1}{2}},$$

d. h. wir haben

— 1 *ist quadratischer Rest modulo p* $\Longleftrightarrow$ $p \equiv 1 \bmod 4$,

— 1 *ist quadratischer Nichtrest modulo p* $\Longleftrightarrow$ $p \equiv 3 \bmod 4$.

Beweis. Indem wir das Euler-Kriterium 3.25 mit $a = -1$ anwenden, finden wir

$$\left(\frac{-1}{p}\right) \equiv (-1)^{\frac{p-1}{2}} \bmod p. \tag{25}$$

Da $(-1)^{\frac{p-1}{2}} \in \{\pm 1\}$ gilt, ist die Kongruenz (25) sogar eine Gleichheit. Somit gilt wie behauptet

$$\left(\frac{-1}{p}\right) = (-1)^{\frac{p-1}{2}} = \begin{cases} +1, & \text{falls } p \equiv 1 \bmod 4 \text{ ist,} \\ -1, & \text{falls } p \equiv 3 \bmod 4 \text{ ist.} \end{cases}$$

$\square$

Das nächste Ziel ist die Berechnung des Legendre-Symbols $\left(\frac{2}{p}\right)$. Dazu führen wir die sogenannten Halbsysteme modulo p ein.

Definition 3.30. Eine Teilmenge $\mathcal{S} \subseteq \mathbb{F}_p^\times$ heißt ein *Halbsystem modulo p*, falls $\mathbb{F}_p^\times$ disjunkte Vereinigung von $\mathcal{S}$ und $-\mathcal{S}$ ist.

Beispiel 3.31. Für $p = 5$ ist

$$\mathcal{S} := \{\overline{1}, \overline{2}\}$$

ein Halbsystem modulo p, denn es ist

$$\mathbb{F}_5^\times = \{\overline{1}, \overline{2}, \overline{3}, \overline{4}\} = \{\overline{1}, \overline{2}\} \,\dot\cup\, \{-\overline{1}, -\overline{2}\} = \mathcal{S} \,\dot\cup\, (-\mathcal{S}).$$

Definition 3.32. Man überlegt sich leicht, dass für eine ungerade Primzahl p die Menge

$$\mathcal{S} := \{\overline{1}, \dots, \overline{(p-1)/2}\}$$

ein Halbsystem modulo p ist. Wir nennen dieses Halbsystem im Folgenden das *Standard-Halbsystem modulo p*.

Aufgabe 3.33. Überlegen Sie sich, dass die Menge $\mathcal{S}$ aus Definition 3.32 ein Halbsystem modulo p ist, und geben Sie weitere Halbsysteme modulo p an.

Bemerkung 3.34. Es seien p eine ungerade Primzahl und $\mathcal{S} \subseteq \mathbb{F}_p^\times$ ein Halbsystem modulo p. Indem wir eine Restklasse $\overline{a} \in \mathbb{F}_p^\times$ fixieren und für beliebiges $\overline{s} \in \mathcal{S}$ das Produkt $\overline{a} \cdot \overline{s} \in \mathbb{F}_p^\times$ bilden, erkennen wir aufgrund der Disjunktheit der Zerlegung $\mathbb{F}_p^\times = \mathcal{S} \,\dot\cup\, (-\mathcal{S})$, dass das Produkt $\overline{a} \cdot \overline{s}$ entweder in $\mathcal{S}$ oder in $-\mathcal{S}$ liegt. Es existiert also ein wohlbestimmtes Vorzeichen $e_{\overline{s}}(\overline{a}) \in \{\pm 1\}$ und ein $\overline{s}_a \in \mathcal{S}$ mit der Eigenschaft

$$\overline{a} \cdot \overline{s} = e_{\overline{s}}(\overline{a}) \cdot \overline{s}_a.$$

Diese Überlegung zeigt, dass durch die Zuordnung $\overline{s} \mapsto \overline{s}_a$ eine Abbildung $f_a : \mathcal{S} \longrightarrow \mathcal{S}$ definiert wird.

Aufgabe 3.35. Bestimmen Sie die Abbildungen f_a für alle $\overline{a} \in \mathbb{F}_{11}^\times$ bezüglich des Standard-Halbsystems modulo 11.

Satz 3.36 (Gaußsches Lemma). *Es seien p eine ungerade Primzahl und $\mathcal{S} \subseteq \mathbb{F}_p^\times$ ein Halbsystem modulo p. Für eine zu p teilerfremde Zahl a berechnet sich dann mit den Bezeichnungen von Bemerkung 3.34 das Legendre-Symbol von a über p zu*

$$\left(\frac{a}{p} \right) = \prod_{\overline{s} \in \mathcal{S}} e_{\overline{s}}(\overline{a}).$$

Beweis. Wir beginnen den Beweis damit, dass wir die Bijektivität der in Bemerkung 3.34 definierten Abbildung $f_a : \mathcal{S} \longrightarrow \mathcal{S}$ zeigen. Da sowohl der Definitions- als auch der Bildbereich von f_a gleich $\mathcal{S}$ ist, also dieselbe Mächtigkeit $(p-1)/2$ besitzt, genügt es, die Injektivität von f_a nachzuweisen. Es seien also $\bar{s}, \bar{s}' \in \mathcal{S}$ mit $f_a(\bar{s}) = f_a(\bar{s}')$. Da nun konstruktionsgemäß

$$\bar{a} \cdot \bar{s} = e_{\bar{s}}(\bar{a}) \cdot \bar{s}_a \text{ bzw. } \bar{a} \cdot \bar{s}' = e_{\bar{s}'}(\bar{a}) \cdot \bar{s}'_a$$

mit $e_{\bar{s}}(\bar{a}), e_{\bar{s}'}(\bar{a}) \in \{\pm 1\}$ gilt, führt die Annahme $f_a(\bar{s}) = f_a(\bar{s}')$ auf die Gleichung

$$\bar{a} \cdot \bar{s} = \pm \bar{a} \cdot \bar{s}'. \tag{26}$$

Multiplizieren wir Gleichung (26) mit $\bar{a}^{-1}$, so ergibt sich $\bar{s} = \pm \bar{s}'$. Nun kann die Gleichheit $\bar{s} = -\bar{s}'$ nicht bestehen, da sonst der Durchschnitt $\mathcal{S} \cap (-\mathcal{S})$ nicht leer wäre, was der Disjunktheit von $\mathcal{S}$ und $-\mathcal{S}$ widerspricht. Damit muss $\bar{s} = \bar{s}'$ gelten, was die Injektivität der Abbildung f_a beweist.

Mit der Bijektivität von f_a schließen wir, dass mit $\bar{s}$ auch die Bilder $f_a(\bar{s})$ ganz $\mathcal{S}$ durchlaufen, insbesondere ist also das Produkt über alle $\bar{s} \in \mathcal{S}$ gleich dem Produkt über alle $\bar{s}_a$. Damit erhalten wir

$$\bar{a}^{\frac{p-1}{2}} \cdot \prod_{\bar{s} \in \mathcal{S}} \bar{s} = \prod_{\bar{s} \in \mathcal{S}} \bar{a} \cdot \bar{s}$$

$$= \prod_{\bar{s} \in \mathcal{S}} e_{\bar{s}}(\bar{a}) \cdot \bar{s}_a$$

$$= \prod_{\bar{s} \in \mathcal{S}} e_{\bar{s}}(\bar{a}) \cdot \prod_{\bar{s} \in \mathcal{S}} \bar{s}_a$$

$$= \prod_{\bar{s} \in \mathcal{S}} e_{\bar{s}}(\bar{a}) \cdot \prod_{\bar{s} \in \mathcal{S}} \bar{s}.$$

Nach Kürzen von $\prod_{\bar{s} \in \mathcal{S}} \bar{s}$ ergibt sich

$$\bar{a}^{\frac{p-1}{2}} = \prod_{\bar{s} \in \mathcal{S}} e_{\bar{s}}(\bar{a}).$$

Mit dem Euler-Kriterium 3.25 folgt weiter

$$\left(\frac{a}{p}\right) \equiv \overline{a}^{\frac{p-1}{2}} \equiv \prod_{\overline{s} \in \mathcal{S}} e_{\overline{s}}(\overline{a}) \bmod p.$$

Da nun aber $e_{\overline{s}}(\overline{a}) \in \{\pm 1\}$ ist, muss obige Kongruenz sogar eine Gleichheit sein, d. h. wir haben

$$\left(\frac{a}{p}\right) = \prod_{\overline{s} \in \mathcal{S}} e_{\overline{s}}(\overline{a}).$$

Damit ist das Gaußsche Lemma vollständig bewiesen. □

Bemerkung 3.37. Zur Bestimmung des Legendre-Symbols $\left(\frac{2}{p}\right)$ führen wir die folgende, vorteilhafte Bezeichnungsweise ein. Es sei p eine ungerade Primzahl. Dann verifiziert man leicht

$$p^2 - 1 \equiv 0 \bmod 8 \iff \frac{p^2 - 1}{8} \in \mathbb{N}.$$

Wir setzen jetzt

$$p^* := \frac{p^2 - 1}{8} \in \mathbb{N}.$$

Der Leser überprüft mit einer leichten Rechnung, dass

$$p^* \equiv \begin{cases} 0 \bmod 2, \text{ falls } p \equiv 1 \text{ oder } 7 \bmod 8, \\ 1 \bmod 2, \text{ falls } p \equiv 3 \text{ oder } 5 \bmod 8 \end{cases}$$

gilt.

Satz 3.38 (Zweiter Ergänzungssatz). *Für eine ungerade Primzahl p gilt mit den Bezeichungen von Bemerkung 3.37*

$$\left(\frac{2}{p}\right) = (-1)^{p^*},$$

d. h. wir haben

2 ist quadratischer Rest modulo $p \iff p \equiv 1$ oder $7 \bmod 8$,

2 ist quadratischer Nichtrest modulo $p \iff p \equiv 3$ oder $5 \bmod 8$.

Beweis. Zum Beweis werden wir das Gaußsche Lemma mit dem Standard-Halbsystem

$$\mathcal{S} = \{\overline{1}, \overline{2}, \ldots, \overline{(p-1)/2}\}$$

modulo p verwenden. Wir haben dabei die Menge der Produkte $\overline{2} \cdot \overline{s}$ mit $\overline{s} \in \mathcal{S}$, d. h. die $(p-1)/2$-elementige Menge

$$\mathcal{M} := \{\overline{2}, \overline{4}, \ldots, \overline{p-1}\}$$

zu betrachten und darin die Elemente abzuzählen, welche zu $-\mathcal{S}$ gehören. Wir unterscheiden dazu zwei Fälle.

Fall 1: In diesem Fall sei $p \equiv 3 \bmod 4$, d. h. $p \equiv 3$ oder $7 \bmod 8$. Dann haben wir

$$\{\overline{2}, \overline{4}, \ldots, \overline{(p-3)/2}\} \subseteq \mathcal{S},$$
$$\{\overline{(p+1)/2}, \ldots, \overline{p-1}\} \subseteq -\mathcal{S}.$$

Aufgrund dieser Überlegung ergibt sich die Anzahl der Elemente von $\mathcal{M}$, die in $-\mathcal{S}$ liegen, zu

$$\frac{p-1}{2} - \frac{p-3}{4} = \frac{p+1}{4}.$$

Mit dem Gaußschen Lemma erhalten wir dann

$$\left(\frac{2}{p}\right) = \prod_{\overline{s} \in \mathcal{S}} e_{\overline{s}}(\overline{2}) = (-1)^{\frac{p+1}{4}} = \begin{cases} -1, \text{ falls } p \equiv 3 \bmod 8, \\ +1, \text{ falls } p \equiv 7 \bmod 8. \end{cases}$$

Fall 2: In diesem Fall sei $p \equiv 1 \bmod 4$, d. h. $p \equiv 1$ oder $5 \bmod 8$. Dann haben wir

$$\{\overline{2}, \overline{4}, \ldots, \overline{(p-1)/2}\} \subseteq \mathcal{S},$$
$$\{\overline{(p+3)/2}, \ldots, \overline{p-1}\} \subseteq -\mathcal{S}.$$

Aufgrund dieser Überlegung ergibt sich die Anzahl der Elemente von $\mathcal{M}$, die in $-\mathcal{S}$ liegen, zu

$$\frac{p-1}{2} - \frac{p-1}{4} = \frac{p-1}{4}.$$

Mit dem Gaußschen Lemma erhalten wir jetzt

$$\left(\frac{2}{p}\right) = \prod_{\bar{s} \in \mathcal{S}} e_{\bar{s}}(2) = (-1)^{\frac{p-1}{4}} = \begin{cases} +1, \text{ falls } p \equiv 1 \bmod 8, \\ -1, \text{ falls } p \equiv 5 \bmod 8. \end{cases}$$

Damit ist der zweite Ergänzungssatz bewiesen. $\square$

Aufgabe 3.39. Beweisen Sie, dass es unendlich viele Primzahlen p gibt, so dass 2 keine Primitivwurzel modulo p ist.

4. Das quadratische Reziprozitätsgesetz

Die Berechnung der Legendre-Symbole $\left(\frac{q}{p}\right)$ für von p verschiedene ungerade Primzahlen q erfolgt mit Hilfe des quadratischen Reziprozitätsgesetzes. Wir schicken diesem das folgende trigonometrische Lemma voraus.

Lemma 4.1. *Für ungerade positive ganze Zahlen m besteht die Formel*

$$\frac{\sin(mx)}{\sin(x)} = (-4)^{\frac{m-1}{2}} \cdot \prod_{j=1}^{\frac{m-1}{2}} \left(\sin^2(x) - \sin^2\left(\frac{2\pi j}{m}\right) \right).$$

Beweis. Wir behaupten zunächst, dass für ungerade positive ganze Zahlen m die Funktionen

$$\frac{\sin(mx)}{\sin(x)} \quad \text{bzw.} \quad \cos(x) \cdot \cos(mx) \qquad (27)$$

jeweils Polynome in $\sin^2(x)$ vom Grad $(m-1)/2$ bzw. $(m+1)/2$ sind. Wir beweisen dies mit vollständiger Induktion über die positiven ungeraden ganzen Zahlen m.

Den Induktionsanfang bestätigt man leicht, da für $m = 1$ die Funktion $\sin(x)/\sin(x) = 1$ ein Polynom vom Grad $(1-1)/2 = 0$ bzw. $\cos^2(x) = 1 - \sin^2(x)$ ein Polynom vom Grad $(1+1)/2 = 1$ in $\sin^2(x)$ ist. Damit machen wir die Induktionsvoraussetzung, dass die Funktionen (27) Polynome in $\sin^2(x)$ vom Grad $(m-1)/2$ bzw. $(m+1)/2$ sind. Um den Induktionsschritt zu vollziehen, behandeln wir zuerst die Funktion $\sin((m+2)x)/\sin(x)$. Mit Hilfe der Additionstheoreme ergibt sich

$$\frac{\sin\big((m+2)x\big)}{\sin(x)} = \frac{\sin(mx + 2x)}{\sin(x)} =$$

$$\frac{\sin(mx)\cos(2x) + \cos(mx)\sin(2x)}{\sin(x)} =$$

$$\frac{\sin(mx)}{\sin(x)} \cdot \big(1 - 2\sin^2(x)\big) + 2\cos(x) \cdot \cos(mx).$$

Nach der Induktionsvoraussetzung sind $\sin(mx)/\sin(x)$ bzw. $\cos(x) \cdot \cos(mx)$ Polynome in $\sin^2(x)$ vom Grad $(m-1)/2$ bzw. $(m+1)/2$. Da die Funktion $1 - 2\sin^2(x)$ ein Polynom vom Grad 1 ist, folgt, dass $\sin((m+2)x)/\sin(x)$ ein Polynom in $\sin^2(x)$ vom Grad $(m+1)/2$ ist. Analog führt man den Induktionsschritt für die Funktion $\cos((m+2)x) \cdot \cos(x)$ durch. Damit ist der Induktionsbeweis abgeschlossen.

Wir erhalten also ein Polynom $P \in \mathbb{R}[X]$ vom Grad $(m-1)/2$ mit der Eigenschaft

$$\frac{\sin(mx)}{\sin(x)} = P\big(\sin^2(x)\big).$$

Da die Funktion $\sin(mx)$ wegen

$$\sin\left(m \cdot \frac{2\pi j}{m}\right) = \sin(2\pi j) = 0$$

für $j = 1, \ldots, (m-1)/2$ verschwindet, besitzt das Polynom P die $(m-1)/2$ verschiedenen Nullstellen $\sin^2(2\pi j/m)$. Damit erhalten wir die Linearfaktorzerlegung

$$P\left(\sin^2(x)\right) = C \cdot \prod_{j=1}^{\frac{m-1}{2}}\left(\sin^2(x) - \sin^2\left(\frac{2\pi j}{m}\right)\right) \qquad (28)$$

mit einer von Null verschiedenen Konstanten C, welche wir nachfolgend bestimmen.

Mit Hilfe der Exponentialfunktion können wir die Funktion $\sin(x)$ in der Form

$$\sin(x) = \frac{e^{ix} - e^{-ix}}{2i} = e^{ix} \cdot \frac{1 - e^{-2ix}}{2i} \qquad (29)$$

darstellen. Damit erhalten wir einerseits

$$\begin{aligned}
P\left(\sin^2(x)\right) &= \frac{\sin(mx)}{\sin(x)} \\
&= \frac{e^{imx} - e^{-imx}}{e^{ix} - e^{-ix}} \\
&= e^{ix(m-1)} \cdot \frac{1 - e^{-2imx}}{1 - e^{-2ix}} \\
&= e^{ix(m-1)} + e^{ix(m-3)} \\
&\quad + \ldots + e^{-ix(m-3)} + e^{-ix(m-1)}. \qquad (30)
\end{aligned}$$

Indem wir andererseits (28) ausmultiplizieren, finden wir

$$\begin{aligned}
P\left(\sin^2(x)\right) &= C \cdot \prod_{j=1}^{\frac{m-1}{2}}\left(\sin^2(x) - \sin^2\left(\frac{2\pi j}{m}\right)\right) \\
&= C \cdot \left(\sin^2(x) - \sin^2\left(\frac{2\pi}{m}\right)\right) \cdot \ldots \cdot \\
&\qquad \left(\sin^2(x) - \sin^2\left(\frac{(m-1)\pi}{m}\right)\right) \\
&= C \cdot \left(\sin^2(x)\right)^{\frac{m-1}{2}} + \ldots, \qquad (31)
\end{aligned}$$

wobei durch die Punkte Terme vom Grad kleiner als $(m - 1)/2$ in $\sin^2(x)$ angedeutet werden. Durch Einsetzen von (29) in (31) erhalten wir jetzt

$$P\left(\sin^2(x)\right) = \frac{C}{(-4)^{\frac{m-1}{2}}} \cdot e^{ix(m-1)} + \ldots, \qquad (32)$$

wobei durch die Punkte Terme vom Grad kleiner als $m - 1$ in e^{ix} angedeutet werden. Durch Vergleich der Koeffizienten von $e^{ix(m-1)}$ in (30) und (32) finden wir schließlich

$$C = (-4)^{\frac{m-1}{2}},$$

womit das Lemma vollständig bewiesen ist. □

Satz 4.2 (Das quadratische Reziprozitätsgesetz). *Es seien p, q zwei verschiedene ungerade Primzahlen. Dann besteht die Formel*

$$\left(\frac{p}{q}\right) = (-1)^{\frac{p-1}{2} \cdot \frac{q-1}{2}} \left(\frac{q}{p}\right).$$

Beweis. Zum Beweis werden wir wieder das Gaußsche Lemma mit dem Standard-Halbsystem

$$\mathcal{S} = \{\overline{1}, \overline{2}, \ldots, \overline{(p-1)/2}\}$$

modulo p heranziehen. Wir erhalten dann

$$\left(\frac{q}{p}\right) = \prod_{\overline{s} \in \mathcal{S}} e_{\overline{s}}(\overline{q}),$$

wobei $\overline{q} \cdot \overline{s} = e_{\overline{s}}(\overline{q}) \cdot \overline{s}_q$ gilt, was zur Kongruenz

$$q \cdot s \equiv e_{\overline{s}}(\overline{q}) \cdot s_q \bmod p \iff q \cdot s = e_{\overline{s}}(\overline{q}) \cdot s_q + k \cdot p \quad (k \in \mathbb{Z})$$

äquivalent ist. Damit berechnen wir

$$\sin\left(q \cdot \frac{2\pi s}{p}\right) = \sin\left(\frac{2\pi}{p}\left(e_{\bar{s}}(\bar{q}) \cdot s_q + k \cdot p\right)\right)$$

$$= \sin\left(e_{\bar{s}}(\bar{q}) \cdot \frac{2\pi s_q}{p}\right)$$

$$= e_{\bar{s}}(\bar{q}) \cdot \sin\left(\frac{2\pi s_q}{p}\right),$$

woraus

$$e_{\bar{s}}(\bar{q}) = \frac{\sin\left(q \cdot \dfrac{2\pi s}{p}\right)}{\sin\left(\dfrac{2\pi s_q}{p}\right)}$$

folgt. Indem wir beachten, dass mit $\bar{s}$ auch $\bar{s}_q$ das ganze Halb-system $\mathcal{S}$ modulo p durchläuft, erhalten wir

$$\left(\frac{q}{p}\right) = \prod_{\bar{s} \in \mathcal{S}} e_{\bar{s}}(\bar{q})$$

$$= \prod_{\bar{s} \in \mathcal{S}} \frac{\sin\left(q \cdot \dfrac{2\pi s}{p}\right)}{\sin\left(\dfrac{2\pi s_q}{p}\right)}$$

$$= \prod_{\bar{s} \in \mathcal{S}} \frac{\sin\left(q \cdot \dfrac{2\pi s}{p}\right)}{\sin\left(\dfrac{2\pi s}{p}\right)}.$$

Wir verwenden nun Lemma 4.1 mit $m := q$ und $x := 2\pi s/p$

und gewinnen damit die Formel

$$\left(\frac{q}{p}\right) = \prod_{\bar{s}\in\mathcal{S}}(-4)^{\frac{q-1}{2}} \cdot \prod_{j=1}^{\frac{q-1}{2}}\left(\sin^2\left(\frac{2\pi s}{p}\right) - \sin^2\left(\frac{2\pi j}{q}\right)\right)$$

$$= (-4)^{\frac{q-1}{2}\cdot\frac{p-1}{2}} \cdot \prod_{\bar{s}\in\mathcal{S}} \cdot \prod_{\bar{t}\in\mathcal{T}}\left(\sin^2\left(\frac{2\pi s}{p}\right) - \sin^2\left(\frac{2\pi t}{q}\right)\right),$$

$$\tag{33}$$

wobei $\mathcal{T} = \{\bar{1}, \dots, \overline{(q-1)/2}\}$ das Standard-Halbsystem modulo q bezeichnet. Durch Vertauschen der Primzahlen p und q ergibt sich ganz analog die Formel

$$\left(\frac{p}{q}\right) = (-4)^{\frac{p-1}{2}\cdot\frac{q-1}{2}} \cdot \prod_{\bar{t}\in\mathcal{T}} \cdot \prod_{\bar{s}\in\mathcal{S}}\left(\sin^2\left(\frac{2\pi t}{q}\right) - \sin^2\left(\frac{2\pi s}{p}\right)\right).$$

$$\tag{34}$$

Durch Vergleichen der Formeln (33) und (34) ergibt sich jetzt unmittelbar

$$\left(\frac{p}{q}\right) = (-1)^{\frac{p-1}{2}\cdot\frac{q-1}{2}}\left(\frac{q}{p}\right),$$

also die behauptete Beziehung. $\qquad\qquad\qquad\qquad\qquad\square$

Bemerkung 4.3. Ist die quadratische Kongruenz

$$\bar{x}^2 = \bar{a} \iff x^2 \equiv a \bmod p \tag{35}$$

zu einer ungeraden Primzahl p mit $\bar{a} \in \mathbb{F}_p^\times$ vorgelegt, so können wir mit Hilfe des Legendre-Symbols $\left(\frac{a}{p}\right)$ entscheiden, ob die quadratische Kongruenz (35) lösbar ist oder nicht. Das Legendre-Symbol $\left(\frac{a}{p}\right)$ können wir dabei über eine Primfaktorzerlegung von a unter Beachtung von Proposition 3.22 mit Hilfe der beiden Ergänzungssätze 3.29, 3.38 und des quadratischen Reziprozitätsgesetzes 4.2 berechnen. Wir wollen dies zum Abschluss dieses Kapitels anhand eines einfachen Beispiels kurz illustrieren.

Beispiel 4.4. Es seien

$$p = 389, \quad a = -312 = -2^3 \cdot 3^1 \cdot 13^1.$$

Dann berechnet sich das Legendre-Symbol $\left(\frac{a}{p}\right)$ zu

$$\left(\frac{-312}{389}\right) = \left(\frac{-2^3 \cdot 3^1 \cdot 13^1}{389}\right)$$

$$= \left(\frac{-1}{389}\right) \cdot \left(\frac{2}{389}\right)^3 \cdot \left(\frac{3}{389}\right) \cdot \left(\frac{13}{389}\right)$$

$$= (+1) \cdot (-1) \cdot \left(\frac{389}{3}\right) \cdot \left(\frac{389}{13}\right)$$

$$= (-1) \cdot \left(\frac{2}{3}\right) \cdot \left(\frac{12}{13}\right)$$

$$= (-1) \cdot (-1) \cdot \left(\frac{2}{13}\right)^2 \cdot \left(\frac{3}{13}\right)$$

$$= \left(\frac{3}{13}\right) = \left(\frac{13}{3}\right)$$

$$= \left(\frac{1}{3}\right) = 1.$$

Somit ist die quadratische Kongruenz

$$x^2 \equiv -312 \bmod 389$$

lösbar.

Aufgabe 4.5. Berechnen Sie mittels des quadratischen Reziprozitätsgesetzes folgende Legendre-Symbole:

$$\left(\frac{17}{67}\right), \quad \left(\frac{143}{149}\right), \quad \left(\frac{2^{10} \cdot (2^8 + 1)}{2^{16} + 1}\right).$$

Aufgabe 4.6. Entscheiden Sie, welche der folgenden quadratischen Kongruenzen lösbar sind, und geben Sie gegebenenfalls die Lösungen an:

$$x^2 \equiv 16 \bmod 17, \quad x^2 \equiv 65 \bmod 67, \quad x^2 + x + 1 \equiv 0 \bmod 41,$$
$$5x^2 + 2x + 23 \equiv 0 \bmod 59, \quad 3x^2 + 2x + 29 \equiv 0 \bmod 89.$$

Aufgabe 4.7. Überlegen Sie, ob man das quadratische Reziprozitätsgesetz und Aufgabe 3.28 nutzen kann, um effizient zu testen, ob eine gegebene (große) natürliche Zahl eine Primzahl ist.

Ausgewählte Literatur

Die nachfolgend angegebene Literatur zur elementaren Zahlentheorie und zur Algebra dient zur Ergänzung der Ausführungen des vorliegenden Buches, sie führt teilweise allerdings deutlich weiter. Die mathematisch historischen Werke vermitteln einen Einblick in die geschichtliche Entwicklung der Algebra und Zahlentheorie. Die Literatur zum Zahl- und Ziffernbegriff hat kulturhistorische Bedeutung. Abschließend listen wir für den interessierten Leser eine Auswahl an Literatur zur Didaktik der Algebra und Zahlentheorie.

1. Literatur zur elementaren Zahlentheorie

[1]   A. Bartholomé, H. Kern, J. Rung: *Zahlentheorie für Einsteiger.* Vieweg Verlag, Wiesbaden, 5. Aufl. 2006.

[2]   S. I. Borevich, I. R. Shafarevich: *Zahlentheorie.* Birkhäuser Verlag, Basel Stuttgart, 1966.

[3]   P. Bundschuh: *Einführung in die Zahlentheorie.* Springer-Verlag, Berlin Heidelberg New York, 5. Aufl. 2002.

[4]   G. Frey: *Elementare Zahlentheorie.* Vieweg Verlag, Braunschweig, 1984.

[5]   G. H. Hardy, E. M. Wright: *An Introduction to the Theory of Numbers.* Oxford University Press, 5th edition 1979.

[6]   H. Hasse: *Vorlesungen über Zahlentheorie.* Springer-Verlag, Berlin Göttingen Heidelberg New York, 2. Aufl. 1964.

[7]   S. Müller-Stach, J. Piontkowski: *Elementare und algebraische Zahlentheorie.* Vieweg Verlag, Wiesbaden, 2006.

[8]   R. Remmert: *Elementare Zahlentheorie.* Birkhäuser Verlag, Basel Boston Berlin, 2. Aufl. 1995.

[9]   R. Schulze-Pillot: *Elementare Algebra und Zahlentheorie*. Springer-Verlag, Berlin Heidelberg New York, 2007.

[10] A. Weil: *Number Theory*. Birkhäuser Verlag, Boston Basel Stuttgart, 2nd edition 1987.

[11] J. Wolfart: *Einführung in die Zahlentheorie und Algebra*. Vieweg Verlag, Braunschweig/Wiesbaden, 1996.

[12] J. Ziegenbalg: *Algorithmen*. Spektrum Akademischer Verlag, Heidelberg Berlin Oxford, 1996.

2. Literatur zur Algebra

[13] H.-W. Alten et al.: *4000 Jahre Algebra*. Springer-Verlag, Berlin Heidelberg New York, 2003.

[14] M. Artin: *Algebra*. Birkhäuser Verlag, Basel Boston Berlin, 1993.

[15] J. Bewersdorff: *Algebra für Einsteiger*. Vieweg Verlag, Wiesbaden, 3. Aufl. 2007.

[16] S. Bosch: *Algebra*. Springer-Verlag, Berlin Heidelberg New York, 6. Aufl. 2006.

[17] B. Hornfeck: *Algebra*. Walter de Gruyter Verlag, Berlin, 3. Aufl. 1976.

[18] N. Jacobson: *Lectures in Abstract Algebra*. Van Nostrand, Toronto, 1953.

[19] S. Lang: *Algebra*. Springer-Verlag, Berlin Heidelberg New York, 3. Aufl. 2002, 4. korr. ND 2004.

[20] F. Lorenz, F. Lemmermeyer: *Algebra 1: Körper und Galoistheorie*. Spektrum Akademischer Verlag, Heidelberg Berlin Oxford, 4. Aufl. 2007.

[21] J. Stillwell: *Elements of Algebra*. Springer-Verlag, Berlin Heidelberg New York, 1. Aufl 1994, 3. korr. ND 2001.

[22] B. L. van der Waerden: *Moderne Algebra*. Band I. Springer-Verlag, Berlin Heidelberg New York, 8. Aufl. 1971.

[23] G. Wüstholz: *Algebra*. Vieweg Verlag, Wiesbaden, 2004.

3. Literatur zum Zahl- und Ziffernbegriff

[24] H. Ebbinghaus et al.: *Zahlen.* Springer-Verlag, Berlin Heidelberg New York, 3. Aufl. 1992.

[25] G. Ifrah: *Universalgeschichte der Zahlen.* Campus-Verlag, Frankfurt, 2. Aufl. 1991.

[26] K. Menninger: *Zahlwort und Ziffer, eine Kulturgeschichte der Zahl.* Vandenhoeck & Ruprecht, Band 1 & 2, Göttingen, 3. Aufl. 1979.

[27] R. Taschner: *Der Zahlen gigantische Schatten.* Vieweg Verlag, Wiesbaden, 3. Aufl. 2005.

4. Literatur zur Didaktik der Algebra und Zahlentheorie

[28] F. Padberg, R. Danckwerts, M. Stein: *Zahlbereiche.* Spektrum Akademischer Verlag, Heidelberg Berlin Oxford, 1995.

[29] F. Padberg: *Einführung in die Mathematik I. Arithmetik.* Spektrum Akademischer Verlag, Heidelberg Berlin, 1997.

[30] H.-J. K. Vollrath: *Algebra in der Sekundarstufe.* Spektrum Akademischer Verlag, Heidelberg Berlin, 1999.

[31] H. Winter: *Entdeckendes Lernen im Mathematikunterricht.* Vieweg Verlag, Braunschweig, 1991.

Index

Galois-Theorie: Warum kompliziert, wenn's einfach geht.

Bewersdorff, Jörg
Algebra für Einsteiger
Von der Gleichungsauflösung zur Galois-Theorie
3. Aufl. 2007. ca. XX, 204 S. Br. ca. EUR 22,90

ISBN 978-3-8348-0095-4

Inhalt: Auflösungsformeln für Gleichungen dritten und
vierten Grades - Fundamentalsatz der Algebra - Die Konstruktion
regelmäßiger Vielecke aus algebraischer Sicht - Gleichungen
fünften Grades - Galois-Theorie - einst und jetzt

Eine leichtverständliche Einführung in die Algebra, die den
historischen und konkreten Aspekt in den Vordergrund rückt.
Das Buch liefert eine gute Motivation für die moderne Galois-Theorie,
die den Studierenden oft so abstrakt und schwer erscheint.

In der vorliegenden überarbeiteten 3. Auflage wurde jedes
Kapitel um Übungsaufgaben, die zum Teil auch Lösungshilfen
enthalten, ergänzt.

Abraham-Lincoln-Straße 46
65189 Wiesbaden
Fax 0611.7878-400
www.vieweg.de

Stand 1. Juni 2007. Änderungen vorbehalten.
Erhältlich im Buchhandel oder im Verlag.

Mathematikunterricht wird zum Erlebnis!

Hußmann, Stephan / Lutz-Westphal, Brigitte (Hrsg.)

Kombinatorische Optimierung erleben

In Studium und Unterricht

2007. XVI, 311 S. Mit 204 Abb. zahlreichen mehrfarbigen Abbildungen Br. EUR 29,90   ISBN 978-3-528-03216-6

Inhalt: Kürzeste Wege - Minimale aufspannende Bäume - Das chinesische Postbotenproblem - Das Travelling-Salesman-Problem - Färbungen - Kombinatorische Spiele - Matchings - Flüsse in Netzwerken - Das P-NP Problem - Kombinatorische Optimierung für die Landwirtschaft

Kombinatorische Optimierung ist allgegenwärtig: Ob Sie elektronische Geräte oder Auto-Navigationssysteme verwenden, den Mobilfunk nutzen, den Müll von der Müllabfuhr abholen lassen oder die Produkte einer effizient arbeitenden Landwirtschaft konsumieren, immer steckt auch Mathematik dahinter. Dieses Buch gibt eine Einführung in die wichtigsten Themen der kombinatorischen Optimierung. Alle diese Themen werden problemorientiert aufbereitet und mit Blick auf die Verwendung im Mathematikunterricht vorgestellt. So wird Lehrerinnen und Lehrern, Studierenden im Grundstudium und anderen Interessierten der Zugang zu einem angewandten Gebiet der modernen Mathematik ermöglicht, das sich an vielen Stellen im Alltag wieder findet.

Die Autoren zeigen in diesem Lehr-, Lern- und Arbeitsbuch, wie Mathematik zum Erlebnis werden kann, in Schule, Studium oder Selbststudium.

Abraham-Lincoln-Straße 46
65189 Wiesbaden
Fax 0611.7878-400
www.vieweg.de

Stand 1. Juni 2007. Änderungen vorbehalten.
Erhältlich im Buchhandel oder im Verlag.